分形岩石力学及其在石油工程中的应用

李 玮 闫 铁 编著

石油工业出版社

内 容 提 要

本书将分形岩石力学理论应用到石油工程中，主要内容包括分形岩石力学的理论基础、岩石的基本性质及强度破坏准则、储层岩石孔隙介质特征的分形性、储层岩石损伤演化过程的分形分析方法、储层岩石井壁稳定性的分形分析方法、钻井过程中储层岩石破碎体的分形计算方法、储层岩石水力压裂造缝规律的分形分析、裂缝性储层裂缝介质特征的分形描述及裂缝性储层水力压裂造缝机理的分形特征等。既有理论分析，又有大量的实验做支撑，是作者多年科研成果的结晶。

本书适用于钻井工程、油气田开发工程和岩土工程等专业的技术人员及高等院校相关专业师生参考。

图书在版编目（CIP）数据

分形岩石力学及其在石油工程中的应用／李玮，闫铁编著．
北京：石油工业出版社，2012.10
ISBN 978-7-5021-9174-0

Ⅰ．分⋯

Ⅱ．①李⋯②闫⋯

Ⅲ．岩石力学－应用－石油工程

Ⅳ．TE21

中国版本图书馆 CIP 数据核字（2012）第 158483 号

出版发行：石油工业出版社
　　　　（北京安定门外安华里 2 区 1 号　100011）
　　　网　　址：www.petropub.com.cn
　　　编辑部：（010）64523583　发行部：（010）64523620
经　　销：全国新华书店
印　　刷：北京中石油彩色印刷有限责任公司

2012 年 10 月第 1 版　2012 年 10 月第 1 次印刷
787×1092 毫米　开本：1/16　印张：15
字数：384 千字

定价：65.00 元
（如出现印装质量问题，我社发行部负责调换）
版权所有，翻印必究

前　言

　　长期以来，人们尝试用各种数学与力学方法研究和描述岩石复杂的自然结构和物理力学性质，提出多种岩石力学分析和计算方法，为解决实际工程中的岩石力学问题创造了条件。然而，由于受岩石复杂且极不规则的自然性状及认知和描述方法的局限性影响，传统的岩石力学方法在定量描述岩石组成结构、缺陷分布、几何形态、演化性质及其对岩石宏观力学行为的影响等方面存在很多困难。

　　1988 年，谢和平院士率先将分析几何理论应用到岩石力学中，研究分形几何与岩石断裂的关系问题，其后又对分形几何在岩石力学中的应用问题开展一系列研究，取得具有开创性的研究成果，形成中国较为完整的分形岩石力学理论体系。

　　多年来作者一直从事岩石力学方面的研究，并为东北石油大学（原大庆石油学院）的石油工程和油气井工程等专业的本科生和研究生讲授石油工程岩石力学方面的课程。2003 年后，作者开始从事分形岩石力学在石油工程方面的应用研究，承担了大量的研究课题，并取得了一些有价值的研究成果，同时也积累了丰富的经验。本书中相当篇幅的内容反映了作者多年的研究成果，同时考虑全书的系统性，收录了部分岩石力学的基础理论知识。

　　在本书的编写过程中，我们努力将分形理论应用到石油工程的多个方面，努力用理论和实验作支撑，尽量做到严谨和严密。本书以分形理论为研究手段，在室内实验的基础上，对石油工程中多个方向展开研究，深入分析分形岩石力学在石油工程中的应用。本书共分 9 章，第一章介绍分形岩石力学理论基础，主要包括分形及分形维数、自相似和自仿射分形、随机分形与多重分形及分形插值理论等；第二章就岩石的基本性质、简单力学实验及岩石强度的破坏准则进行分析讨论；第三章主要研究分形在岩石的孔隙空间中的应用；第四章用分形理论研究了储层岩石的损伤演化过程；第五章以分形有效应力模型为基础，建立基于分形参数的新井壁围岩应力模型，为深入分析井壁围岩上应力对井壁的作用奠定基础；第六章基于分形理论，对室内微钻头岩石可钻性岩屑的粒度分布进行分析，研究钻井过程中储层岩石破碎体的分形机理；第七章在前面研究的基础上应用分形方法，从理论上分析了不同情况下水力压裂的造缝机理，并在水力压裂模拟装置的基础上，通过实验分析了水力压裂的造缝过程；第八章主要内容包括裂缝介质的分类及描述参数、裂缝性储层裂缝介质特征的方法、裂缝介质系统的三维分形描述模型、VB.Net & OpenGL 结合的可视化平台和 B 区块裂缝性储层的三维网络模拟等 5 个部分；第九章对裂缝性储层的造缝机理进行了分形分析，根据水力压裂实验来研究水力压裂的造缝机理，并对造缝的影响因素进行分形分析。

　　总的来说，在理论研究方面，首先应用分形方法分析储层存储介质的分形特征，并由孔隙介质特征的分形描述成功建立孔隙介质有效应力分形模型，为重新分析井壁围岩应力状态奠定基础，然后根据新的井壁围岩应力状态方程分析孔隙性储层和裂缝性储层的水力压裂造缝机理，加深了对水力压裂造缝机理的认识，为进一步分析水力压裂造缝机理和指导现场压裂施工提供了理论指导和技术支持。在实验分析方面，首先通过扫描电镜、压汞法分析和测定砂岩孔隙结构的分形维数、对裂缝性储层取心测定了裂缝结构的分形维数，为分析储层存储介质分形特征奠定数据基础，然后根据水力压裂破裂过程模拟实验来分析孔隙性储层和裂缝性储层中水力压裂的造缝机理，以作为理论研究的实验基础。

  本书编写历时2年，经过了多次的修改。本书的出版得到了石油工业出版社和东北石油大学的大力支持和帮助。东北石油大学油气井工程专业侯圣、杜树明、杜婕妤、张杨、张玲、赵英楠、王雪刚、余意、李思琪等参与了各章的编写及文字录入和校对等工作，东北石油大学"高效钻井破岩技术研究室"和"油气钻井高效破岩技术创新团队"的全体人员为本书的出版提供了支持和帮助，在此一并表示感谢。

  由于编者水平有限，书中错误之处在所难免，敬请读者批评指正。

编 者

2011 年 6 月

目 录

1 分形岩石力学理论基础 … 1
- 1.1 空间、测度及维数 … 1
  - 1.1.1 空间 … 1
  - 1.1.2 测度 … 3
  - 1.1.3 维数 … 5
- 1.2 分形及分形维数 … 6
  - 1.2.1 分形定义 … 6
  - 1.2.2 分形基本特征 … 7
  - 1.2.3 分形空间 … 9
  - 1.2.4 分形维数 … 11
  - 1.2.5 经典分形实例 … 13
- 1.3 自相似和自仿射 … 16
  - 1.3.1 自相似 … 16
  - 1.3.2 自仿射和自仿射分形 … 17
  - 1.3.3 随机分形插值 … 18
- 1.4 线性分形与非线性分形 … 20
- 1.5 随机分形与多重分形 … 21
  - 1.5.1 随机分形 … 21
  - 1.5.2 多重分形 … 23

2 岩石的基本性质及强度破坏准则 … 26
- 2.1 岩石的物理性质 … 26
  - 2.1.1 岩石的基本物理指标 … 26
  - 2.1.2 岩石的水理性 … 29
  - 2.1.3 岩石的热理性 … 32
  - 2.1.4 岩石物性的非均质和各向异性 … 33
- 2.2 岩石的基本力学性质 … 36
  - 2.2.1 岩石的应力—应变全过程 … 36
  - 2.2.2 岩石模量及泊松比 … 38
  - 2.2.3 单轴抗压强度、单轴抗拉强度及单轴抗剪强度 … 39
  - 2.2.4 岩石三轴试验 … 44
  - 2.2.5 三轴压缩条件下岩石变形参数 … 47
- 2.3 岩石强度的破坏准则 … 47
  - 2.3.1 最大正应力强度理论 … 48
  - 2.3.2 最大正应变强度理论 … 48
  - 2.3.3 最大剪应力强度理论 … 48

| 2.3.4 莫尔-库伦强度准则 ……………………………………………… 49
| 2.3.5 德鲁克-普拉格理论 ……………………………………………… 53
| 2.3.6 格里菲斯准则及修正理论 ……………………………………… 54
| **3 储层岩石孔隙介质特征的分形性** …………………………………………… 56
| 3.1 储层孔隙介质的微观特征 …………………………………………… 56
| 3.1.1 孔隙分布的微观特征 …………………………………………… 56
| 3.1.2 孔隙分布的分形特征 …………………………………………… 58
| 3.2 孔隙介质微观特征的分形描述 ……………………………………… 59
| 3.2.1 孔隙介质的分形模型 …………………………………………… 59
| 3.2.2 孔隙介质结构的分形特征 ……………………………………… 61
| 3.3 储层岩石孔隙介质的分形测量方法 ………………………………… 63
| 3.3.1 离散方法 ………………………………………………………… 63
| 3.3.2 散射方法 ………………………………………………………… 65
| 3.3.3 吸附方法 ………………………………………………………… 66
| 3.4 储层孔隙介质的分形维数 …………………………………………… 66
| 3.4.1 扫描电镜法测孔隙介质分形维数 ……………………………… 67
| 3.4.2 压汞法测孔隙介质分形维数 …………………………………… 68
| **4 储层岩石损伤演化过程的分形分析方法** …………………………………… 73
| 4.1 损伤及损伤变量 ……………………………………………………… 73
| 4.2 储层岩石损伤演化的分形特征 ……………………………………… 76
| 4.3 储层弹塑性的分形本构关系 ………………………………………… 80
| 4.3.1 应变软化性岩石的本构关系 …………………………………… 80
| 4.3.2 理想弹塑性岩石的本构关系 …………………………………… 83
| 4.3.3 应变硬化弹塑性岩石的本构关系 ……………………………… 84
| 4.3.4 Weibull 模量与材料强度的分形性质 ………………………… 85
| 4.4 储层岩石损伤的实例分析 …………………………………………… 88
| **5 储层岩石井壁稳定性的分形分析方法** ……………………………………… 93
| 5.1 储层岩石井壁稳定性的分析方法 …………………………………… 93
| 5.2 储层岩石有效应力的分形分析 ……………………………………… 95
| 5.2.1 有效应力基本模型分析 ………………………………………… 96
| 5.2.2 储层岩石有效应力的分形模型 ………………………………… 96
| 5.3 储层井壁围岩应力状态的分形分析 ………………………………… 98
| 5.3.1 储层岩石孔隙介质的双重有效应力 …………………………… 99
| 5.3.2 储层井壁围岩应力状态的分形模型 …………………………… 100
| 5.4 储层围岩应力分形模型的实用形式及计算 ………………………… 103
| 5.4.1 井壁围岩应力分形模型的实用形式 …………………………… 104
| 5.4.2 分形模型实用形式的实例计算 ………………………………… 106
| **6 钻进过程中储层岩石破碎体的分形计算方法** ……………………………… 110
| 6.1 储层岩石破碎体的分形理论 ………………………………………… 110
| 6.1.1 岩石结构分形维数和破碎分形维数 …………………………… 110

  6.1.2 岩石裂缝的分形形式 …………………………………………………… 111
  6.1.3 岩石破碎的三角形效应 ………………………………………………… 112
 6.2 储层岩石破碎的块度分布与分形理论 …………………………………………… 112
  6.2.1 储层岩石破碎的块度分布模型 ………………………………………… 113
  6.2.2 储层岩石破碎的块度分形维数计算方法研究 ………………………… 114
 6.3 储层岩石破碎体的分形特征 ……………………………………………………… 115
  6.3.1 微钻头破碎岩屑的块度分布与分形维数研究 ………………………… 115
  6.3.2 钻井上返岩屑块度分布及分形维数研究 ……………………………… 118
  6.3.3 地面岩屑标准化之后的块度分布及分形维数研究 …………………… 126
  6.3.4 钻井上返岩屑标准化之后的块度分布及分形维数研究 ……………… 128
 6.4 储层岩石破碎体的有限尺度和等概率破碎分析 ………………………………… 130
  6.4.1 储层岩石有限尺度破碎体分析 ………………………………………… 130
  6.4.2 岩屑分布特征的等概率破碎模型 ……………………………………… 130
 6.5 储层岩石破碎能耗的分形表示模型 ……………………………………………… 131
  6.5.1 能耗模型的建立 ………………………………………………………… 132
  6.5.2 能耗模型的讨论 ………………………………………………………… 133
  6.5.3 岩石破碎能耗模型的影响因素分析 …………………………………… 134
  6.5.4 岩石破碎比功模型的现场实例分析 …………………………………… 135

7 储层岩石水力压裂造缝规律的分形分析 …………………………………………… 141
 7.1 影响水力压裂造缝的因素 ………………………………………………………… 141
  7.1.1 地应力及其分布 ………………………………………………………… 141
  7.1.2 井壁围岩应力状态 ……………………………………………………… 143
  7.1.3 储层类型 ………………………………………………………………… 145
  7.1.4 压裂井筒与地层的接触状态 …………………………………………… 146
  7.1.5 施工参数 ………………………………………………………………… 147
 7.2 水力压裂裂缝的起裂准则 ………………………………………………………… 149
  7.2.1 直井井筒围岩应力状态 ………………………………………………… 149
  7.2.2 裂缝起裂的力学准则 …………………………………………………… 150
 7.3 裂缝的延伸准则及分形描述 ……………………………………………………… 151
  7.3.1 岩石的断裂韧性 ………………………………………………………… 151
  7.3.2 岩石断裂面的分形描述 ………………………………………………… 155
  7.3.3 岩石的分形断裂韧性 …………………………………………………… 157
 7.4 水力压裂过程的实验分析 ………………………………………………………… 159
  7.4.1 实验装置 ………………………………………………………………… 159
  7.4.2 实验模拟方式 …………………………………………………………… 160
  7.4.3 水力压裂过程模拟实验 ………………………………………………… 163
  7.4.4 裂缝延伸准则的实验分析 ……………………………………………… 165
 7.5 分形参数对裂缝起裂及延伸的影响分析 ………………………………………… 167
  7.5.1 裂缝起裂的分形分析 …………………………………………………… 167
  7.5.2 裂缝延伸的分形分析 …………………………………………………… 168

7.5.3 现场实例计算 … 169

8 裂缝性储层裂缝介质特征的分形描述 … 171
8.1 裂缝介质的分布特征及描述参数 … 171
8.1.1 裂缝介质的分布特征 … 171
8.1.2 裂缝介质的描述参数 … 173
8.2 储层裂缝介质分布的分形描述方法 … 176
8.2.1 裂缝介质分布的分形模型 … 176
8.2.2 地层断裂的分形维数 … 179
8.2.3 岩心裂缝的分形维数 … 181
8.3 裂缝介质特征的三维模拟方法 … 182
8.3.1 单一裂缝的空间几何关系 … 182
8.3.2 多裂缝的网络系统模拟 … 184
8.3.3 裂缝系统特征参数的确定 … 185
8.4 可视化平台 … 186
8.4.1 计算机可视化概述 … 186
8.4.2 可视化工具 OpenGL 介绍 … 187
8.4.3 OpenGL 三维建模的数学方法 … 189
8.4.4 VB.Net & OpenGL 的可视化平台 … 190
8.5 B 区块裂缝性储层的三维网络模拟 … 191
8.5.1 三维地质体模拟 … 191
8.5.2 井眼轨道模拟 … 193
8.5.3 裂缝系统三维网络模拟 … 194
8.5.4 裂缝性储层的三维地质体模拟 … 196

9 裂缝性储层水力压裂造缝机理的分形特征 … 202
9.1 裂缝性储层裂缝起裂的力学准则 … 202
9.1.1 天然裂缝面上的正应力 … 202
9.1.2 压裂裂缝特征分析 … 203
9.2 裂缝性储层压裂裂缝的延伸分析 … 205
9.2.1 裂缝性储层水力压裂过程模拟实验 … 205
9.2.2 压裂裂缝延伸的特征 … 208
9.2.3 压裂裂缝再起裂与延伸的定性分析 … 210
9.3 天然裂缝对压裂裂缝的分形影响 … 211
9.3.1 天然裂缝对压裂裂缝的影响 … 211
9.3.2 天然裂缝分布的二维迹线分析 … 212
9.3.3 分形参数对天然裂缝特征的影响 … 214
9.3.4 分形参数对压裂缝几何特征的影响 … 217

参考文献 … 223

1 分形岩石力学理论基础

分形岩石力学是 20 世纪末期形成的岩石力学分支，用于研究和描述岩石复杂的自然结构性状和物理力学性质中的非线性问题。本章主要介绍分形岩石力学的数学基础，主要包括分形概念及分形基本理论、自相似和自仿射分形、随机分形与多重分形及分形插值理论等。

分形理论是一门描述自然界中许多不规则、无序的现象和事物不规则程度的科学。当初曼德尔布罗特受任于 IBM 公司，经济领域的棉花价格变化曲线以及技术领域中计算机通讯用的电话线讯号窜音问题，激发了曼德尔布罗特的创新灵感，提出了分形思想的雏形，从数学的角度上丰富了非线性科学的理论。当然，作为定量研究，是完全可以借助于数学和物理等自然科学工具，把分形归纳到非线性科学领域中进行研究的。

1.1 空间、测度及维数

1.1.1 空间

通常情况下，在基本集合 X 中引进若干公理，那么它就构成某类空间。只有建立空间的概念，才能将各种数学研究手段应用到抽象的集合中去。常用到的空间主要有拓扑空间、测度空间、线性空间及度量空间等。

1.1.1.1 拓扑空间

对于基本集合 X，如果存在由 X 的子集构成的集簇 Θ 满足如下拓扑公理：

(1) 空集 Λ，$X \in \Theta$；

(2) 若 $G_k \in \Theta$，$k=1, 2, \cdots, n$，则 $\bigcap_{k=1}^{n} G_k \in \Theta$；

(3) 若 $G_k \in \Theta$，$\lambda \in I$，I 为指标集，则 $\bigcup_{\lambda \in I} G_\lambda \in \Theta$；则称 Θ 为 X 的拓扑，(X, Θ) 叫拓扑空间。

1.1.1.2 测度空间

设 X 为基本集，Ω 是由 X 的子集构成集类，如果在 Ω 上定义实值函数 $\mu(\cdot)$ 满足测度公理：

(1) $\mu(\Lambda)=0$；

(2) 任意 $E' \in \Omega$，$0 \leqslant \mu(E') \leqslant \infty$；

(3) 若 $E'_k \in \Omega$，$k=1, 2, \cdots, n$，$E'_i \cap E'_j = \phi (i \neq j)$，则 $\mu\left(\bigcup_{k=1}^{\infty} E'_k\right) = \sum_{k=1}^{\infty} \mu\left(E'_k\right)$ 成立。

则称 $\mu(\cdot)$ 为 Ω 上定义的测度，$E' \in \Omega$ 为 μ 可测集，(X, Ω, μ) 称为测度空间。

对于抽象集，还常常需要对集合的元素进行某种代数运算，引进"代数结构"，使之成为"代数空间"，最基本的代数空间是定义了元素间的加法和数乘运算的线性空间。

1.1.1.3 线性空间

设 **X** 是一个非空集合，**R** 是实数域，如果在 **X** 中定义了元素的加法"+"和数与元素的乘法"·"，并且满足运算规律：

(1) 任意 $x, y \in \mathbf{X}$，有 $x+y=y+x$；
(2) 任意 $x, y, z \in \mathbf{X}$，有 $(x+y)+z=x+(y+z)$；
(3) 存在零元 θ，使 $x+\theta=x$，任意 $x \in \mathbf{X}$；
(4) 对任意 $x \in \mathbf{X}$，存在负元 $(-x) \in \mathbf{X}$，使 $x+(-x)=\theta$；
(5) 任意 $x \in \mathbf{X}$，$1 \cdot x=x$；
(6) 任意 $\lambda, \mu \in \mathbf{R}$，$x \in \mathbf{X}$，$\lambda(\mu x)=(\lambda \mu)x$；
(7) $\lambda(x+y)=\lambda x+\lambda y$；
(8) $(\lambda+\mu)x=\lambda x+\mu x$。

则称 **X** 为 **R** 上的线性空间或向量空间。

拓扑结构、代数结构及测度结构是现代数学，特别是现代分析数学研究的基础。例如泛函分析研究的基础就是利用"范数"或"内积"定义拓扑的线性空间，即所谓的"线性赋范空间"和"内积空间"，它们是一类具有距离概念的拓扑空间，即度量空间。

1.1.1.4 度量空间

设 **X** 是非空集合，对任意 $x, y \in \mathbf{X}$，设 $d(x, y)$ 是实数且满足度量公理：

(1) $d(x, y) \geqslant 0$，当且仅当 $x=y$ 时，$d(x, y)=0$；
(2) $d(x, y)=d(y, x)$；
(3) $d(x, y) \leqslant d(x, z)+d(y, z)$，任意 $z \in \mathbf{X}$。

则称 d 为 **X** 上的距离或度量，$(\mathbf{X}, d)$ 称为度量空间。

1.1.1.5 线性赋范空间

设 **X** 为 **R** 上的线性空间，若有泛函 $N(x)=\|x\|: \mathbf{X} \to \mathbf{R}$ 满足：

(1) 任意 $x \in \mathbf{X}$，$\|x\| \geqslant 0$，当且仅当 $x=\theta$ 时，$\|x\|=0$；
(2) 任意 $x \in \mathbf{X}$，$a \in \mathbf{R}$，$\|ax\|=|a| \cdot \|x\|$；
(3) 任意 $x, y \in \mathbf{X}$，$\|x+y\| \leqslant \|x\|+\|y\|$。

则称 $\|x\|$ 为 x 的范数，$(\mathbf{X}, \|\cdot\|)$ 称为线性赋范空间，简称为赋范空间。

可见，抽象空间中向量的范数是 $\mathbf{R}^3$ 中向量长度的推广。

1.1.1.6 内积空间

设 **X** 是 **Y**（复数域）上的线性空间，若泛函 $(\cdot, \cdot): \mathbf{X} \times \mathbf{X} \to \mathbf{Y}$ 满足：

(1) 任意 $x \in \mathbf{X}$，$(x, x) \geqslant 0$，当且仅当 $x=\theta$ 时，$(x, x)=0$；
(2) 任意 $x, y \in \mathbf{X}$，$(x, y)=\overline{(y, x)}$（共轭对称）；
(3) $(ax+by, z)=a(x, z)+b(y, z)$，任意 $x, y, z \in \mathbf{X}$，$a, b \in \mathbf{Y}$。

则称 $(\cdot, \cdot)$ 是 **X** 中的内积，**X** 称为内积空间。

由内积空间可构造赋范空间，赋范空间 **X** 中的序列 $\{x_n\}$ 称为柯西（Cauchy）序列，当且仅当 $m, n \to \mathrm{n}$ 时，$\lim\|x_n-x_m\|=0$。

赋范空间 **X** 是完备的，假若 **X** 中每个柯西序列收敛到 **X** 中的一个极限。完备的赋范空间叫巴拿赫（Banach）空间。完备的内积空间叫希尔伯特（Hilbert）空间。

1.1.1.7 空 L^p（p 为正数）的几种情况

（1）$L^p(E')$ 表示 E' 上关于勒贝格（Lebesgue）测度 p 方可积函数空间，对任意 $f \in L^p(E')$，定义范数：

$$\|f\|_p = \left(\int_R |f(t)|^p \mathrm{d}t\right)^{\frac{1}{p}} \quad (p \geqslant 1)$$

（2）$L^p(E')$ 表示 E' 上本性有界可测函数全体，即 $f(x)$ 和 E' 上一个有界函数几乎处处相等。令 $\|f\|_\infty = \inf\limits_{\substack{\mu(E_0)=0 \\ E_0 \subset E}} \left(\sup\limits_{E \to E_0} |f|\right)$，叫 f 的本性最大模。

（3）L^p 表示满足 $\sum\limits_{k=1}^\infty |x_k|^p < \infty$，$(p \geqslant 1)$ 的序列 $\{x_k\}$ 的全体，令 $\|x\| = \left(\sum\limits_{k=1}^\infty |x_k|^p\right)^{\frac{1}{p}}$。

则 L^p 是巴拿赫空间。在一定内积下，L^p 也是希尔伯特空间。

1.1.1.8 索伯列夫（Sobolev）空间

索伯列夫空间是由多个实变量的弱可微函数所组成的一类巴拿赫空间，这些空间出现在与偏微分方程的理论以及与数学分析的联系的许多问题中，并且成为这些学科必不可少的工具。

设区域 $\Omega \subset R^m$，m 是非负整数，$1 \leqslant p \leqslant \infty$。设函数 $u: \Omega \to R$。$x^a u$ 是 u 的 $|a|$ 次弱偏导数。记 $C_{(\Omega)}^m = \{u: \Omega \to R$ 连续，且 $x^a u$（$|a| \leqslant m$）连续$\}$。对任意 $u \in L_{(\Omega)}^p$，定义泛函 $\|\cdot\|_{m,p}$

$$\|u\|_{m,p} = \left\{\sum_{0 \leqslant |a| \leqslant m} \|x^a u\|_p^p\right\}^{1/p} \quad (1 \leqslant p < \infty)$$

$$\|u\|_{m,\infty} = \max_{0 \leqslant |a| \leqslant m} \|x^a u\|_\infty$$

式中，$\|\cdot\|_p$ 表示 $L_{(\Omega)}^p$ 的范数。

构造下列三个空间：

（1）$W_{m(\Omega)}^p = \{u \in C_{(\Omega)}^m; x^a u \in L_{(\Omega)}^p, 0 \leqslant |a| \leqslant m\}$；

（2）$H_{m(\Omega)}^p = \{u \in C_{(\Omega)}^m : \|u\|_{m,p} < \infty\}$；

（3）$W_{0m(\Omega)}^p = C_0^\infty$ 在 $W_{m(\Omega)}^p$ 中的闭包。

则称 $H_{m(\Omega)}^p$，$W_{m(\Omega)}^p$ 与 $W_{0m(\Omega)}^p$ 为 Ω 上的索伯列夫空间。

1.1.2 测度

测度就是测定集合大小的一种度量。正如长度用于度量线段，面积用于度量正方形，体积用于度量立方体等特性一样。测度是内容更广泛、形式更一般的特殊集函数。分形理论也是从集合的测度着手研究的。法国数学家勒贝格对测度理论有着奠基性的工作。而维数是基于测度上的一个数学概念，用于表示集合占有空间的大小；分形维数是描述分形集合复杂性的一种度量。

1.1.2.1 勒贝格测度

实直线 **R** 中点集的勒贝格测度是有界区间长度的推广。设 **I** 是 **R** 中的一个有界区间，**I** 可以是开区间 (a, b)，半开半闭区间 $[a, b)$，$(a, b]$ 或者闭区间 $[a, b]$，其中 $a < b$。称区间 **I** 的长度为 **I** 的勒贝格测度，或者简称测度，即：

$$\mu(\mathbf{I}) = b - a$$

设 **G** 是 **R** 中的一个非空有界开集。**G** 有结构表示，$\mathbf{G} = \bigcup_k (a_k, b_k)$，其中 (a_k, b_k) 是一组互不相交的开区间，为 **G** 的构成区间，则 **G** 的勒贝格测度是它的一切构成区间长度的和，即：

$$\mu(\mathbf{G}) = \sum_k (b_k - a_k)$$

对于有界开集 **G**，$\mu(\mathbf{G}) < \infty$；事实上，存在有界开区间 (a, b)，使得 $\mathbf{G} \subset (a, b)$，

$$\mu(\mathbf{G}) = \sum_k (b_k - a_k) \leqslant (b - a) < \infty$$

设 **F** 是 **R** 中的一非空有界闭集，取开区间 (a, b)，使 $\mathbf{F} \subset (a, b)$，$\mathbf{G} = (a, b) - \mathbf{F}$，则 **G** 为非空有界开集，则 **F** 的勒贝格测度是：

$$\mu(\mathbf{F}) = b - a - \mu(\mathbf{G})$$

设 **E**′ 是 **R** 中的一个有界集，则集类 $\{\mathbf{G}: \mathbf{G}$ 为开集，$\mathbf{E}' \subset \mathbf{G}\}$ 不空，并且集类 $\{\mathbf{F}: \mathbf{F}$ 为闭集，$\mathbf{F} \subset \mathbf{E}'\}$ 不空。定义所有包含 **E** 的开集的测度的下确界为 **E** 的外测度，记为 $\mu^*(\mathbf{E}')$；定义所有含有 **E**′ 的闭集的测度的上确界为 **E**′ 的内测度，记为 $\mu_*(\mathbf{E}')$：

$$\mu^*(\mathbf{E}') = \inf\{\mu(\mathbf{G}): \mathbf{G}\ \text{为开集}, \mathbf{E}' \subset \mathbf{G}\}$$

$$\mu_*(\mathbf{E}') = \sup\{\mu(\mathbf{F}): \mathbf{F}\ \text{为闭集}, \mathbf{F} \subset \mathbf{E}'\}$$

易于证明 $\mu_*(\mathbf{E}') \leqslant \mu^*(\mathbf{E}')$，如果有界集 **E**′，使得等号成立，即 $\mu_*(\mathbf{E}') < \mu^*(\mathbf{E}')$，则称 **E** 是勒贝格可测集，简称 **E**′ 是可测集，其勒贝格测度为 $\mu(\mathbf{E}') = \mu_*(\mathbf{E}') = \mu^*(\mathbf{E}')$。勒贝格测度具有单调性，有限可加性，完全可加性，可减性，以及平移不变性等基本性质。

1.1.2.2 豪斯道夫（Hausdorff）测度

豪斯道夫测度是分形理论及其应用中最基本的一种测度，它可以认为是维数不一定为整数的勒贝格测度。豪斯道夫测度推广了长度、面积和体积等类似概念。数学表述如下：

设 **I** 是 **R** 中的一个有界区间 (a, b) 或 $[a, b]$ 或 $[a, b)$ 或 $(a, b]$，其中 $a < b$，则称区间 **I** 的长度为区间 **I** 的勒贝格测度，或简称测度。即：

$$\mu(\mathbf{I}) = b - a$$

设 $\mathbf{F} \subset \mathbf{R}^n$ 为一非空集合，δ 和 s 为非负实数，若有 $H^s(\mathbf{F}) = \lim_{\delta \to 0} H^s_\delta(\mathbf{F})$ 成立，则称 $H^s(\mathbf{F})$ 是 **F** 的 s 维豪斯道夫测度。

由此可见，勒贝格测度用于度量点集的大小（区间长度），其中，若为有限点集则度量的是点集中点的个数；若为无限点集则度量的是点集区间长度。而豪斯道夫测度则用于度量长度、面积和体积以及推广了的集合空间。

由此可以断言豪斯道夫测度是勒贝格测度在维数不一定是整数时的推广，或者说实直线 R 中点集的勒贝格测度是有界区间长度的推广。

豪斯道夫测度具有单调性和稳定性，更重要的，它具有比例性。设 $F \subset R^n$，$\lambda > 0$。令 $\lambda F = \{\lambda x : x \in F\}$，则 $H^s(\lambda F) = \lambda^s H^s(F)$。这是分形理论的基础，它说明了，当比例放大 λ 倍时，s 维豪斯道夫测度放大 λ^s 倍。同时豪斯道夫测度满足霍尔德条件，即设 $F \subset R^n$，$f: F \to R^n$，存在常数 $\alpha > 0$ 和 $c > 0$ 使任意 $x, y \in F$，$|f(x) - f(y)| \leq c|x-y|^\alpha$ 成立，则：

$$H^{\frac{s}{\alpha}}(f(F)) \leq c^{\frac{s}{\alpha}} H^s(F)$$

1.1.3 维数

维数是图形最基本的不变量，图形维数的定义经历了漫长历史的探索。早在公元300年欧几里德就给出图形维数的描述："曲面有两个量度，曲线有一个量度，点连一个量度也没有"。这里的量度即欧氏维数。当时所有数学家都公认欧氏几何是物质空间和抽象空间内图形性质的正确理想化，后来弗雷谢（Frechet）在研究抽象空间时和庞加莱（Poincare）已经看到要给维数下一个较明确的定义，使它既可应用于抽象空间又可以使直线和平面具有通常的维数。1903年，庞加莱根据欧氏几何的观点定义了空间维数如下：

"如把一个连续体 C 充分切割成一定量的各异元素，我们说这个连续体是一维的。如果把连续体 C 充分切割能形成一个或几个一维的连续体，我们说 C 是二维的。如果连续体 C 充分切割形成一个或几个最多二维的连续体，则 C 是三维的"。

1919年豪斯道夫提出了维数可以是分数的重要概念，突破了长期在人们心中形成的只有欧氏整数维的观点。豪斯道夫创立了豪斯道夫测度并定义了豪斯道夫维数。

豪斯道夫测度 $H^s(F)$ 从 ∞ 到 0 跳跃时存在 s 的一个临界值。这个临界值称为 F 的豪斯道夫维数，记为 dimF。形式上，dimF=inf$\{s: H^s(F) = 0\}$=sup$\{s: H^s(F) = \infty\}$。

$$H^s(F) = \begin{cases} \infty & s < \text{dimF} \\ 0 & s > \text{dimF} \end{cases}$$

如 s=dimF，则测度 $H^s(F)$ 可以是 0 或 ∞ 或满足 $0 < H^s(F) < \infty$。由此可看出，小于豪斯道夫维数的 s 值构造的测度 $H^s(F) = \infty$，而用大于豪斯道夫维数的 s 值构造的测度 $H^s(F) = 0$，只有用 dimF=s 的值构造的测度 $H^s(F)$ 才会是有限值。这个事实如同用线去测量平面图形的面积一定等于无穷大，而用立方体去测量该图形的面积一定等于零是一样的。

维数是几何对象的一个重要特征量，它是几何对象中一个点的位置所需的独立坐标数目。在欧氏空间中，人们习惯把空间看成三维的，平面或球面看成二维，而把直线或曲线看成一维。也可以稍加推广，认为点是零维的，还可以引入高维空间，对于更抽象或更复杂的对象，只要每个局部可以和欧氏空间对应，也容易确定维数。但通常人们习惯于整数的维数。比如，零维的点、一维的线、二维的面、三维的立体，乃至四维的时空。

分形理论认为维数也可以是分数，这类维数是物理学家在研究混沌吸引子等理论时需要引入的重要概念。为了定量地描述客观事物的"非规则"程度，1919年，数学家从测度的角度引入了维数概念，将维数从整数扩大到分数，从而突破了一般拓扑集维数为整数的界限。

1.2 分形及分形维数

1.2.1 分形定义

分形（Fractal）这个名词是曼德尔布罗特在 20 世纪 70 年代为了表征复杂图形和复杂过程首先引入自然科学领域的，它的原意是不规则的、支离破碎的物体。

分形可以分为规则分形和不规则分形。在分形名词使用之前，一些数学家就提出过不少复杂和不光滑的集合，如 Cantor 集、Koch 曲线、Sierpinski 垫片、地毯和海绵等。这些都属于规则的分形图形，它们具有严格的自相似性。而自然界的许多事物所具有的不光滑性和复杂性往往是随机的，如蜿蜒曲折的海岸线，变换无穷的布朗运动轨迹等。这类曲线的自相似性是近似的或统计意义下的，这种自相似性只存在于标度不变区域，超出标度不变区域，自相似性不复存在。这类曲线为不规则分形。

目前对分形还没有最终的科学定义，只能给出描述性的定义。曼德尔布罗特最先提出分形一词，并在 1982 年给出分形的第一个定义。

定义 1：设在欧氏空间中一个集合 $F \subset \mathbf{R}^n$ 的豪斯道夫维数是 D_H，如果 F 的豪斯道夫维数 D_H 严格大于它的拓扑维数 $D_T=n$，即 $D_H > D_T$，则该集合 F 称为分形集，简称分形。

定义 1 的数学表达式可以写为：

$$F=\{D_H : D_H > D_T\}$$

通过定义 1 可知，判断一个集合是不是分形，只要去计算集合的豪斯道夫维数和拓扑维数，然后根据上式进行判断即可。然而在实际应用中，一个集合的豪斯道夫测度和豪斯道夫维数的计算是比较复杂和困难的。这给该定义的广泛使用带来很多影响。

4 年以后，他又给出了一个实用的、自相似分形的定义，即定义 2。

定义 2：组成部分以某种方式与整体相似的形体叫分形。

这个定义很通俗且直观，它突出了分形的自相似性，反映了自然界中广泛存在的一类物质的基本属性：局部与局部，局部与整体在形态、功能、信息、时间与空间等方面具有统计意义上的自相似性。但是定义 2 只强调了自相似性特征，固称为自相似性分形。

应当指出的是，虽然有上述两个定义，但迄今为止对分形尚未有严密的定义，对分形给予严密的定义还为时过早。有的学者认为，对"分形"的定义可以用生物学中对"生命"定义的方法进行同样处理。生物学中"生命"并没有严格和明确的定义，但都可以列出一系列生命物体的特性：如繁殖能力、运动能力等。大部分生物都有上述特性，虽然某些生物对上述性质有例外。

由于分形结构的表现极为复杂，学者们在研究分形的过程中提出了不同的分形定义。英国数学家法尔科奈尔（Falconer）在其所著《分形几何的数学基础及应用》一书中认为分形应看作具有如下所列性质的集合 F。

定义 3：分形为具有下列性质的集合。

（1）F 具有精细结构，即在任意小的比例尺度内包含整体；

（2）F 是不规则的，以致于不能用传统的几何语言来描述；

（3）F 通常具有某种自相似性，或许是近似的或许是统计意义下的；

（4）F 在某种方式下定义的"分形维数"通常大于 F 的拓扑维数；

(5) F 的定义常常是非常简单的，或许是递归的，可以由迭代产生。

类似的，艾德戈尔于 1990 年也给出了一个分形的粗略定义。

定义 4：分形集就是比在经典几何考虑的集合更不规则的集合。这个集合无论被放大多少倍，越来越小的细节仍能看到。

上述定义 3 和定义 4，尽管不严密，但确实使我们很容易去理解什么是分形，粗略地说，分形几何就是不规则形状的几何，但是这种不规则具有层次性，即在不同层次（尺度）下能观察到。事实上，不规则几何的抽象化经常比在经典几何中光滑曲线和光滑平面的规整几何更能精确地啮合自然世界。

1.2.2　分形基本特征

分形是具有精细结构的复杂的不规则的集合，自相似性是分形的最重要特征。自相似和自仿射是最基本的分形结构。从自相似角度出发，许多分形可以通过递归或迭代这些简捷的构造过程得出。

分形的自相似性亦称为内齐次性，在通常的几何变换下，分形具有不变性。起初，分形在自相似性概念中，只包含形态或结构的内涵，后来，在三论（信息论、控制论和系统论）的冲击下，自相似性的概念中逐渐加入了功能和信息的意义。因此一般把在形态、功能和信息等方面具有自相似性的研究对象统称为分形。按照分形理论，分形内部任何一个相对独立的部分，在一定程度上都应是整体的再现和缩影。因此分形具有标度不变性，或称无标度性。即在分形上任选一局部区域将其放大后又会显示原图的特征，无论形态、复杂程度，还是不规则性等特性均不会发生变化。

我们把构成分形形态体的相对独立的部分称为分形元或生成元。分形元与整体相似，但不是简单地等同于整体，整体的复杂性远远大于分形元。从分析事物的视角上，分形论与系统论体现了从两个极端出发的思路。系统论由整体出发来确定各部分和系统性质，它是沿着宏观到微观的方向来考虑整体与部分之间的相关性；而分形则是从部分出发来确定整体的性质，是沿着从微观到宏观方向开展的，二者构成互补。

曼德尔布罗特利用计算机绘制了一个经典的图形，如图 1.1，该图形已成为分形与混沌的一种国际标志。它是极复杂的数学对象，即使用无限的时间也不足以观察它的全貌。从图 1.1（a）中选取两个局部，在图 1.1（b）及图 1.1（c）放大显示。从图 1.1（b）中可以看到，虽然将图 1.1（a）图片中一个很小的局部放大，依然能得到了与整体相似的局部。在图 1.1（b）中放大其中的一个局部，这个放大的局部图片，还会继续出现上述现象。图 1.1（c）是图 1.1（a）中一个部分，它也出现了图 1.1（b）中的现象。这就是分形的自相似性。

自相似原则是分形理论的重要原则。它表征分形在通常的几何变换下具有不变性，即标度无关性。由自相似性是从不同尺度的对称出发，我们遇到的分形，大体可以分为两类：一类是严格满足自相似条件的分形，如康托集合，柯赫曲线等，分形的自相似性要求其整体和局部完全相似（从形状、数量等所有的角度来看都是）的条件得到严格的满足，这种有规分形只是少数，绝大部分分形是统计意义上的无规分形，如连绵起伏的山脉轮廓线，曲折蜿蜒的江湖河流，频繁变化的海岸线等，它们的自相似性是近似的或者是在统计意义上成立的。我们所研究的上返岩屑的分形性也是在统计意义上进行的。

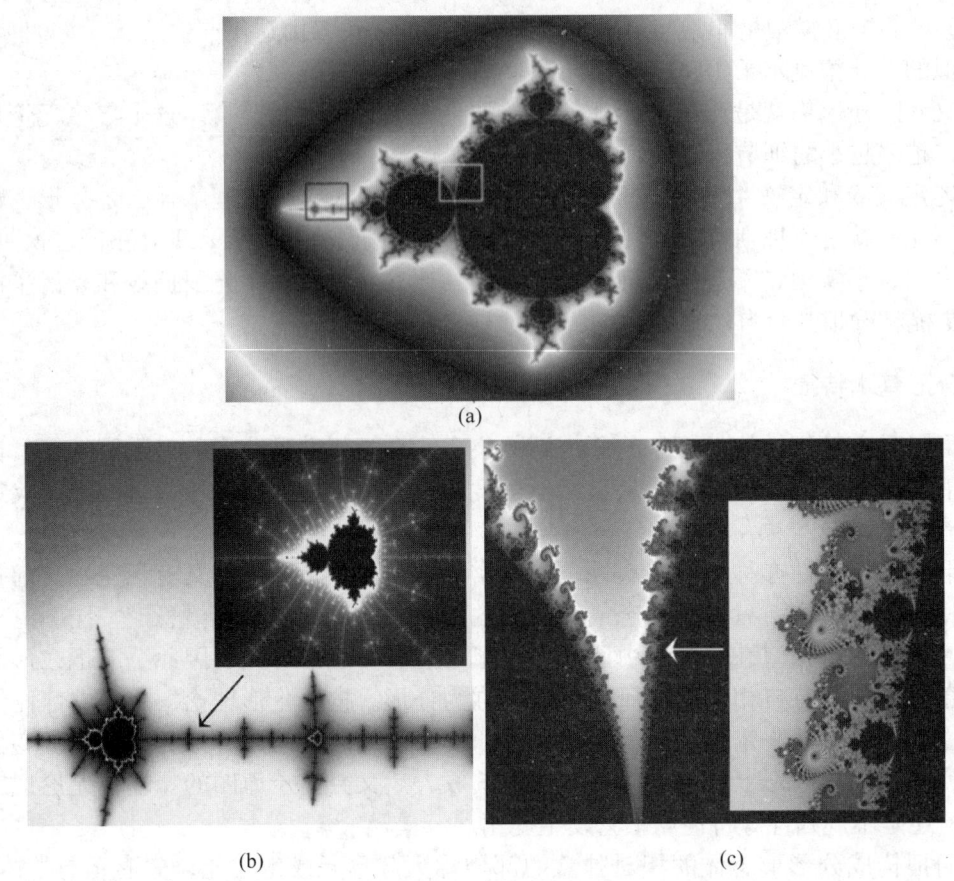

图 1.1 曼德尔布罗特集

自然界中许多事物和现象都表现出极为复杂的形态，而不是数学分形所显示的那样理想。其自相似性或标度不变性只有在统计方式下表现出来，当改变尺度时，该尺度包含的部分统计学特征与整体是相似的，这种分形是数学上的一种推广，叫统计分形。数学分形具有两个条件：分形曲线必须具有无穷的"层次性"，只有无穷的层次性，才能使得自相似性处处成立；数学分形在改变标度下，部分和整体必须是完全相似。而统计分形将无穷"层次"推广到有限的"层次"，将数学相似性推广到统计相似性。

岩石是一种成分复杂的矿物混和体，岩石结构中的缺陷是杂乱无章和随机分布。在载荷等外部因素作用下，它们不断萌生、扩展、聚集和贯通，最终导致岩石的宏观破碎。由于岩石这种特性，造成岩石不论在破碎过程的形势，还是破碎形态上都表现得千差万别，即使同一类岩石，在硬度和强度上也会有很大的差异。我们知道没有哪块岩石在成分上是均质的，没有哪两块岩石的破碎碎屑形态上是相同的，每一块岩石都在成分上和形态上表现着自己的独特的一面，所以造成它们的千差万别，各具特色。尽管如此，破碎岩屑粒度还是存在着内在的统一性，而分形几何就是揭示这种统一性的方法体系。

下面举个例子说明分形体所具备的性质及分形维数的计算。波兰著名数学家谢尔宾斯基（W.Sierpinski）在 1915—1916 年期间，为实变函数理论构造了几个典型的例子，这些奇怪的图形常称作"谢氏地毯"、"谢氏三角"、"谢氏海绵"及"谢氏墓垛"。

波兰数学家谢尔宾斯基将三分康托集的构造思想推广到二维平面，构造出谢尔宾斯基

"垫片"：设 E_0 是边长为 1 的等边三角形区域，将它均分成 4 个小等边三角形，去掉中间一个得 E_1，对 E_1 的每个小等边三角形进行相同的操作得 E_2，……，这样的操作不断继续下去直到无穷，所得图形称为谢尔宾斯基"垫片"（如图 1.2）。

如此无限地做下去，最后所得的图形是一个三角形垫片。显然，这个几何对象的面积趋于零，而线段总长度和线段数目趋于无穷大，为一个线集。这些线集具有以下分形特征：

(1) 自相似性：其局部与整体是完全相似的。这样构造的图形是一种有规分形。

(2) 无标度性：在无穷分割舍弃过程中，形成具有无限嵌套的自相似结构。这样的分形结构不存在特征长度。即用不同放大倍数拍摄的照片是相似的，无法判断相机放大的倍数，这正是无标度性。

(3) 分形维数性：在"谢尔宾斯基垫片"中可以分为三个相似子集，每个子集边长为原三角形边长的 1/2，因此谢尔宾斯基图的自相似维数为：

$$D = \frac{\lg 3}{\lg 2} = 1.585$$

同样可得"谢氏海绵"的维数 $D=2.727$。

(a) 谢尔宾斯基垫片

 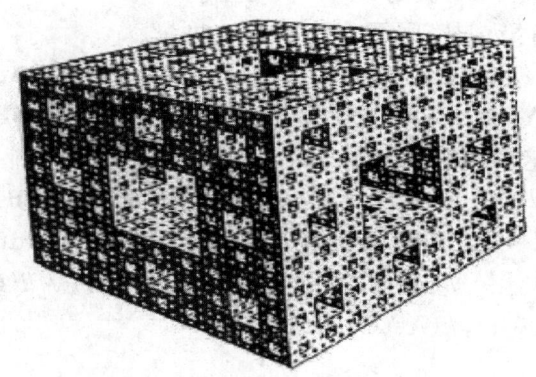

(b) 谢尔宾斯基地毯　　　　　　　　(c) 谢尔宾斯基海绵

图 1.2　谢尔宾斯基分形图形

1.2.3　分形空间

为了建立一个合理的框架研究分形现象，我们讨论一下分形空间的定义。现代数学基础建立在三个空间基础上，即代数结构、拓扑结构及测度结构。无论哪种理论研究总要在一个假定的理想空间进行。

我们就把用于分形理论研究的假定理想化的完备度量空间叫做分形空间，记为 (**F**(**X**), h)，h 是空间的一个度量。设 (**X**, d) 是一个完备的度量空间，将 **F**(**X**) 记为 **X** 的全体非空紧子集组成的空间，即 **X** 的一个非空紧子集是 **F**(**X**) 中的一个点，下面定义 **F**(**X**) 的量度。

定义 5：设 (**X**, d) 是一个完备的度量空间，$x \in$ **X**，集合 **B** $\in$ **F**(**X**)，

$$d(x, \mathbf{B}) = \min\{d(x, y) | y \in \mathbf{B}\}$$

叫作点 x 到集合 **B** 的距离，记为 $d(x, \mathbf{B})$。

定义 6：设 (**X**, d) 是一个完备的度量空间，集合 **A**, **B** $\in$ **F**(**X**)，

$$d(\mathbf{A}, \mathbf{B}) = \max\{d(x, \mathbf{B}) | x \in \mathbf{A}\}$$

叫作集合 **A** 到集合 **B** 的距离，记为 $d(\mathbf{A}, \mathbf{B})$。

上述度量具有的性质：

(1) 若 **B**, **C** $\in$ **F**(**X**)，且 **B** $\subset$ **C**，则 $d(x, \mathbf{C}) \leq d(\mathbf{A}, \mathbf{B})$。

(2) 若 **A**, **B** $\in$ **F**(**X**)，一般 $d(\mathbf{A}, \mathbf{B}) \neq d(\mathbf{B}, \mathbf{A})$。

(3) 若 **A**, **B** $\in$ **F**(**X**)，且 **A** $\not\subset$ **B**，则 $d(\mathbf{A}, \mathbf{B}) \neq 0$ 或 $d(\mathbf{B}, \mathbf{A}) \neq 0$，当 **A** $\subset$ **B** 则 $d(\mathbf{A}, \mathbf{B}) = 0$。

(4) 若 **A**, **B**, **C** $\in$ **F**(**X**)，则 $d(\mathbf{A} \cup \mathbf{B}, \mathbf{C}) = d(\mathbf{A}, \mathbf{C}) \vee d(\mathbf{B}, \mathbf{C})$，"$\vee$" 运算表示取最大者。

(5) 若 **A**, **B**, **C** $\in$ **F**(**X**)，则 $d(\mathbf{A}, \mathbf{B}) \leq d(\mathbf{A}, \mathbf{C}) + d(\mathbf{C}, \mathbf{B})$。

定义 7：设 (**X**, d) 是一个完备的度量空间，集合 **A**, **B** $\in$ **F**(**X**)，

$$h(\mathbf{A}, \mathbf{B}) = d(\mathbf{A}, \mathbf{B}) \vee d(\mathbf{B}, \mathbf{A})$$

叫作集合 **A**, **B** 的 Hausdorff 距离。

定理 1：h 是空间 **F**(**X**) 的一个度量。

证明：① 设集合 $h(\mathbf{A}, \mathbf{A}) = d(\mathbf{A}, \mathbf{A}) \vee d(\mathbf{A}, \mathbf{A}) = d(\mathbf{A}, \mathbf{A}) = 0$，**A**, **B**, **C** $\in$ **F**(**X**)，$h(\mathbf{A}, \mathbf{B}) > 0$。$h(\mathbf{A}, \mathbf{B}) = 0$ 时，有 $d(\mathbf{A}, \mathbf{B}) = 0$ 且 $d(\mathbf{B}, \mathbf{A}) = 0$，则有 **A** = **B**。

② 由定义 3 得：$h(\mathbf{A}, \mathbf{B}) = h(\mathbf{B}, \mathbf{A})$。

③ 由 $d(\mathbf{A}, \mathbf{B}) \leq d(\mathbf{A}, \mathbf{C}) + d(\mathbf{C}, \mathbf{B})$ 及 $d(\mathbf{B}, \mathbf{A}) \leq d(\mathbf{B}, \mathbf{C}) + d(\mathbf{C}, \mathbf{A})$ 可知：

$h(\mathbf{A}, \mathbf{B}) = d(\mathbf{B}, \mathbf{A}) \vee d(\mathbf{A}, \mathbf{B}) = [d(\mathbf{A}, \mathbf{C}) + d(\mathbf{C}, \mathbf{B})] \vee [d(\mathbf{B}, \mathbf{C}) + d(\mathbf{C}, \mathbf{A})]$
$= d(\mathbf{A}, \mathbf{C}) \vee d(\mathbf{C}, \mathbf{A}) + d(\mathbf{C}, \mathbf{B}) \vee d(\mathbf{B}, \mathbf{C})$
$= h(\mathbf{A}, \mathbf{C}) + h(\mathbf{C}, \mathbf{B})$

证毕。

定理 2：（分形空间完备性定理）：设 (**X**, d) 是一个完备度量空间，则 (**F**(**X**) · $h(d)$) 是一个完备度量空间，如果 $\{\mathbf{A} \in \mathbf{F}(\mathbf{X})\}_{n=1}^{\infty}$ 是一个柯西序列，则极限：

$$A = \lim_{n \to \infty} A_n \in F(\mathbf{X})$$

存在，且：

A = $\{x \in \mathbf{X}$：存在一个收敛于 x 的柯西序列 $\{x_n \in \mathbf{A}_n\}\}$

这里证明省略，详细请参考相关文献。

这个完备的度量空间 (**F**(**X**), h) 就是分形空间。

1.2.4 分形维数

下面给出几种常见的分形维数的定义：

1.2.4.1 相似维数

设某对象 **A** 可分为 **N** 个相似子集，每个子集按相似比例系数 r 与整体相似，相似维数则为：

$$D_s = \frac{\ln N}{\ln\left(\frac{1}{r}\right)} \tag{1.1}$$

例 1.1 Cantor 集维数。

按其构造如图 1.3 所示，$N=2$，$r=1/3$，因此 Cantor 集的相似维数为：

$$D_s = \frac{\ln 2}{\ln 3}$$

这是一个非整数维数。

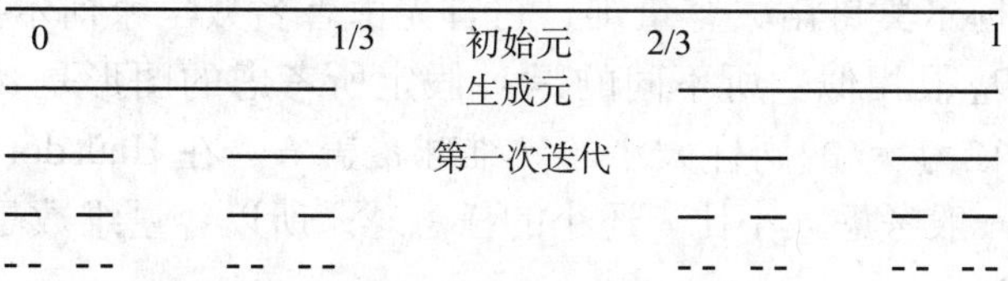

图 1.3 Cantor 集构造

例 1.2 Peano 曲线的维数。

按其构造如图 1.4 所示，$N=4$，$r=1/2$，因此 Peano 曲线相似维数为：

$$D_s = \frac{\ln 4}{\ln 2} = 2$$

这个分形维数为整数维 2，说明 Peano 曲线填充了正方形。

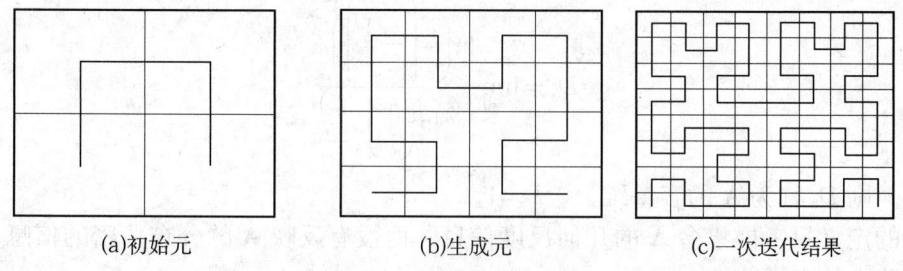

(a)初始元　　　　(b)生成元　　　　(c)一次迭代结果

图 1.4 Peano 曲线构造

例 1.3 Koch 曲线的维数。

按其构造如图 1.5 所示，$N=4$，$r=1/3$，因此 Koch 曲线相似维数为：

$$D_s = \frac{\ln 4}{\ln 3} = 1.2618$$

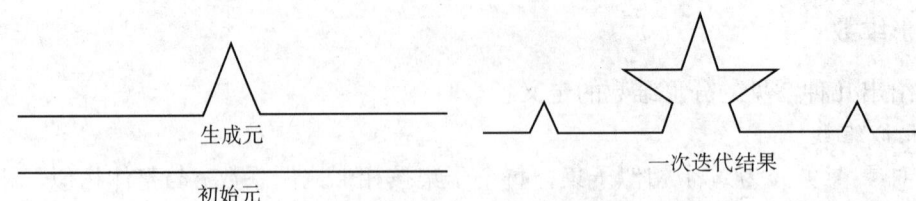

图 1.5　Koch 曲线构造

虽然相似维数似乎比拓扑维数应用的范围更广一些，它能对 Cantor 集、Koch 曲线等一类复杂曲线提供好的刻划，但这个维数定义有很大局限性，它只适合于一类严格的自相似集合。

1.2.4.2　容量维数

设 ($\mathbf{X}$, d) 为一距离空间，$\mathbf{A} \in \mathbf{H}$，$\mathbf{X}$ 为非空紧子集，对 $\forall \varepsilon > 0$，若 $N(\mathbf{A}, \varepsilon)$ 是能够覆盖 $\mathbf{A}$ 的半径为 ε 的小球（称 ε 球）的最小数目，则 $D_c(\mathbf{A})$ 称为 $\mathbf{A}$ 的容量维数：

$$D_c = \lim_{\varepsilon \to 0} \frac{\ln N(\varepsilon)}{\ln(\varepsilon)} \tag{1.2}$$

容量维数又称为柯尔莫哥诺夫容量维，它首先由著名数学家柯尔莫哥诺夫定义。此定义与 Hausdorff 维数 D_H 很相似。所不同的是：假定所考虑的图形是 d 维空间 R^d 的有界集合。容量维数是用半径为 ε 的同样大小的 d 维球覆盖 $\mathbf{A}$。在 Hausdorff 维数中，覆盖 A 的球不是同样大小的，一般考虑大小比 ε 还小的任意球。所以容量维数是 Hausdorff 维数的特殊情况。一般 $D_c \geq D_H$。

例 1.4　设 (R^2, E) 是距离空间，令 $a \in R^2$，$\mathbf{A} = \{a\}$ 是单点集，求 $\mathbf{A}$ 容量维数。

显然，覆盖一个点的最少球数 $N(\mathbf{A}, \varepsilon) = 1$，因此 $\mathbf{A}$ 的容量维数 $D_c = 0$，即点为零维。

例 1.5　设 R^2，Manhattan 是距离空间，令 $\mathbf{A} = [0, 1]$ 是闭区间，求 $\mathbf{A}$ 的容量维数。

$\forall \varepsilon > 0$，很容易证明覆盖 $\mathbf{A}$ 的小区间数为 $N(\mathbf{A}, \varepsilon) = -\left[-\dfrac{1}{\varepsilon}\right]$，$\left[-\dfrac{1}{\varepsilon}\right]$ 表示取整数部分，因此，如果

$$D_c = \lim_{\varepsilon \to 0} \frac{\ln\left(-\left[-\dfrac{1}{\varepsilon}\right]\right)}{\ln\left(\dfrac{1}{\varepsilon}\right)}$$

存在。则 D_c 称为 $\mathbf{A}$ 的容量维数，$D_c = 1$。

以上的定义只考虑集合 $\mathbf{A}$ 的几何尺度信息，而没有反映 $\mathbf{A}$ 的分布稀密的信息，即落在某一个闭球内的粒子数。

1.2.4.3　信息维数

总信息量 $I(\varepsilon)$ 可由下式求得：

$$I(\varepsilon) = \sum_{i=1}^{N(\varepsilon)} P_i(\varepsilon) \ln \frac{1}{P_i(\varepsilon)}$$

其中，$\sum_{i=1}^{N(\varepsilon)} P_i(\varepsilon)=1$，$N(\varepsilon)$ 为总球数，也称为熵（即平均信息量），$I(\varepsilon)$ 为 ε 的函数，令 **A** 为某一集合，定义：

$$D_\mathrm{I} = \lim_{\varepsilon \to 0} \frac{I(\varepsilon)}{\ln\left(\frac{1}{\varepsilon}\right)} = \lim_{\varepsilon \to 0} \frac{\sum_{i=1}^{N(\varepsilon)} P_i(\varepsilon) \ln P_i(\varepsilon)}{\ln(\varepsilon)} \tag{1.3}$$

为 **A** 的信息维数。

假如落入每一个球的粒子概率相同，信息维数即为容量维数，一般 $D_\mathrm{c} \geqslant D_\mathrm{I}$。信息维数可以看作容量维数的一个推广。

1.2.4.4　关联维数

关联维数是由 P.Grassberger 和 J.Procassia 发展的一种计算分形维数的方法，关联维数可以从实践中测定，为人们描述复杂分形提供了新的手段。设已测得的数据为 x_1, x_2, $\cdots$, x_n, $\cdots$，其中 x_i 是第 i 个时刻的实测值。如果将向量 $(x_1, x_2, \cdots, x_m)$ 记为 y_1，$(x_2, x_3, \cdots, x_{m+1})$ 记为 y_2，便得出数据向量 $(y_1, y_2, \cdots, y_k, \cdots)$。考虑到 y_i 与 y_j 的间距，$r_{ij}=|y_i-y_j|$，对于给定的正数 ε，如果 $r_{ij} < \varepsilon$，则认为 y_i 与 y_j 有很强的关联性。记录满足 $r_{ij} < \varepsilon$ 的数目，它与总数目之比就是关联函数 $C(\varepsilon)$。由此可以定义关联维：

$$D_\mathrm{r} = -\lim_{\varepsilon \to 0} \frac{\ln C(\varepsilon)}{\ln \varepsilon} \tag{1.4}$$

能否求出 D_r，关键在于 ε 取值范围。如果 ε 取值很大，则 $C(\varepsilon)=1$；ε 很小，则 $r_{ij} < \varepsilon$ 的数目为零，相对总数而言，可以忽略不计，从而 $C(\varepsilon)=0$，通过做出 $\ln C(\varepsilon)$ 和 $\ln(\varepsilon)$ 的关系曲线，取其直线部分的斜率，即为所求的关联维数。

近年来，越来越多的研究表明描写分形特征的分形维数可能有无穷多种，如李雅普诺夫维数、复维数、模糊维数等，在这里不详述。

1.2.5　经典分形实例

我们以量测挪威海岸线长度这一经典案例说明分形的重要性，当选大的码尺去度量海岸线长度时，很多港湾和峡谷就被忽略掉，当选小的码尺去测量时，小的港湾和峡谷被忽略。无论码尺多小，总有一些细节量不到。但是码尺越小，得到的长度越长，所以长度不为常数。

量测的长度可以近似的表示为：

$$L(\varepsilon) = L_0 \varepsilon^{1-D_\mathrm{c}} \tag{1.5}$$

式中：L_0 为常数。

对于挪威海岸线 $D_\mathrm{c}=1.5$。

根据上面的关系，可以对分形曲线进行定义：曲线的长度随码尺 ε 的变化关系如能由式（1.5）定义，则该曲线是分形曲线，式中的 D 为曲线的分形维数。

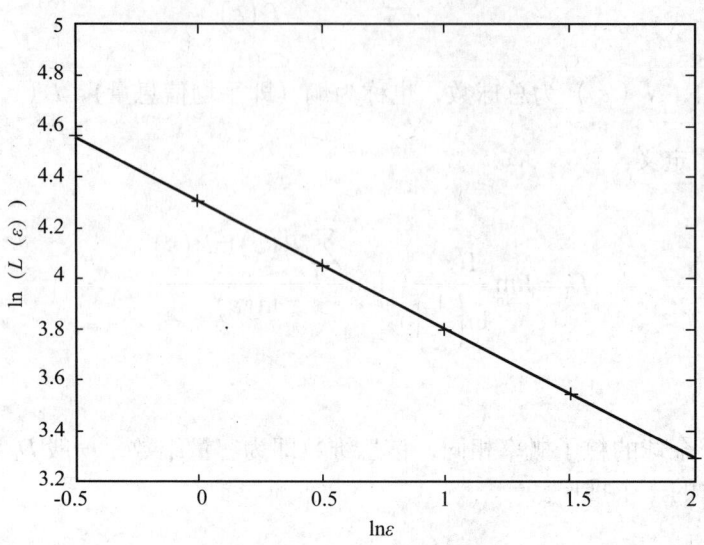

图 1.6 挪威海岸线的测量结果

几何上，分形维数 D 刻画了曲线的"粗糙"程度，D 越大，曲线越弯曲，越不规则。D 越小，曲线越光滑。可以把分形曲线测量方程推广到多维情况，设 n 是欧氏维数，方程可以推广为：

$$G(\varepsilon) = G_0 \varepsilon^{n-D} \tag{1.6}$$

上式适合于分形曲线、分形面积和分形体积的测量。当 $n=1$ 时，G 和 ε 对应分形曲线；当 $n=2$ 时，G 和 ε 对应面积；当 $n=3$ 时，G 和 ε 对应体积。岩石破碎后的块度分布和粒度分布正是体积分形。

上面我们用不同的码尺去量测分形曲线（海岸线）称作码尺法。该方法是分形量测中最早使用的方法，但它不是应用得最普遍的方法。盒维数法比码尺法更广为使用。盒维数法也叫覆盖法。如图 1.7 所示，用正方形的格子（$\delta \times \delta$）去覆盖海岸线，格子的大小是变化的。给定盒子的码尺 δ，可以数出覆盖海岸线所需的总盒子数目 N。假设第 i 步覆盖使用 $\delta_i \times \delta_i$ 的格子，所需盒子数目为 N_i，在第 $i+1$ 步需盖的格子 $\delta_{i+1} \times \delta_{i+1}$，则需盒子数目 N_{i+1}。可以发现在任意两个尺度下所需盒子数之比与码尺之比存在如下关系：

$$\frac{N_{i+1}}{N_i} = \left(\frac{\delta_i}{\delta_{i+1}}\right)^D \tag{1.7}$$

上式也可以写成：

$$N_{i+1} = \left(N_i \delta_i^D\right) \delta_{i+1}^{-D} \tag{1.8}$$

由式（1.5），$L(\varepsilon) = N_i \delta_i = L_0 \delta_i^{1-D}$，则 $N_i \delta_i^D$ 为常数，设 $N_i \delta_i^D = C$，则式（1.7）为：

$$N_{i+1} = C \delta_{i+1}^{-D} \tag{1.9}$$

推广到一般情况，可得到：

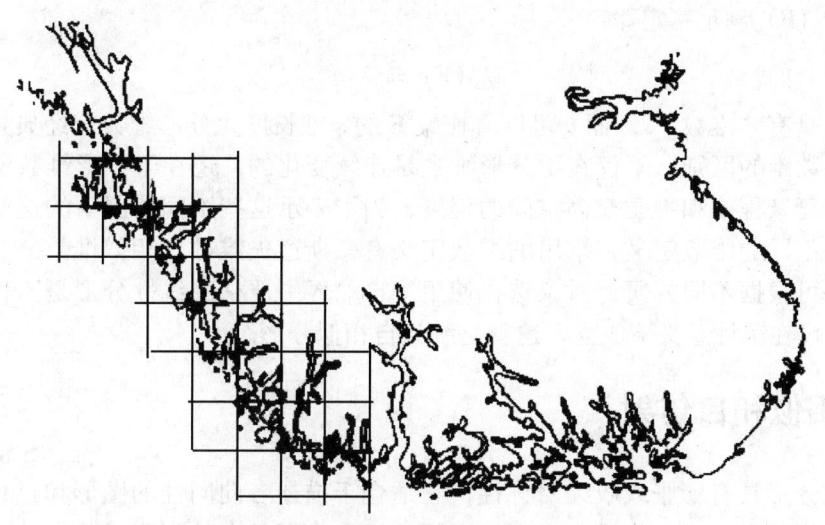

图1.7 盒维数法测量挪威海岸线长度

$$N=C\delta^{-D} \tag{1.10}$$

即所用码尺为 δ 的盒子覆盖一个分形集合所需的盒子数目 N 与码尺 δ 成负幂律关系。由式（1.7），分形维数 D 可表达为：

$$D=\frac{\lg\left(\dfrac{N_{i+1}}{N_i}\right)}{\lg\left(\dfrac{\delta_i}{\delta_{i+1}}\right)} \tag{1.11}$$

这个分形维数计算公式仅适应于严格自相似分形（下节讨论），这样只要知道任意两步的码尺及对应的"盒子"数目，就可由式（1.9）直接计算出分形维数。

一般地，由式（1.10），有：

$$\lg N=\lg C-D\lg\delta \tag{1.12}$$

在覆盖过程中得到一组（δ，N）数据，画成双对数图，其斜率 k 就等于该集合的分形维数（$k=D$）。

类似地由式（1.5），有：

$$\lg L=\lg L_0+(1-D)\lg\delta \tag{1.13}$$

这样可从直接量测的长度 L 和码尺 δ（或 ε）的双对数图中的斜率 k 求得集合的分形维数（$D=1-k$）。

具有分形特征的物体或图形的特点是其赋涵着可以用来刻划其结构的特征值——分形维数。分形维数与拓扑维数的主要区别是分形维数通常不是整数，而是介于整数维数之间的小数或分数，其不仅是连续变化的，且大于拓扑维数。目前，这些特征值都称作分形维数。由于各自研究的对象不同，寻求分形维数的方式不同，大多数分形维数的定义是基于"尺度 ε 下的度量"这一思想。设 **F** 是一个分形体，对于每个 $\varepsilon>0$，忽略尺度小于 ε 的不规则性，并且考察测量值 M_ε(**F**) 在 $\varepsilon\to 0$ 时的状况。如果存在两个非负常数 c 和

s,使得 $M_\varepsilon(\mathbf{F})$ 满足幂定律:

$$M_\varepsilon(\mathbf{F}) = c\varepsilon^{-s} \tag{1.14}$$

则称 $\mathbf{F}$ 具有"维数"s,而 c 可以看作集 $\mathbf{F}$ 的 s 维长度。分形维数与经典几何学的拓扑意义下的整数维的区别,不仅在于分形维数是连续变化的,还在于分形维数反应了构成不规则形状的复杂程度和物质充满空间的程度,为了表示这些不同情况下的这些程度,人们引入了许多不同的维数定义,常用的维数定义有豪斯道夫维数、相似维数、关联维数和信息维数等,可根据不同的研究对象选择使用。自然界中严格的线性分形是不存在的,一般的分形特征仅在统计意义下成立,这就是统计自相似分形。

1.3 自相似和自仿射

自相似分形具有膨胀或收缩对称性,它适合于描述各向同性的图形和过程。但是,许多过程的坐标具有不同的物理意义,在不同坐标中它们具有的膨胀或收缩的对称性可以不同,从而形成自仿射分形,它适合于描述各向异性的图形和过程,具有更广泛的应用领域。本节将介绍自相似和自仿射定义及自相似和自仿射分形的差别,以及产生自仿射分形的一种方法。

1.3.1 自相似

前面介绍了 Cantor 集、Sierpinski 垫片、Sierpinski-menger 海绵等规则分形,将图形的局部进行各方向统一尺度放大就会与整体等同,这就是自相似,可以用如下函数关系表达:
$f(\lambda x_1, \lambda x_2, \cdots, \lambda x_n) = \lambda^n f(x_1, x_2, \cdots, x_n)$。

根据群论思想,自相似可以这样描述。假设 $\mathbf{S}_i$ ($i=1, 2, \cdots, n$) 是集合 $\mathbf{S}$ 的非交叠子集,并且 $\mathbf{S}_i$ 可通过变换群 $\mathbf{G}_i$ 获得:

$$\mathbf{S}_i = \mathbf{G}_i \mathbf{S} \tag{1.15}$$

式中变换群 $\mathbf{G}_i$ 是 n 维常列阵,具有平移、转动、伸长、剪切和相似变化特征。如 $\mathbf{G}_i$ 仅是相似变换群,即:

$$\mathbf{G}_i = \begin{bmatrix} K_1 & 0 & \cdots & 0 \\ 0 & K_2 & \cdots & 0 \\ \vdots & \vdots & \ddots & \vdots \\ 0 & 0 & \cdots & K_n \end{bmatrix} \tag{1.16}$$

式中 K_i ($i=1, 2, \cdots, n$) 为常量,当 $K_i = K_j = r \neq 0$,($i, j=1, 2, \cdots, n$),$\mathbf{S}$ 称为一致自相似集或严格自相似集。也可以说 $\mathbf{G}_i$ 将点集 $\mathbf{X} = (x_1, \cdots, x_i, \cdots, x_n)$ 转化成点集 $\mathbf{X}' = (rx_1, \cdots, rx_i, \cdots, rx_n) = r\mathbf{X}$,也就是 $\mathbf{X}' = \mathbf{G}_i \mathbf{X} = r\mathbf{X}$,这里 r 也称为相似比。由此 $\mathbf{S}$ 也称为严格自相似分形集。如果相似变换关系式(1.16)仅只在统计意义上成立,则 $\mathbf{S}$ 称为统计自相似集。由分形的最初定义,分形并不要求满足自相似性条件。但是在前节介绍的经典分形不仅是自相似的,而且是一致或严格自相似的。然而自然界中的分形几乎都是统计自相似的,并且这种统计自相似性也仅在一定尺度范围内存在(所以自然分形存在的尺度范围需要我们去确定,即存在的尺度范围的上界和下界)。

所谓自相似性也就是标度不变性。而标度不变性在数学上可表示为：
$$g(\lambda x) = \lambda^a g(x)$$
这个特性广泛地应用于分形的应用研究。

1.3.2 自仿射和自仿射分形

1.3.2.1 自仿射

自仿射与自相似主要区别是，为使局部图形与整体等同，各个方向上放大的倍数并不一致，可以用如下函数关系表达：$f(\lambda_1 x_1, \lambda_2 x_2, \cdots, \lambda_n x_n) = \lambda_1 \lambda_2 \cdots \lambda_n f(x_1, x_2, \cdots, x_n)$。

由于许多实际问题参数坐标意义不同，其受约束规律是不同的。例如，一维布朗运动，以时间坐标和空间坐标标记运动规律，两坐标变化规律并不相同，显然自仿射具有重要的实用性。

根据群论的思想，自仿射可以这样描述，集合 **S** 是自仿射的，如果 **S** 是由 n 个通过仿射变换群 $\mathbf{G}_i$

$$\mathbf{G}_i = \begin{bmatrix} a_{l1} & a_{l2} & \cdots & a_{ln} \\ \vdots & \vdots & & \vdots \\ a_{k1} & a_{k2} & \cdots & a_{kn} \\ \vdots & \vdots & & \vdots \\ a_{n1} & a_{n2} & \cdots & a_{nn} \end{bmatrix}$$

以如下方式：
$$\mathbf{S}_i = \mathbf{G}_i \mathbf{S} + b \tag{1.17}$$

得到的非交叠子集 $\mathbf{S}_i$ 组成。这里 a_{kj} ($k, j = 1, 2, \cdots, n$) 是常量，b 为常矢量。可见仿射变换是平移、转动、膨胀和弯曲的综合映射。

1.3.2.2 自仿射分形

(1) 规则自仿射分形。

以谢尔宾斯基地毯为例。去半开的单位正方形作为初始元（半开意思是指上边和右边是开的，而下边和左边是闭的。对矩形也是考虑半开的）。把图 1.8 (a) 的结构作为生成元。由此，把初始元分成 $3 \times 4 = 12$ 个子矩形，并删去中间的两个（用黑的表示）；然后再类似地删去这 12 个子矩形中间的两个子矩形部分，这个过程无限重复下去，最终的自仿射地毯是 $N = 10$ 个"十度音阶"的并集。$n = 1$ 到 $n = N = 10$ 的每个"十度音阶"是从整体由具有 $r'_n = 1/3$ 和 $r''_n = 1/4$ 的对角仿射而获得的。现在以一个沿 10 个矩形的对角线使用箭头的"条状"生成元作为结构的生成元。这里箭头的放置必须保证这些地毯的"十度音阶"不交叠。不动点是 4 个顶点、左边和右边的中点以及上边和下边的 1/3 和 2/3 的位置点。事实上，一个仿射的不动点是连接这些点的变换全体顶点的 4 条直线的交点，其每一个是部分的顶点。

在一个自仿射格中的一般生成元由边长 $\boldsymbol{b'} \times \boldsymbol{b''}$ 的子矩形来获得。且保持它们的 $N < \boldsymbol{b'b''}$。对一切 n，$|r'_n| = 1/b'$，$|r''_n| = 1/b''$，第 n 次仿射的方向（像 r'_n 和 r''_n 的符号表示的那样）可能依赖于 n。它可由一个对角位置向量表示。若要既保留矩形又保留对角线，最终得到的分形就像嵌套的一族矩形的极限。若仅保留对角线，并且这些对角线形成一条曲线，则

得到的一条折线的极限就是自仿射分形曲线（如图 1.8（b）和图 1.8（c）所示）。

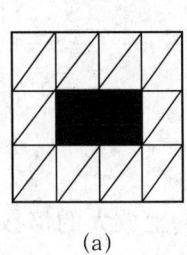 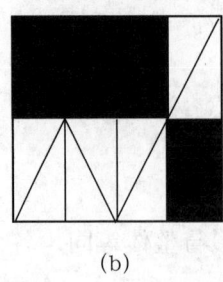 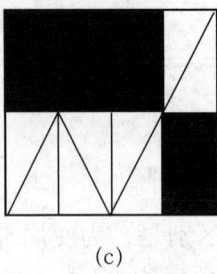 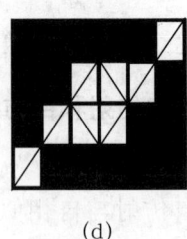

　　　(a)　　　　　　　(b)　　　　　　　(c)　　　　　　　(d)

图 1.8　自仿射分形曲线的构造

　　这个例子表明，很多标准在相似分形的初始元中的递归构造容易扩展到自仿射情形。由此可给出自仿射分形的明确定义：

　　一个集合 **S** 关于一组 N 个对角仿射 r_n 是自仿射分形，如果人们能够写成 **S**=Ur_n**S**，其中仅当 $m=n$ 时，r_n**S** ∩ r_m**S** 为非空的，即 **S** 可分成 N 部分（没有任何两个部分相互交叠）且其每一部分完全由来自 N 个对角仿射中的一个对角仿射确定。

　　（2）随机自仿射分形。

　　随机过程也会产生自仿射分形，这种自仿射分形时常利用高斯分布函数：

$$p(z)=\frac{\exp(-z^2/2\sigma^2)}{\sqrt{2\pi}\sigma}$$

　　一维布朗运动的位移符合高斯分布，它是随机自仿射分形中一个最重要的例子，设布朗运动 t 时刻在 z 方向的位移是 $B(t)$，设 $B(0)=0$，长时间统计后 $B(t)$ 在 z 出现的概率符合高斯分布，且偏离 $z=0$ 越远，出现的概率越小。$B(t)$ 的平均值为 0，其均方根 $V(t)$ 与时间的平方根成正比，即：$V(t)=\left(<|B(t)|^2>\right)^{\frac{1}{2}} \propto t^{\frac{1}{2}}$，这表明，运动时间越长，布朗运动的位移范围越大。对时间标度的变化关系是 $b^{\frac{1}{2}}V(t)=V(bt)$，此式表示时间延长 b 倍 $V(t)$ 增加 $b^{\frac{1}{2}}$ 倍。式中上标 1/2 为 Hurst 指数，Hurst 指数越小，曲线越粗糙。图 1.9 是不同时间尺度下产生的一维布朗运动位移曲线，由图可以看到三图在统计上是相同的。由于两个方向上变换倍数不同，因此它们是随机自仿射分形。曼德尔布罗特等首先推广布朗运动曲线为分数布朗运动曲线，并提出曲线的产生方法，这里不作介绍。

1.3.3　随机分形插值

　　随机插值的方法有很多种，最简单和实用的就是中点位移法。随机中点位移法是最简单和经典的方法，这里主要介绍随机中点位移法。

1.3.3.1　一维随机中点位移法

　　要计算过程 $X(t)$ 在区间 [0，1] 内，可以先设 $X(0)=0$，$X(1)$ 依据高斯随机函数选定，得到一条直线，则 $X\left(\dfrac{1}{2}\right)=\dfrac{1}{2}[X(0)+X(1)]+D_1$，$D_1$ 是一个高斯随机数与标度因子 1/2 的乘积，这样直线被分成两段。第二步在 $t=1/4$ 及 $t=3/4$ 按高斯分布产生两个值 $X\left(\dfrac{1}{4}\right)$ 及

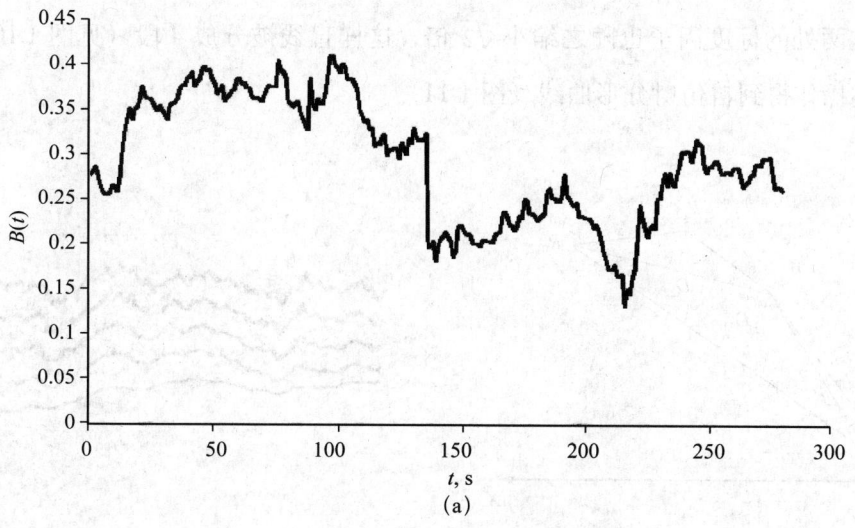

(a)

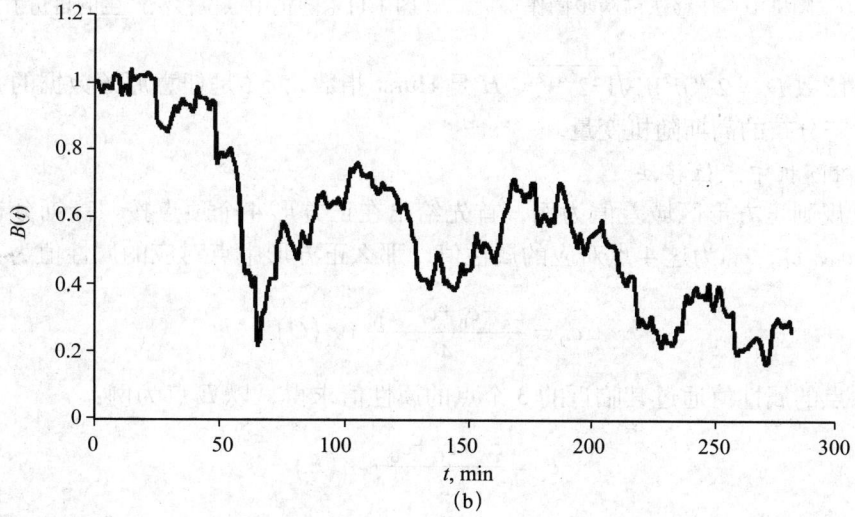

(b)

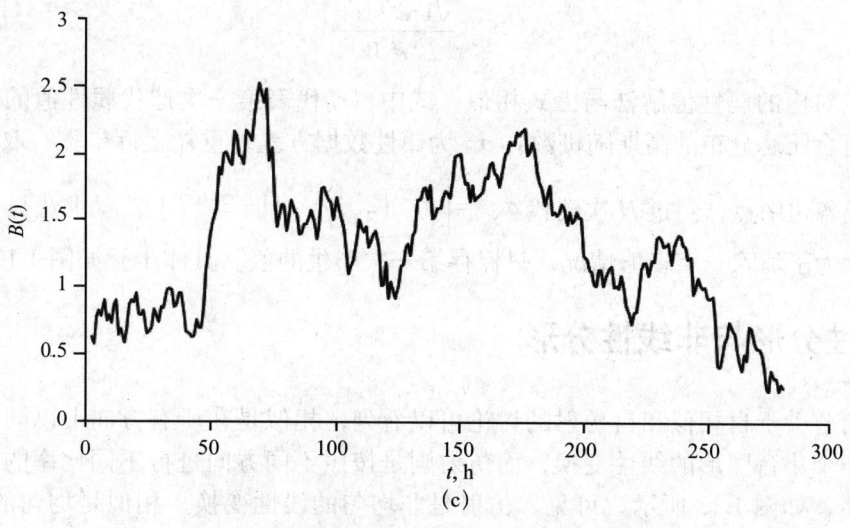

(c)

图 1.9　不同时间尺度的一维布朗运动位移曲线

$X\left(\dfrac{3}{4}\right)$，这两处的标度因子也随之缩小 $\sqrt{2}$ 倍，这样直线被分成 4 段（见图 1.10）。如此多次进行上述操作得到自仿射分形曲线（图 1.11）。

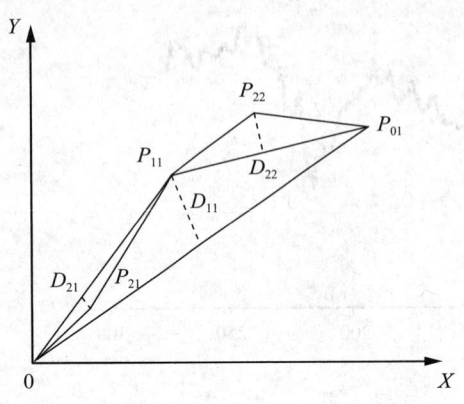

图 1.10　随机中点位移法前两步操作　　　　图 1.11　随机中点位移法产生的自仿射分形曲线

其中补偿数 $D_1 = 2^{-H}\sigma^2 W\sqrt{1-2^{2H-2}}$，$H$ 是 Hurst 指数，σ^2 是任意原始数据的方差，W 是服从标准正态分布的高斯随机变量。

1.3.3.2　二维随机中点位移法

这里以规则正方形区域差值为例，首先给出在正方形 4 个顶点按照高斯分布的对应属性值，c_A，c_B，c_C，c_D 为这 4 点对应的属性值，那么正方形中点对应的属性值为：

$$c_O = \dfrac{c_A + c_B + c_C + c_D}{4} + r_1(O)$$

各边中点的属性值通过其临近的 3 个点的属性值求得，以 E 点为例：

$$c_E = \dfrac{c_A + c_O + c_B}{3} + r_1(E)$$

$$r_1 = \dfrac{\sqrt{1-2^{2H-2}}}{2^H \sigma^2 W}$$

其余各中点对应的属性值解法与上式相似。式中，r_1 代表第一次迭代属性值的变化规律函数；W 为符合正态分布的高斯随机数；σ^2 为属性数据方差。重复上诉步骤，取各个小正方形的中心及各边中点，经过 N 次迭代 $\sigma_N^2 = \left[\sigma^2 / \left(2^{n-1}\right)^{2H}\right]\left(1-2^{2H-2}\right)$，$r_N$ 求法与 r_1 相同，在数据处理上为了消除一点多值情况，只保存第一次产生的值。具体步骤如图 1.12 所示：

1.4　线性分形与非线性分形

从前两节关于自相似和自仿射的讨论可以看到，相似是在所有方向上以同一比率收缩或扩展的一个集合图形的线性变换，而仿射则是按照不同方向进行不同比率的收缩或扩展的线性变换，如图 1.13 所示。可见，仿射是非均匀的线性变换，相似是均匀的线性变换，是仿射的特殊情况。为此，在分形几何这个奥妙无穷的学科里，为与其他非线性变换群相

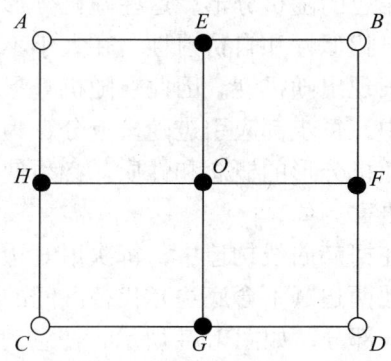 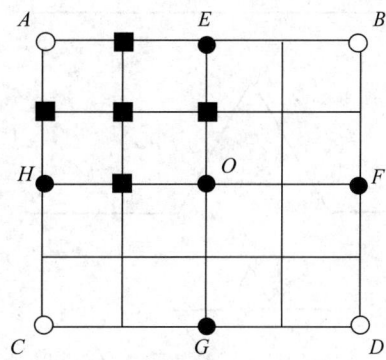

图 1.12　二维随机中点位移法产生自仿射分形曲面的步骤

区别，我们把均匀线性变换群作用下的分形称为线性分形，其余均称为非线性分形。

线性分形又分为严格线性分形、统计线性分形和随机线性分形。严格线性分形是严格相似的，即存在数学上的无限嵌套（如柯赫曲线，谢尔宾斯基地毯等）。统计线性分形，其自相似性仅在统计意义下成立。

$$\text{分形几何}\,(D>D_\text{T})\begin{cases}\text{线性分形（自相似分形）}\begin{cases}\text{严格自相似分形（数学分形）一致分形}\\ \text{统计自相似分形（自然分形）}\begin{cases}\text{一致分形}\\ \text{非一致分形}\end{cases}\end{cases}\\ \text{非线性分形（一般多重维数）}\begin{cases}\text{多重分形}\\ \text{自放射分形（非均匀变换群）}\\ \text{自反演分形（非线性变换群）}\\ \cdots\cdots\end{cases}\end{cases}$$

一般地说，非线性分形能更好地反映大自然的丰富性和复杂性，但是其模型和分析过程也相应复杂化。

1.5　随机分形与多重分形

目前，自相似分形已被广泛地应用于众多的领域，在一定程度上揭示了自然界的某些规律特征。然而自相似分形揭示的只是均匀膨胀或收缩的线性变换群作用下图形的性质，在一定范围内，由一个分形维数就可以加以描述。它远远不能反映大自然的丰富性和复杂性。为了考虑更为复杂的分形，这里我们介绍随机分形和多重分形的一些基本概念。

1.5.1　随机分形

前节讨论的自相似集和自仿射集都可

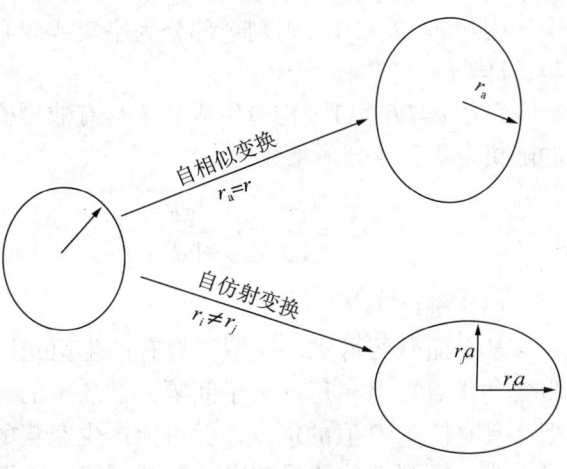

图 1.13　自相似和自仿射变换示意图

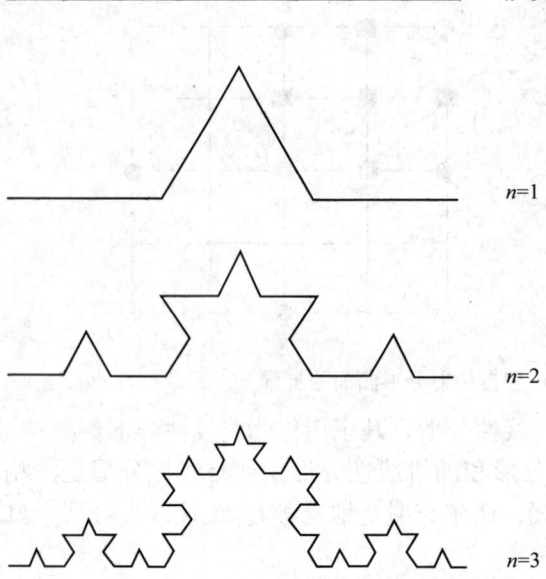

图 1.14 柯赫曲线

以有相应的随机分形。这些随机分形没有严格的自相似性和自仿射性，在大小不同的尺度上表现出随机性。因此在随机分形的构造过程中，每步都应引进随机成分，为了严格描述随机分形的概念和性质，必须使用概率论的语言。

在柯赫曲线构造中，每次用等边三角形的其他两边（不含底边）代替区间的中间三分之一部分，如图 1.14 所示，注意到三角形的两边是固定在替代线段的上方。如果我们在构造中用掷硬币方式来决定替代部分位于被替代线段的上方或下方。数步之后，可以看出所得到的曲线更不规则，为随机柯赫曲线，但总体上仍保持柯赫曲线的特征。

类似地康托三分集的结构可在多种方式下随机化。下面介绍三种随机康托尘集的构造模型。

(1) 模型 1：

初始元为区间 $[0, 1]$，生成元是将线段随机地分成 b 部分，再随机地去掉 m 部分（开区间），使剩余 c 部分再类似地构造下去，这里要求 $c < b$，如图 1.15 所示。

事实上，在每一步构造中 b 和 c 的选择均是以等概率掷骰子的方法来确定。显然其分形维数为 $\lg c/\lg b$。注意到 b 和 c 必须是整数，分形维数 $D=\lg c/\lg b$ 仍是常数。

(2) 模型 2：

设在每次构造步随机剩余 c 部分的概率为 P，则 $c=Pb \in [0, b)$，这个模型具有如下性质：

① 如 $c=Pb \leqslant 1$，则剩余部分为空集或规则点集，$D=0$；

② 如 $c=Pb > 1$，构造生成一个具有非零概率的随机尘集，且分形维数为：

$$D = \frac{\lg c}{\lg b} = 1 + \frac{\lg P}{\lg b}$$

(3) 模型 3：

从上面介绍可见，模型 1 具有产生恒定随机尘集的优点，但在每一步子间隔 c 是选定的。模型 2 具有任意 D 值的优点，但可能产生空集的不足。为了模拟地质和采矿中的断裂网络，奇莱斯（Chiles）引入了模型 3。如图 1.16 所示，在模

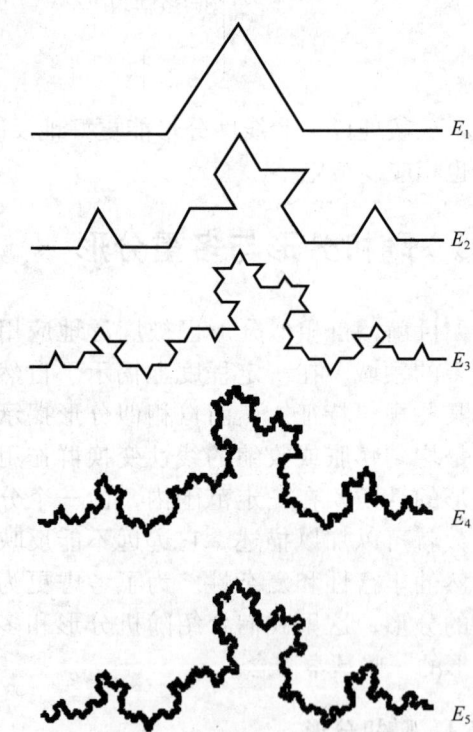

图 1.15 随机柯赫曲线的结构

2 的基础上，剩余的间隔仍由掷骰子决定，但某一间隔剩余下来的概率为 P，在任意构造步，至少有一个间隔要剩余下来。这样在每一基本操作中剩余子间隔数目 c 具有期望值：

$$E(c) = \frac{Pb}{1-(1-P)^b}$$

并且
$$D = \frac{\lg E(c)}{\lg b} = 1 + \frac{\lg\left\{\frac{P}{1-(1-P)^b}\right\}}{\lg b} \quad (1.18)$$

如果 b 是常数，人们仅选择概率 P。比如考虑总间隔长度 L，在第 i 步，子间隔长度 $r_i = L/b$，这时概率为 P_i，且可估算出正确的局部分形维数 $D(r_i)$。

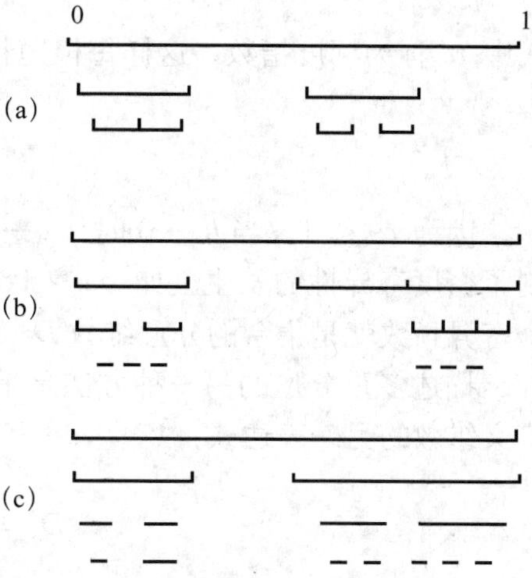

图 1.16　随机 Cantor 集的结构

1.5.2　多重分形

在这一节我们将介绍多重分形（或称多标度分形），事实上多标度分形应该是另外的涵义的一些概念。多重分形可以用来表征具有不同局部特性的自相似分形系统。

在自相似分形中，一个分形物体是由一个参数即单一分形维数来进行表征的，我们归结为一致分形。但在大多数的物理现象中，这种一致分形的描述过于简单化。一些负载系统的行为主要取决于某个物理量（如浓度、电势、几率等）的空间分布，它表现出的自相似特征也是局域性的，具有空间分布的特征。多重分形理论正是研究分形体的这一行为而提出和发展起来的。因此可以说多重分形是一致自相似分形的推广。

就我们熟知的欧式几何结构而言，某个物理量在其上的分布函数及其导数是相对平滑的，换言之，分布函数的局域幂指数行为（相应的标度指数称为奇异值）是维数不多的，乃至是完全不存在的。但是对一个多重分形体来说这样的奇异值可以在一个范围内弥散，从而构成一个分形维数的连续谱。物理上理解多重分形这一特性，我们考虑具有一个尖点的通电体通电时在尖点处形成奇异电场，如通电体具有多处尖点，各尖点的奇异性强度 α 也不相同，因此多尖点导电体产生多处奇异性，从而形成奇异性的连续函数 $f(\alpha)$。如每个奇异点处产生局域性自相似分形，则整个导电体就构成多重分形结构。

我们从一个简单例子入手来理解多重分形的基本概念。我们以新的构造方式来重新生成康托集，初始元现在不再是单位间隔，而是密度为 $\rho_0=1$ 的材料杆。假设初始杆长 $l_0=1$，其质量 $\mu_0 = \rho_0 l_0 = 1$，设计生成元为：把杆分成两半，使其具有等质量 $\mu_1 = \mu_2 = 1/2$，然后把他们的长度缩成 $l_i = 1/3$（$i=1, 2$），这样某段密度集中为 $\rho_i = \mu_i/l_i = 3/2$，如图 1.15 所示。重复这个操作过程直至无穷。在第 n 步时，我们可以看到，短粗杆数目 $N = 2^n$，长度为 $l_i = 3^n$，（$i=1, 2\cdots, N$），并满足质量守恒定律 $\sum_{i=1}^{N}\mu_i = 1$。曼德尔布罗特（1982）称这个过程为凝结，因为这个过程使一个初始均匀质量分布的杆凝结成许多具有高密度的粗短杆。显然我们可以看到：对于小的 l_i，如果令 $\alpha = \lg 2/\lg 3$，并从 $l_i = 3^{-n}$ 中解出 $n = -\lg l_i/\lg 3$，结合 α 则其质量可表示为：

$$\mu_i = 2^{-n} = l_i^{\alpha} \tag{1.19}$$

式中 α 称为标度指数。这样每根短粗杆的密度为：

$$\rho_i = \frac{\mu_i}{l_i} = \rho_0 l_i^{\alpha-1} \tag{1.20}$$

因为 $\alpha < 1$，当 $l_i \to 0$ 时 $\rho_i \to \infty$。可见指数 α 对密度的奇异性起了关键作用，它控制了密度奇异性的发生（如 $\alpha > 1$，就无奇异性）。因此 α 也被称为奇异指数。事实上这个奇异指数就是集合的分形维数 $D = \alpha = \lg 2 / \lg 3$。

描述多重分形的另一种方法是采用广义维数 D_q。根据我们定义的搜索函数，可以得到广义维数的另一表达式：

$$D_q = \frac{1}{q-1} \lim_{l \to 0} \lg S(q,l) / \lg l \tag{1.21}$$

当 $q=0$ 时，$D_c = \lim_{l \to 0} \lg S(l) / \lg(1/l)$，这就是容量维数。

当 $q=1$ 时，设 $P_i^q = P$，$P^{q-1} = P_i \exp[(q-1)\lg P_i]$，当 $q \to 1$ 时，由 L.Hosptals 法则：

$$\exp[(q-1)\lg P_i] = 1 + (q-1)\lg P_i$$

故 $\lg\left(\sum_r P_r^q\right) \to \lg\left\{1+(q-1)\sum_r \lg P_r\right\} \approx (q-1)\sum_i P_i \lg P_i$，注意到 $\sum P_i = 1$，得到：

$$D_1 = \lim_{l \to 0} \frac{\sum_i P_i \lg P_i}{\lg l}$$

即为信息维数。当 $q=2$ 时，有：

$$D_2 = \lim_{l \to 0} \frac{\lg \sum_i P_i^2}{\lg l}$$

由此说明广义维数 D_q 包含了自相似分形理论涉及的大部分形维数（图 1.17）。

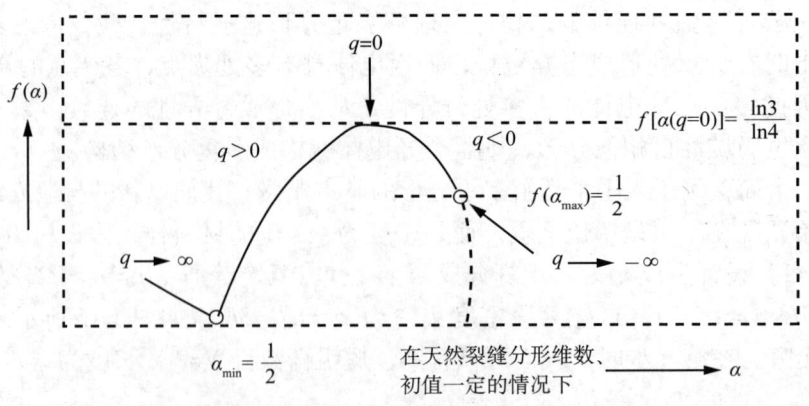

图 1.17 给出的简单自相似分布的多重分形谱 $(\alpha, f(\alpha))$ 的图像

应该注意，当 q 为正值时，q 越大，P_i 较大的那些部分（密集区）在 $S(q,l)$ 中所占的权重越大，这时的 D_q 主要描述密集区，而当 q 为负值时，其绝对值越大，P_i 较小的那些

部分（稀疏区）在 **S** (q, l) 中所占的权重越大，这时的 D_q 主要描述稀疏区。此外，q 可在 $(-\infty, \infty)$ 内连续取值，而不必局限于正数和整数。

结合以上方程，得出：

$$D_q = \frac{1}{q-1}\left[q\alpha(q) - f(\alpha(q))\right] \tag{1.22}$$

其中，$\alpha(q) = \dfrac{\mathrm{d}}{\mathrm{d}q}\left[(q-1)D_q\right]$。

2 岩石的基本性质及强度破坏准则

石油工程中，存在着大量与岩石强度密切相关的问题，如岩石的破碎、水力压裂裂缝的起裂及延伸、钻井井眼稳定性等问题。因此研究岩石的破坏形式以及岩石抵抗外力破坏的能力——岩石的强度，具有重要的工程意义。本章就岩石的基本性质、简单力学实验及岩石强度的破坏准则进行分析讨论。

2.1 岩石的物理性质

理论和实验研究认为，岩石中固相的组分和三相之间的比例关系及其相互作用，决定了岩石的物理及力学性质。而岩石的力学性质在很大程度上依赖于自身的物理性质。因此，为了研究及分析岩石的机械力学性质，就必须研究岩石的物理性质。

2.1.1 岩石的基本物理指标

岩石的基本物理指标就是指描述岩石某种物理性质的数值或基本物理量，包括岩石的密度和孔隙度等基本指标。

2.1.1.1 密度

密度是指单位体积岩石的质量，单位为 g/cm³。它是研究围岩压力和选取建筑材料等必需的参数。岩石密度又分为颗粒密度和块体密度。表达式为：

$$\rho = \frac{m}{V} \tag{2.1}$$

式中：ρ 为岩石的密度，g/cm³；m 为岩石的质量，g；V 为岩石的体积，cm³。

岩石的颗粒密度 ρ_s 是指岩石固体相部分的质量与其体积的比值。它不包括孔隙在内，因此其大小仅取决于组成岩石的矿物密度及其含量。如碱性和超碱性岩浆岩，含密度大的矿物比较多，岩石颗粒密度也偏大，一般为 2.7 ~ 3.2g/cm³；酸性岩浆岩含密度小的矿物较多，岩石颗粒密度也小，其 ρ_s 值多在 2.5 ~ 2.85g/cm³ 之间变化；而中性岩浆岩则介于二者之间。岩石的颗粒密度属实测指标，常用比重瓶法进行测定。

岩石密度是指岩石单位体积内的质量。按岩石试件的含水状态，又有干密度（ρ_d）、饱和密度（ρ_{sat}）和天然密度（ρ）之分。在未指明含水状态时，一般是指岩石的天然密度。各自的公式如下：

$$\rho_d = \frac{m_s}{V} \tag{2.2}$$

$$\rho_{sat} = \frac{m_{sat}}{V} \tag{2.3}$$

$$\rho = \frac{m}{V} \tag{2.4}$$

式中：m_s、m_{sat} 和 m 分别为岩石试件的干质量、饱和质量和天然质量；V 为试件的体积。

岩石密度除与矿物组成有关外，还与岩石的孔隙性及含水状态相关。致密而裂隙不发育的岩石，岩石密度与颗粒密度接近，随着孔隙增加，岩石密度相应减小。

岩石密度可采用规则试件的量积法及不规则试件的蜡封法测定。

2.1.1.2 容重

岩石的容重是指岩石单位体积（包括孔隙体积）的重量。其表达式为：

$$\gamma = \frac{W}{V} \tag{2.5}$$

式中：γ 为容重，kN/m^3；W 为岩石的重力，kN。

岩石容重取决于组成岩石的矿物成分、孔隙发育程度及其含水量。深层的岩石由于孔隙性小，岩石埋深越大，容重也越高；多孔岩石由于孔隙性大，容重就较小；一些火山熔岩、浮石和漂石等孔隙性很差，其容重可能小于水的容重。部分岩石的天然容重见表 2.1。

表 2.1　部分岩石的天然容重

岩石名称	天然容重 kN/m^3	岩石名称	天然容重 kN/m^3	岩石名称	天然容重 kN/m^3
花岗岩	23.0～28.0	砾岩	24.0～26.6	新鲜花岗片麻岩	29.0～33.0
闪长岩	25.2～29.6	石英砂岩	26.1～27.0	角闪片麻岩	27.6～30.5
辉长岩	25.5～29.8	硅质胶结砂岩	25.0	混合片麻岩	24.0～26.3
斑岩	27.0～27.4	砂岩	22.0～27.1	片麻岩	23.0～30.0
玢岩	24.0～28.6	坚固的页岩	28.0	片岩	29.0～29.2
辉绿岩	25.3～29.7	砂质页岩	26.0	特别坚硬的石英岩	30.0～33.0
粗面岩	23.0～26.7	页岩	23.0～26.2	片状石英岩	28.0～29.0
安山岩	23.0～27.0	硅质灰岩	28.1～29.0	大理岩	26.0～27.0
玄武岩	25.0～31.0	白云质灰岩	28.0	白云岩	21.0～27.0
凝灰岩	22.9～25.0	泥质灰岩	23.0	板岩	23.1～27.5
凝灰角砾岩	22.0～29.0	石灰岩	23.0～27.7	蛇纹岩	26.0

2.1.1.3 相对密度

相对密度是指单位体积岩石的质量与标准物质（比如纯水，蒸馏水）之比，即岩石试件的质量与压力为 1.01325 个大气压，4℃时的同体积纯水质量的比。其表达式为：

$$G_S = \frac{W_S}{V_S \gamma_w} \tag{2.6}$$

式中：G_S 为岩石的相对密度；W_S 为岩石的干重量，kN；V_S 为岩石固体部分的体积（不包括孔隙），m^3；γ_w 为 4℃时单位体积纯水的重量，kN/m^3。

岩石的相对密度取决于组成岩石的矿物相对密度及其在岩石中的相对含量。大部分岩石的相对密度介于 2.50～2.80 之间，而且随着岩石中重矿物含量的增多而提高。部分岩石的相对密度见表 2.2。

表 2.2 某些岩石的相对密度

岩石名称	相对密度	岩石名称	相对密度	岩石名称	相对密度
花岗岩	2.50 ~ 2.84	砾岩	2.67 ~ 2.71	片麻岩	2.63 ~ 3.01
闪长岩	2.60 ~ 3.10	砂岩	2.60 ~ 2.75	花岗片麻岩	2.60 ~ 2.80
橄榄岩	2.90 ~ 3.40	细砂岩	2.70	角闪片麻岩	3.07
斑岩	2.60 ~ 2.80	黏土质砂岩	2.68	石英片岩	2.60 ~ 2.80
玢岩	2.60 ~ 2.90	砂质页岩	2.72	绿泥石片岩	2.80 ~ 2.90
辉绿岩	2.60 ~ 3.10	页岩	2.57 ~ 2.77	黏土质片岩	2.40 ~ 2.80
流纹岩	2.65	石灰岩	2.40 ~ 2.80	板岩	2.70 ~ 2.90
粗面岩	2.40 ~ 2.70	泥质灰岩	2.70 ~ 2.80	大理岩	2.70 ~ 2.90
安山岩	2.40 ~ 2.80	白云岩	2.70 ~ 2.90	石英岩	2.53 ~ 2.84
玄武岩	2.50 ~ 3.30	石膏	2.20 ~ 2.30	蛇纹岩	2.40 ~ 2.80
凝灰岩	2.50 ~ 2.70	煤	1.98		

为求得测定岩石试件的真相对密度或其近似值,时常采用比重瓶进行测量,如图 2.1 所示。测定方法是:向瓶中放入已被粉碎成尺寸大小适当的岩屑颗粒(一般直径为 14 ~ 208μm);再加入测定所规定的水量,然后充分摇动,排除瓶内的空气,并加热到一定的温度,再冷却到一定的温度后就可称其重量。其相对密度大小可用下式计算:

$$\gamma_{真}=\frac{W_2-W_1}{(W_4-W_1)-(W_3-W_2)} \qquad (2.7)$$

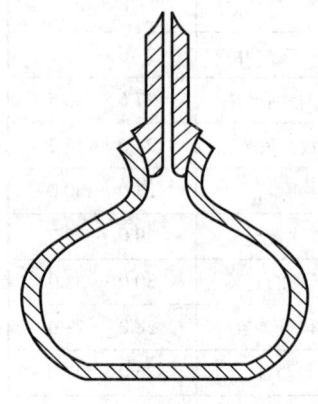

图 2.1 相对密度测试瓶

式中:W_1 为比重瓶的重量;W_2 为测试试件放入测试瓶中后的称重;W_3 为加入水之后的称重;W_4 为测量瓶只装满水的重量。

2.1.1.4 岩石的孔隙性

岩石中包含的各种各样空洞,统称为岩石的孔隙。由于天然岩石属于多晶体材料,所以本身存在很多缺陷和相对较多的孔隙或裂隙。

(1) 孔隙度。

孔隙度是指岩石样品中的孔隙体积与整个岩石样品总体积的比值,以百分数表示。其表达式为:

$$\phi=\frac{V_p}{V_b}\times 100\% \qquad (2.8)$$

式中:ϕ 为孔隙度,%;V_p 为岩石孔隙体积,m^3;V_b 为岩石体积,m^3。

岩石是有较多缺陷的矿物材料,同时由于岩石又经受过多种地质应力作用,往往发育有不同成因的结构面,则岩石孔隙性比黏土复杂得多,即除了孔隙外,还有裂隙存在。另外,岩石中的孔隙有些部分往往是互不连通的,也不与大气相通,因此,岩石中的孔隙有联通型孔隙和封闭型孔隙之分。

正常孔隙度的大小主要取决于岩石的类别、结构和构造，大部分又取决于岩石形成的方式。例如缓慢冷却岩浆时形成的侵入岩的正常孔隙度较小，而快速冷却岩浆时形成的喷出岩的正常孔隙度往往较大。沉积岩石的正常孔隙度大都取决于它们的颗粒成分、胶结物以及胶结的类型。裂隙孔隙度的大小取决于岩石中发育的裂隙的数量、密度、长度以及它们的张开度。部分岩石的孔隙度见表 2.3。

表 2.3 部分岩石的孔隙度值

岩石	孔隙度，%	岩石	孔隙度，%	岩石	孔隙度，%
花岗岩	0.5～1.5	玄武岩	0.1～1.0	片麻岩	0.5～1.5
粗玄岩	0.1～0.5	砂岩	5～25	大理岩	0.5～2
流纹岩	4～6	页岩	10～30	石英岩	0.1～0.5
安山岩	10～15	石灰岩	5～20	板岩	0.1～0.5
辉长岩	0.1～0.2	白云岩	1～5		

莫莱尔（P.Morlier）于 1968 年提出了一种根据静水压力实验时压力和试件体积变化关系曲线的形状，计算裂隙的体积和裂隙孔隙度，如图 2.2 所示。

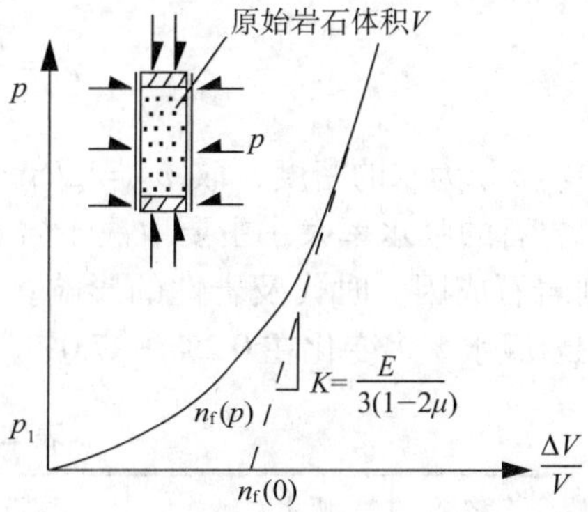

该直线的斜率由岩石体积弹性模量来确定。初始裂隙孔隙度 $\phi_f(0)$，由渐近线（虚线）截取的 $\Delta V/V$ 的值来估计。

（2）孔隙指数。

岩石的孔隙指数是指在 0.1MPa 条件下干燥岩石吸入水的重量 W_W 与岩石干重量 W_S 之比，也以 i 表示，即：

图 2.2 静水压力状态下体积 $\frac{\Delta V}{V}$ 和 p 的关系曲线

$$i = \frac{W_W}{W_S} \times 100\% \tag{2.9}$$

式中：W_W 为 0.1MPa 条件下干燥岩石吸入水的重量，g；W_S 为 0.1MPa 条件下岩石的重量，g。

岩石的孔隙指数是岩石的一个重要物理指标，表征岩石的吸水能力，直接影响到岩石的力学性质。一般说来，岩石孔隙越发育，连通性越好，岩石的吸水能力越强，岩石的抗压强度将随之降低。

2.1.2 岩石的水理性

岩石在水溶液作用下表现出来的性质，称为水理性质。主要有吸水性、软化性、抗冻性、渗透性、膨胀性及崩解性等。

2.1.2.1 岩石的吸水性

岩石在一定的试验条件下吸收水分的能力，称为岩石的吸水性。常用吸水率、饱和吸水率与饱水系数等指标表示。

(1) 天然含水率。

岩石的天然含水率 ω 是指天然状态下岩石中水的质量 m_w 与岩石干质量 m_s 的比值,用百分数表示。其表达式为:

$$\omega = \frac{m_w}{m_s} \times 100\% \tag{2.10}$$

(2) 吸水率。

岩石的吸水率 ω_a 是指岩石试件在大气压力条件下自由吸入水的质量 m_{w1} 与岩样干质量 m_s 之比,用百分数表示,即:

$$\omega_a = \frac{m_{w1}}{m_s} \times 100\% \tag{2.11}$$

实测时先将岩样烘干并称干质量,然后浸水饱和。由于试验是在常温常压下进行的,岩石浸水时,水只能进入大开孔隙,而小开孔隙和闭孔隙水不能进入。因此可用吸水率来计算岩石的大开孔隙度 ϕ_b,即:

$$\phi_b = \frac{V_{Vb}}{V} \times 100\% = \frac{\rho \omega_a}{\rho_w} = \rho_d \omega_a \tag{2.12}$$

式中:ρ_w 为水的密度,取 $\rho_w = 1g/cm^3$;V_{Vb} 为岩石中大开孔隙体积,cm^3。

岩石的吸水率大小主要取决于岩石中孔隙和裂隙的数量、大小及其开裂程度,同时还受到岩石成因、时代及岩性的影响。大部分岩浆岩和变质岩的吸水率多为 0.1%～2.0%;沉积岩吸水率多变化在 0.2%～7.0%。部分岩石的吸水率见表 2.4。

表 2.4 部分岩石的吸水率

岩石名称	吸水率,%	岩石名称	吸水率,%	岩石名称	吸水率,%
花岗岩	0.1～4.0	砾岩	0.3～2.4	石英片岩及角山片岩	0.1～0.3
闪长岩	0.3～5.0	砂岩	0.2～9.0		
辉长岩	0.5～4.0	泥岩	0.7～3.0	云母石片岩	0.1～0.6
玢岩	0.4～1.7	页岩	0.5～3.2	绿泥石片岩	
辉绿岩	0.8～5.0	石灰岩	0.1～4.5	板岩	0.1～0.3
安山岩	0.3～4.5	泥灰岩	0.5～3.0	大理岩	0.1～1.0
玄武岩	0.3～2.8	白云岩	0.1～3.0	页英岩	0.1～1.5
火山集块岩	0.5～1.7	片麻岩	0.1～0.7	蛇纹岩	0.2～2.5
火山角砾岩	0.2～5.0	花岗片麻岩	0.1～0.85		
凝灰岩	0.5～7.5	千枚岩	0.5～1.8		

(3) 饱和吸水率。

岩石的饱和吸水率 ω_p 是指岩石在高压(一般压力为 15MPa)或真空条件下吸入水的质量 m_{w2} 与岩样干质量 m_s 之比,用百分数表示,即:

$$\omega_{\mathrm{p}} = \frac{m_{\mathrm{w2}}}{m_{\mathrm{s}}} \times 100\% \tag{2.13}$$

在高压（或真空）条件下，一般认为水能进入所有开孔隙中，因此岩石的总开孔隙度可表示为：

$$\phi_{\mathrm{o}} = \frac{V_{\mathrm{VO}}}{V} \times 100\% = \frac{\rho_{\mathrm{d}} \omega_{\mathrm{p}}}{\rho_{\mathrm{w}}} = \rho_{\mathrm{d}} \omega_{\mathrm{p}} \tag{2.14}$$

式中：V_{VO} 为岩石中总开孔隙体积。

岩石的饱和吸水率也是表示岩石物理性质的一个重要指标。由于它反映了岩石总开孔隙度的发育程度，因此亦可间接地用它来判定岩石的风化能力和抗冻性。

（4）饱水系数。

岩石的吸水率 ω_{a} 与饱和吸水率 ω_{p} 之比，称为饱水系数 η_{w}，即：

$$\eta_{\mathrm{w}} = \frac{\omega_{\mathrm{a}}}{\omega_{\mathrm{p}}} \tag{2.15}$$

饱水系数反映了岩石中大开和小开孔隙的相对比例关系。一般说来，饱水系数愈大，岩石中的大开孔隙相对愈多，而小开孔隙相对愈少。另外，饱水系数大，说明常压下吸水后余留的孔隙就愈少，岩石愈容易被冻胀破坏，因而其抗冻性差。

岩石的吸水率、饱水率和饱水系数反映了岩石在不同条件的吸水能力和吸水强度，与岩石的力学性质密切相关。对于泥页岩地层和富含黏土矿物的地层，吸水率和饱水率越高就意味着其稳定性必然越差。表 2.5 列出了部分岩石的吸水性指标值。

表 2.5　几种岩石吸水性指标值

岩石名称	吸水率，%	饱水率，%	饱水系数
花岗岩	0.46	0.84	0.55
石英闪长岩	0.32	0.54	0.59
玄武岩	0.27	0.39	0.69
基性斑岩	0.35	0.42	0.83
云母片岩	0.13	1.31	0.10
砂岩	7.01	11.99	0.58
石灰岩	0.09	0.25	0.36
白云质灰岩	0.74	0.92	0.80

2.1.2.2　岩石的软化性

岩石浸水饱和后强度降低的性质，称为软化性，用软化系数 K_{R} 表示。K_{R} 定义为岩石试件的饱和抗压强度 R_{cw} 与干抗压强度 R_{c} 的比值，即：

$$K_{\mathrm{R}} = \frac{R_{\mathrm{cw}}}{R_{\mathrm{c}}} \tag{2.16}$$

显然，K_{R} 愈小则岩石软化性愈强。研究表明，岩石的软化性取决于岩石的矿物组成与孔隙性。当岩石中含有较多的亲水性和可溶性矿物，且含大开孔隙较多时，岩石的软化性较强，软化系数较小。如黏土岩、泥质胶结的砂岩、砾岩和泥灰岩等岩石，软化性较强，软化系数一般为 0.4 ~ 0.6 甚至更低。岩石的软化系数都小于 1.0，说明岩石均具有不同程度软化性。一般认为，软化系数 K_R 大于 0.75 时，岩石的软化性弱，同时说明岩石抗冻性和抗风化能力强；而 K_R 小于 0.75 的岩石则是软化性较强和工程地质性质较差的岩石。

由图 2.3 的水浸试验发现，水化现象开始表现为岩样表面冒泡，随着浸泡时间的延长，岩心开始膨胀或剥离分散。该岩心样浸水 10min 岩心片状剥离，块体垮塌，60min 水化程度 90%。

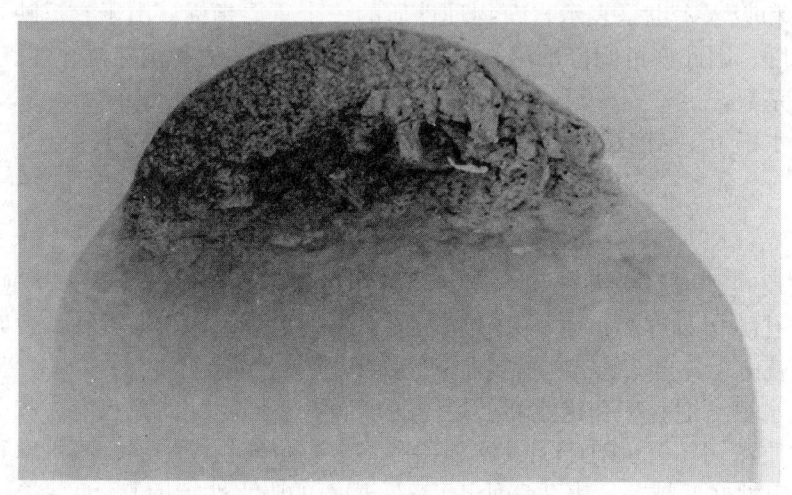

图 2.3　碱性凝灰质岩心水浸试验

软化系数是评价岩石力学性质的重要指标，特别是在水工建设中，对评价坝基岩体稳定性具有重要意义。

2.1.2.3　岩石的膨胀性

岩石的膨胀性是指岩石浸水后体积增大的性质。某些含黏土矿物（如蒙皂石、水云母及高岭石）成分的软质岩石，经水化作用后在黏土矿物的晶格内部或细分散颗粒的周围生成结合水溶剂膜（水化膜），并且在相邻近的颗粒间产生楔劈效应。只要楔劈作用力大于结构联结力，岩石显示膨胀性。大多数结晶岩和化学岩是不具有膨胀性的，这是因为岩石中的矿物亲水性小和结构联结力强的缘故。如果岩石中含有绢云母、石墨和绿泥石一类矿物，由于这些矿物结晶具有片状结构的特点，水可能渗进片状层之间，同样产生楔劈效应，有时也会引起岩石体积增大。

岩石膨胀大小一般用膨胀力和膨胀率两项指标表示，这些指标可通过室内试验确定。目前国内大多采用黏土的固结仪和膨胀仪的方法测定岩石的膨胀性。

2.1.3　岩石的热理性

岩石的热理性是指岩石温度发生变化时所表现出来的物理性质。与其他力学材料一样，岩石也具有热胀冷缩的性质，并且有时表现得相当明显。当温度升高时，岩石不仅发生体积膨胀及线膨胀，而且其强度也要降低，变形特性也随之改变。表征岩石热理性的参数主要有体胀系数、线胀系数和热导率等。

2.1.3.1 体胀系数及线胀系数

岩石受热后体积或长度发生膨胀的性质称为热胀性，常用体胀系数来度量。岩石的体胀系数 a_{vs} 是指温度上升 1℃ 所引起体积的增量与其初始体积之比：

$$a_{vs} = \frac{V_t - V_o}{V_o} \tag{2.17}$$

线胀系数（a_{ls}）是指温度上升 1℃ 所引起长度的增量与其初始长度之比：

$$a_{ls} = \frac{L_t - L_o}{L_o} \tag{2.18}$$

式中：V_o、V_t 分别为岩石的初始体积及岩石在 t℃ 时的体积，m^3；L_o、L_t 分别为岩石的初始线密度及岩石在 t℃ 时的线密度，kg/m。

一般认为，岩石的体胀系数为线胀系数的三倍，即 $a_{vs}=3a_{ls}$。某些岩石的线胀系数参考值如表 2.6 所示。

表 2.6 某些岩石的线胀系数参考值

岩石名称	线胀系数 10^{-5} ℃	岩石名称	线胀系数 10^{-5} ℃	岩石名称	线胀系数 10^{-5} ℃
砂岩	1.0～2.0	粗粒花岗岩	0.0～6.0	页岩	1.9～1.5
白云岩	1.0～2.0	细粒花岗岩	1.0	大理岩	1.2～3.3
灰岩	0.6～3.0	辉长岩	0.5～1.0	辉绿岩	1.0～2.0

2.1.3.2 热导率

岩石的热导率是度量岩石热传导能力的参数。岩石的热导率 C_t 是指当温度上升 1℃ 时，热量 Q_T 在单位时间内传递单位距离的损耗值：

$$C_t = \frac{Q_T}{L_t t T} \tag{2.19}$$

式中：L_t 为热量传递的距离；t 为热量传递 L 距离所用的时间；T 为上升的温度。

岩石的热导率（C_t）不仅取决于它的矿物组成及结构构造，而且还与其赋存的环境关系密切。岩石的热理性是稠油热采过程中，研究地层中热传播速度、热效率及地层热稳定性所必需的重要参数。同时，也是钻井过程中分析井壁热稳定性所必需的基础参数。

岩石除具有密度、孔隙性、水理性及热理性等特征外，还具有放射性磁性、导电性和弹性等特征。不同岩石所具有的放射性、磁性导电性和弹性等特征的差异，是石油工业利用地球物理测井研究和分析地下岩层岩性、孔隙结构以及开展岩石力学研究的基础和依据。

2.1.4 岩石物性的非均质和各向异性

岩石的结构和构造特征决定了岩石的非均匀性和各向异性。岩石非均匀性和各向异性是岩石材料区别于其他力学材料的最突出的结构特征。

2.1.4.1 非均质性

岩石的非均质性是表征岩石的物理和力学等性质随空间而变化的一种性质。岩石组成的物质粒度和圆度等性质的非均质性，决定了岩石的非均质性。岩浆岩中的晶体颗粒，有的小到显微镜下也难观察，有的大到数十厘米；沉积岩中，有的小到肉眼不能看见，像石灰岩、泥岩和粉砂岩中的微细颗粒，也有的粒度达数十厘米，如砾岩中的粗大颗粒。同一地点同一种岩石，矿物或岩屑颗粒的尺寸往往也相差很大。一般地说，在其他条件相同的情况下，岩石组成物质的颗粒越细小，岩石越致密，颗粒大小越均匀一致，则其力学性质越均匀。

岩石的非均质性可用实验数据的偏差系数 ζ（%）进行估计，即：

$$\zeta = \frac{S}{\overline{X}} \tag{2.20}$$

$$S = \sqrt{\sum_{i=1}^{n} \frac{(X_i - \overline{X})^2}{n-1}} \tag{2.21}$$

式中：$\overline{X}$ 为各观测值的算术平均值；X_i 为第 i 个观测值；n 为试件个数。

通过对砂岩弹性模量（垂直于层理）进行试验后，得到了用于实验的不同砂岩的弹性模量的偏差系数，即：粗砂岩17.0、中砂岩17.8、细砂岩4.4。由试验结果可以看出，随着砂岩颗粒尺寸的减小，砂岩弹性模量的偏差系数减小，砂岩的力学性质变得越均匀。

2.1.4.2 各向异性

辞海将"物体的全部或部分物理、化学等性质随方向的不同而各自表现出一定差异的特性"定义为岩石的各向异性。即在不同方向所测得的性能数值不同，这些数值包括：弹性模量、泊松比、膨胀率、水化性等。

对于石油工程而言，油气储藏的地层主要是沉积岩，偶尔也会遇到火山岩和变质岩储层。岩石的各向异性是由其生成条件所决定的。对于地壳表面的地层而言，其形成过程为：首先岩浆在运移和冷凝成岩过程中，会使片状、板状及柱状矿物做定向排列，形成典型的流纹构造、流线构造和流层构造等；其次，岩石在变质作用过程中，会使原岩中那些本来没有明显方向性排列的片状、板状及柱状矿物，重新做定向排列，或新产生一些变质矿物做定向发育，形成片麻岩的麻理构造、片岩的片理构造和板岩的板理构造，层理是沉积岩最普遍的构造，也叫做层状构造，是由沉积岩石在成分或结构上的变化所表现出的层次叠置现象；之后是风化和变质后的岩石再沉积，形成沉积岩。

上述这些构造往往造成岩石力学性质的明显的非均匀性。平行于这些结构面，抗剪强度很弱。在垂直于结构面的方向上，岩石的抗拉强度又很差。地层的层理结构使地层存在明显的各向异性（表2.7）。如表2.7所示测试结果，垂直于地层的试样测得的岩石抗压强度大于平行于地层的试样测得的抗压强度，而抗剪强度则相反。因此，岩石的力学性质，不仅与组成岩石的矿物性质有关，而且与岩石的构造特征有关。

表2.7 某些沉积岩石的各向异性（室内静力试验结果）

岩石名称	弹性模量 10^5kg/cm²		泊松比		抗压强度 kg/cm²	
	∥	⊥	∥	⊥	∥	⊥
粗砂岩	1.93 ~ 4.18	1.73 ~ 4.51	0.10 ~ 0.45	0.12 ~ 0.36	1185 ~ 1575	1423 ~ 1760
中粒砂岩	2.87 ~ 4.19	2.68 ~ 3.37	0.12	0.10 ~ 0.22	1170 ~ 2160	1470 ~ 2060

续表

岩石名称	弹性模量 10^5kg/cm^2		泊松比		抗压强度 kg/cm^2	
	∥	⊥	∥	⊥	∥	⊥
细砂岩	2.83～4.95	2.98～4.60	0.10～0.22	0.15～0.33	1378～2410	1335～2205
粉砂岩	1.01～3.23	0.84～3.05	0.15～0.50	0.28～0.47	1378～2410	554～1147

注：表中∥和⊥符号，是表示平行于和垂直于层理方向的试验条件。

岩石的非均质性和各项异性造成即使是同一种岩性岩石，其物理力学性质也会存在较大差异。这种差异无论是对钻井还是采油都有很大影响。其中常见参数有岩石各向异性指数和地层各向异性指数等。根据 Lubinski 和 Woods 提出地层各向异性指数 h 的概念，若以 K_{dh}、K_{dv} 分别表示平行和垂直地层层面方向上的可钻性（表 2.8），则：

岩石各向异性指数

$$I_r = \frac{K_{dh}}{K_{dv}} \tag{2.22}$$

地层各向异性指数

$$h = 1 - I_r \tag{2.23}$$

表 2.8 岩样的钻时可钻性　　　　　　　　　　　　　　　　单位：s

岩 样	绿板岩	灰板岩（1）	灰板岩（2）	层状岩心
平行于层面	190.7	107.5	74.3	144.9
垂直于层面	32.17	24.4	37.5	92.63

根据钻井过程中力和位移的关系，岩石的可钻性相当于在某一方面上的钻进效率，因此有：

$$K_{dh} = \frac{v_h}{F_h} \tag{2.24}$$

$$K_{dv} = \frac{v_v}{F_v} \tag{2.25}$$

式中：v_h、v_v 为平行地层层面方向与垂直地层层面方向上的钻速；F_h、F_v 为平行地层层面和垂直地层层面方向的作用力。

通过上面的分析不难看出，岩石各向异性指数不同，水平和垂直正交方向上的岩石可钻性不同，岩石表现出来抗钻特点也不同；各向异性指数不同地层各向异性指数不同，地层正交方向的造斜力则不同，井眼轨迹则受地层各向异性指数的影响。这就不难理解，现场钻的直井为什么井眼轨迹不是直的。当然井斜的因素有很多，而地层各向异性指数是其中比较重要的一个。

岩石的非均质性和各相异性是一个难于精确确定的问题。岩石的非均质性决定了任一点的岩石物理力学性质，都可能存在很大差异。所以，当前分析岩石性质，基本上都是从统计角度或假设宏观尺度上是均质的。

从统计角度上，分为两种情况。一种是具有一定的定向排列，岩石存在明显的层状性，岩石沿排列方向表现为各向异性，而在平行于定向排列方向岩石表现为统计均匀；另一种情况是岩石中的各种矿物沿着某个或多个方向呈现均匀排列。这样，即使岩石内含有一定软弱结构面，但从统计角度上，软弱结构面在某个方向上出现的概率是相同的，因此，从宏观上看，就可以把岩石近似地看作为均质体。

2.2　岩石的基本力学性质

岩石的力学性质的含义包括两个：岩石的变形特征和强度特征。岩石的变形特征是指岩石试件在各种荷载作用下的变形规律，其中包括岩石的弹性变形、塑性变形、黏性流动和破坏规律，它反映了岩石的力学属性。岩石强度特征是指岩石试件在荷载作用下开始破坏时的最大应力（强度极限）以及应力与破坏之间的关系，它反映了岩石抵抗破坏的能力和破坏规律。

2.2.1　岩石的应力—应变全过程

深入研究三向应力状态下岩石强度和应力—应变全过程，对钻井工程设计及井底岩石抗破碎能力等研究都有重要意义。它不仅反映了岩石破坏前期的本构关系，也反映了岩石破坏后的本构关系，为进一步研究岩石的应变特征和强度特征提供了必要的资料。岩石的变形特征和强度特征，由岩石试件在单轴或三轴试验机上所得到的应力—应变曲线来描述。图 2.4 是采用刚性试验机，对圆形岩样进行轴向压缩试验，在加载速度充分适应于试件变形速度的条件下，所得到的岩石典型应力—应变曲线。

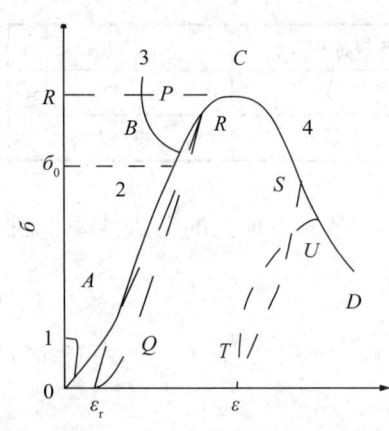

图 2.4　岩石的应力—应变曲线

图 2.4 给出的是典型岩石三轴应力试验测得的应力—应变全过程曲线。可见，此应力—应变全过程曲线可分为 4 个特征阶段：

（1）OA 段：曲线形态的特点是该段曲线斜率呈逐渐增大，即曲线呈向上弯曲。这反映了岩石试件内部裂隙逐渐被压密的过程。对致密的岩石或高围压下，这种现象往往不太明显。此段一般不发生不可恢复的变形。随着岩石内裂隙被压密，曲线形态将进入到 AB 段。

（2）AB 段：其曲线形态呈近似直线，它的斜率为常数或接近于常数，其斜率定义为岩石的弹性模量 E。在 AB 区间内试样加载和卸载不会出现永久变形，故此阶段称为弹性变形阶段。B 点时试样存在弹性变形的应力极限值 σ_s。

对岩石来说，在此阶段或多或少会产生永久变形，由于相当小或不易测量，通常都认为不发生永久变形。随着荷载的继续增大，变形和荷载呈非线性关系，裂隙进入不稳定发展状态，这是破坏前阶段，即 BC 段。

（3）BC 段：当载荷超过 B 点后，曲线形态的特点为曲线斜率逐渐减小，呈向下弯曲状。这说明此阶段应力增加不大，而应变增加很多。若在 BC 段上某点 P 卸载，应力—应变曲线将沿 PQ 路径下降，这说明应力完全消失后而应变并不能完全恢复，应变 OQ 称为塑性应变 ε_p 或永久变形。恢复应变的部分 QT 称为弹性应变 ε_e。由于超过 B 点后应力增加不大，应变却有明显增加，而且出现永久变形，在岩石力学中又将 B 点对应的应力称为屈服极限应力 σ_s。如果在对应点 P 卸载后再重新加载，应力—应变曲线沿 QR 上升到与原曲线 BC 相连接，在 P 点以后载荷增加，应力—应变曲线仍沿 BC 上升到最高点 C。与最高点相对应的应力值（或峰值）称为抗压强度。它表示岩石在这种条件下所能承受的最大压应力，对一般岩石来说，抗压强度约为弹性极限的 1.5～3 倍。从 B 点开始，岩石内部不断产生微破裂以及颗粒间的相对滑动，到 C 点微破裂数量和扩展长度急剧增加，有明显的非弹性体积膨胀和破裂面形成，直到发生破裂。因此 C 点的应力值时常被称为强度极限 σ_c。

（4）CD 段：曲线特征为曲线呈下降趋势，是由于裂缝发生了不稳定传播，新的裂隙分叉发展，使岩石开始解体，但尚未完全形成破碎块。CD 段以脆性形态为其特征，其抗压能力越来越小，应力—应变曲线逐渐下降。虽然此时裂隙大量发展，但破坏是个渐近过程，不会突然发生破坏，并且在应力超过峰值以后仍然具有一定的承载能力，这在研究岩石的破碎过程和井壁岩石的失稳破坏及保护时是应该加以考虑的。若在 CD 段上某点 S 卸载，曲线将沿 ST 路径下降，重新加载时则又沿 TU 应变曲线上升，直到 U 点与 CD 曲线连接。由于在岩石内部破裂面上的内聚力完全消失，所以岩石试件破碎成碎块。

对出现峰值点左侧的应力—应变曲线来说，可把岩石划分为（准）弹性、半弹性和非弹性三类。1968 年法默根据试验结果指出，（准）弹性岩石多为细颗粒致密块状岩石，例如无气孔构造的喷出岩、岩浆岩和某些变质岩，它们具有弹脆性材料的性质，应力—应变曲线接近直线。半弹性岩石多为孔隙度小且具有相当大内聚力的粗颗粒岩浆岩和细颗粒致密的沉积岩，应力—应变曲线的斜率是随应力的增加而减小的。非弹性岩石多为内聚力低及孔隙度较大的软弱的沉积岩，其应力—应变曲线的斜率通常显示出随载荷增加而增大的初始段，这说明在出现线性变形之前岩石内部裂缝被压实和闭合。

（5）上述岩石的应力—应变全过程曲线可以看出峰值点 C 左侧的曲线部分与普通的单轴压缩试验 $\sigma-\varepsilon$ 曲线结果没有什么区别，但峰值点右侧的曲线却反映了岩石破裂后的力学性质。从而我们可以利用它比较精确地计算各点的应力—应变及位移。人们习惯用峰值左侧的曲线表示弹性或弹塑性岩石的应力—应变关系，以峰值应力代表岩石强度，超过峰值就认为岩石已经破坏，不再能承受载荷。这种认识现在看来与实际不大相符，因为从右侧曲线可以看出，它并不与水平轴相交，这表明岩石即使在破坏而且变形很大的情况下，仍具有一定的承载能力。

另外，还可以根据岩石的应力—应变全过程曲线判断该种岩石在高应力作用下是否易于发生破裂。曲线左侧岩石内积蓄的弹性应变能大约等于全过程曲线右侧的面积，而开始破裂后所消耗的能量又约等于全过程曲线右侧的面积，若前者大于后者，表示该岩石在高应力作用下破坏后尚剩部分能量，这部分变形能一旦有条件释放出来就有可能引起断裂或岩爆。试验研究表明，由于自然界岩石在矿物组成、孔隙度以及颗粒之间的连接力等方面存在着复杂的变化，这就必然导致岩石的应力—应变关系的差异。就岩石本身的变化性特征来说，矿物的成分、颗粒间连接力（其大小取决于成岩作用的程度、胶结物的类型和方式、变质和风化程度）以及孔隙度等，都是直接影响和控制岩石变形的因素。每种矿物都具有各自的应力—应变曲线，不同矿物晶粒的弹性极限不同。同一种矿物在不同受力方向上的弹性极限也各不相同。因此在同样的压力条件下，不论是单矿物岩石或复矿物岩石，都会处于不同的应变状态，即弹性、塑性或弹塑性等应变状态。孔隙发育，颗粒间连接力弱，岩石轻易变形，而且随受力方向不同而变化。

2.2.2 岩石模量及泊松比

在外力作用下岩石会发生形变，当外力的作用停止时，形变随之消失，这种形变叫弹性形变。描述岩石弹性形变的主要参数有杨氏模量、体积模量、剪切模量以及泊松比等，统称它们为岩石的弹性参数。

2.2.2.1 杨氏模量

它是张应力与张应变的比值。设长为 L、截面积为 A 的岩石，在纵向上受到力 F（张力或压力）作用时伸长（或压缩）ΔL，则杨氏模量 E 为：

$$E = \frac{F/A}{\Delta L/L} \text{ 或 } E = \frac{\sigma}{\varepsilon_e} \tag{2.26}$$

杨氏模量 E 与岩石的尺寸无关，它是岩石表现弹性强弱的标志。

2.2.2.2 体积模量

岩石的体积弹性模量 K_V 是指在各向均匀压缩条件下，单位岩石体积的体积变化量 d_V 或平均应力 σ_m 与体积应变 ε_V 的比，如图2.5所示，由定义有：

$$K_V = \frac{d_V}{\varepsilon_V} = \frac{\sigma_m}{\varepsilon_V} \tag{2.27}$$

式中：d_V 为岩石在平均应力作用下单位体积的体积变化量；V 为岩石的初始单位体积；σ_m 为作用在岩石试件上的平均应力；ε_V 为岩石试件的体积应变；K_V 为岩石的体积弹性模量。

2.2.2.3 剪切模量

岩石的剪切模量是指作用在剪切面上的剪应力 τ 与相应的剪应变 γ 的比。按定义，剪切模量可用下式确定，即：

$$G = \frac{\tau}{\gamma} \tag{2.28}$$

如图2.6所示，如果作用在剪切面 A 上的剪切力为 F_t，相距高度为 H 的剪切面在剪切力 F_t 作用下产生的变形为 u，剪切变形 u 随剪切应力 F_t 的大小而变化。如果 F_t 越大，u 也

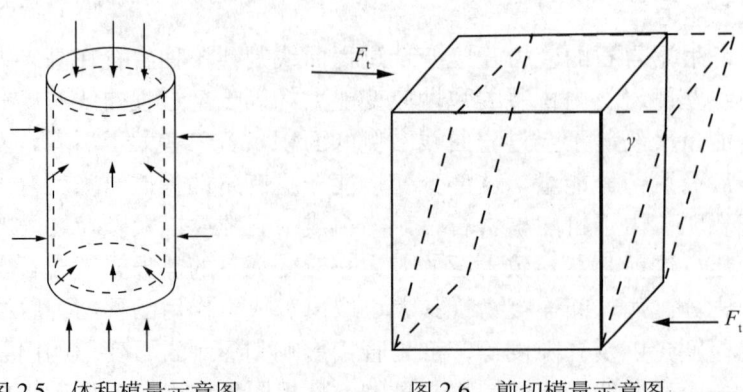

图 2.5　体积模量示意图　　　　图 2.6　剪切模量示意图

越大；如果剪切面 A 加大，在不变剪切力 F_t 作用下，变形 u 越小。当引进比例系数 G 时，则有：

$$u = \frac{1}{G \cdot \Delta A} \frac{F_t}{} \cdot H \tag{2.29}$$

式中的 u/H 为剪切变形率，它与变形后的形变角 α（当 α 很小时，$\tan\alpha = \alpha$）存在下述关系：

$$\frac{u}{H} = \tan a \approx a \text{ 或 } \gamma = \frac{1}{G} \cdot \tau \tag{2.30}$$

由此可知，当 $G \to \infty$ 时，$u \to 0$，则岩石的抗剪能无穷大或称之为刚体。剪切模量 G 越大，说明岩石越难以发生剪切变形和破坏。当剪切模量 G 为常数时，岩石的剪切应力 τ 与剪切应变 γ 为线性关系，符合胡克定律。它反映了岩石的硬度，可量度岩石的抗压应力。

2.2.2.4 泊松比

泊松比是横向相对压缩与纵向相对伸长之比值。设长度为 L、直径为 d 的圆柱形岩石，当其受到压缩时，其长度缩短 ΔL，直径增加 Δd（如图 2.7），则泊松比 μ 等于：

$$\mu = \frac{\Delta d / d}{\Delta L / L} \tag{2.31}$$

对于各向同性岩石而言，其破坏前的变形为弹性变形。用来描述各向同性岩石的各弹性参数之间存在着一定的换算关系，具体见表 2.9。

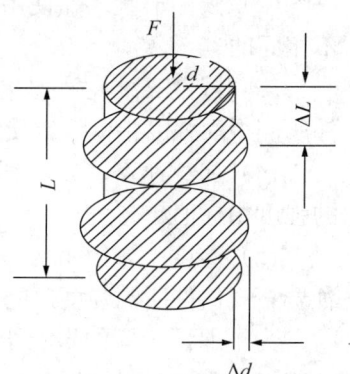

图 2.7 泊松比示意图

表 2.9 各向同性岩石弹性常数之间的关系

	E, μ	K, G	$\lambda^①, G$	K, μ	K, λ	K, E	λ, μ
E	E	$\dfrac{9KG}{3K+G}$	$\dfrac{3\lambda+2G}{\lambda+G}G$	$3K(1-2\mu)$	$\dfrac{9K(K-\lambda)}{3K-\lambda}$	E	$\dfrac{\lambda(1+\mu)(1-2\mu)}{\mu}$
μ	μ	$\dfrac{3K-2G}{2(3K+G)}$	$\dfrac{\lambda}{2(\lambda+G)}$	μ	$\dfrac{\lambda}{3K-\lambda}$	$\dfrac{3K-E}{6K}$	μ
G	$\dfrac{E}{2(1+\mu)}$	G	G	$\dfrac{3K(1-2\mu)}{2(1+\mu)}$	$\dfrac{3}{2}(K-\lambda)$	$\dfrac{3KE}{9K-E}$	$\dfrac{\lambda(1-2\mu)}{2\mu}$
K	$\dfrac{E}{3(1-2\mu)}$	K	$\lambda+\dfrac{2}{3}G$	K	K	K	$\dfrac{\lambda(1+\mu)}{3\mu}$
λ	$\dfrac{E\mu}{(1+\mu)(1-2\mu)}$	$K-\dfrac{2}{3}G$	λ	$\dfrac{3K\mu}{1+\mu}$	λ	$\dfrac{3K(3K-E)}{9K-E}$	λ

① λ 为拉梅常数，$\lambda = \dfrac{E\mu}{(1+\mu)(1-2\mu)}$。

2.2.3 单轴抗压强度、单轴抗拉强度及单轴抗剪强度

岩石在各种荷载作用下达到破坏时所能承受的最大应力称为岩石的强度。例如，在单

轴压缩荷载作用下所能承受的最大压应力称为单轴抗压强度；在单轴拉伸荷载作用下所能承受的最大拉应力称为单轴抗拉强度；在纯剪力作用下所能承受的最大剪应力称为单轴抗剪强度。

岩石各种物理性质和力学性质主要通过室内实验进行研究。室内进行岩石试件的试验工作是认识岩石在不同环境下的物理和力学性质的重要途径，也是进行岩石工程研究应该进行的前期工作。

进行岩石强度试验的试样必须是完整的岩块，而不是包含节理裂隙的岩块。因为一个小试样中存在的节理和裂隙是随机的，不具有普遍代表性。各种强度都不是岩石的固有性质，而是一种用于分析岩石固有性质的指标值。岩石强度测试的影响因素包括：

（1）试件尺寸。一般情况下，试件尺寸大，试验所获得的岩石强度值也高。

（2）试件形状。如使用正方体、长方体或圆柱体试件进行试验所获得的强度指标值是不相同的。

（3）试件三维尺寸比例。如进行单轴压缩和拉伸试验时，使用宽度与高度之比大的试件所测得的强度指标值比使用宽高比小的试件所测得的强度指标值要高。

（4）加载速率。如岩石的单轴抗压强度与加载速率成正比，即加载速率越大，所测得的强度指标值越高。

（5）湿度。如使用水饱和的页岩和某些沉积岩试件所测得的单轴抗压强度仅为使用同种岩石干试件所测强度值的一半。

为了保证不同的岩石强度试验所获得的岩石强度指标具有可比性，国际岩石力学学会（ISRM）对岩石强度试验所使用的试件的形状、尺寸、加载速率和湿度等先后制定了标准，对不符合标准试件和标准试验条件所获得的强度指标值，必须根据国际标准作相应的修正。

2.2.3.1 单轴抗压强度

单轴抗压强度是岩石强度试验中最基本的指标之一。岩石的单轴抗压强度就是岩石试件在单轴压力下达到破坏的极限值，它在数值上等于破坏时的最大压应力。岩石的单轴抗压强度试验一般是在实验室内用压力机进行加压试验测定的，如图 2.8 所示。将岩石样品（一般是圆柱体）置于压力机承压板之间轴向加荷，岩样破坏时的应力值就是样品的抗压强度。

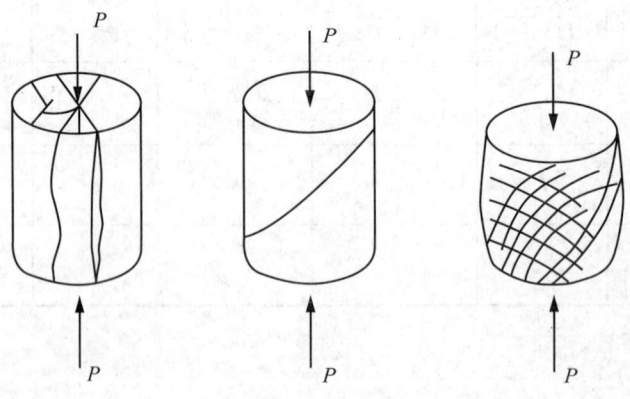

图 2.8 岩石试件在单轴压缩时的破坏

试件通常用圆柱形（钻探岩心）或立方柱状（用岩块加工）。试件的断面尺寸，圆

柱形试件采用直径 d 为 5cm，也有采用 d 为 7cm；立方柱状试件，采用 5cm×5cm 或 7cm×7cm。在石油工程中，由于取心相对困难，抗压强度测试常常使用 d 为 2.5cm 的圆柱形试样。试样的高度 h 应当满足下列条件：

(1) 圆柱形试样 $h=(2\sim2.5)d$；
(2) 立方柱形试样 $h=(2\sim2.5)A^{0.5}$。

这里 d 为试件的横断面直径，A 为试件的横断面积。当试件高度不足时，其两端与加荷板之间的摩擦力可以影响到测定强度的结果。为了使试件两端平整光滑，可以用石膏浆将它磨光滑，有时也可利用混有碎黏土的液体硫磺进行磨光。

试验结果按下式计算抗压强度：

$$\sigma_c = \frac{P_y}{\pi r_0^2} \tag{2.32}$$

式中：σ_c 为岩石单轴抗压强度，MPa；P_y 为岩盘破坏时的载荷，N；r_0 为试件半径，mm。

在图 2.8 上表示有岩石试件在单轴向压力作用下的破坏情况。试验证明，破裂面与荷载轴线的夹角近似为 $45°-\phi/2$（ϕ 是岩石内摩擦角），该结果与理论上的角度相符合。

大量试验证明，影响岩石的抗压强度的因素很多，这些因素可分为两方面：一方面是岩石本身，如颗粒大小、矿物成分、颗粒联结及胶结情况、块体密度、层理和裂隙的特性和方向、风化程度以及含水情况等；另一方面是试验方法，如试件大小、尺寸、相对比例、形状、试件加工情况和加荷速率等。

2.2.3.2　单轴抗拉强度

定义：岩石在单轴拉力作用下破坏的极限强度，在数值上等于破坏时的最大拉应力。

实验室获取岩石抗拉强度的方法分为直接法和间接法两种。根据试验结果，岩石的抗拉强度比起抗压强度来要小得多，甚至最坚硬的岩石也只有 30MPa 左右。许多岩石的抗拉强度小于 2MPa。岩石的抗拉强度一般小于或等于抗压强度的 1/10。

(1) 直接法测定岩石抗拉强度。

实验室获取岩石抗拉强度的直接方法就是将岩石试样两端直接用夹子固定于拉力机上，然后对试件施加轴向拉力至岩石破坏，如图 2.9 所示。根据试验结果，按下式计算岩石抗拉强度 σ_t：

$$\sigma_t = \frac{P_t}{A} \tag{2.33}$$

式中：σ_t 为岩石的抗拉强度，MPa；P_t 为岩盘破坏时所加的轴向拉力，N；A 为岩石试件中部的横截面面积，mm^2。

在测定岩石抗拉强度的直接法实验中，最大的困难是试件的夹持问题。不仅要使拉应力均匀分布并便于夹持，而且还要将试件安装在拉伸夹持器中而不损伤试件。此外，如果施加的载荷不能严格地与试件轴线平行，就有引起弯曲的趋向，产生异常的应力集中；再则，夹持过程本身就将在试件内产生压应力而影响测量结果。因此，直接法并不常用，人们又研究出大量的间接方法，进行实验室岩石抗拉强度的测定。

(2) 间接法测定岩石抗拉强度。

实验室常采用劈裂法（俗称巴西试验法）测定岩石抗拉强度，一般采用圆柱体及立方体试件。如图 2.10 所示，沿着圆柱体直径方向施加集中载荷 P，试件受力后会沿着受力的

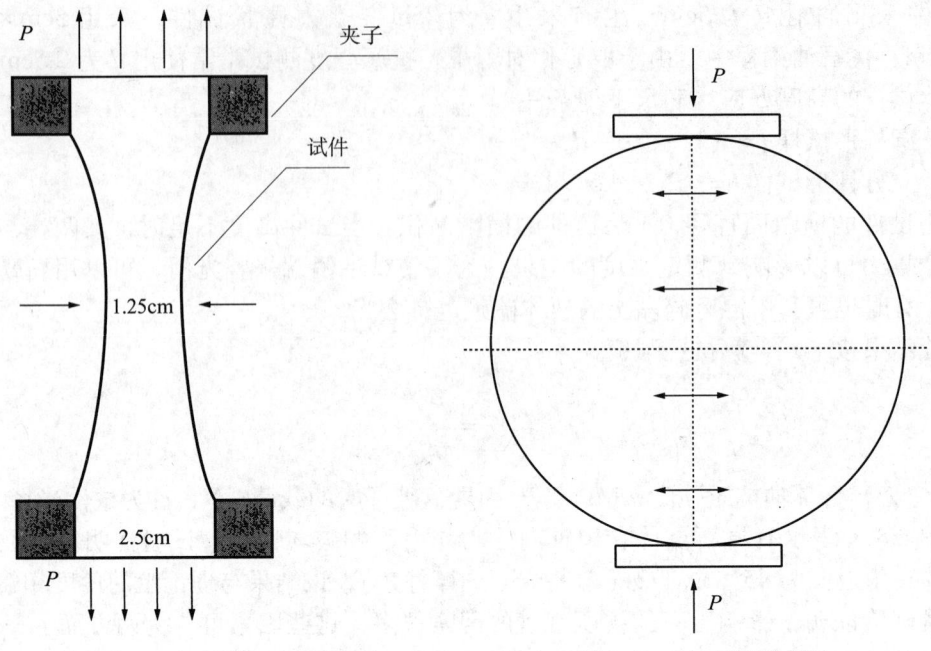

图 2.9 岩石抗拉强度试验　　　　图 2.10 巴西劈裂试验

直径方向裂开。根据弹性力学理论，沿着集中力 P 的直径方向产生近似均匀分布的水平拉应力。

如果试件为圆柱体，则岩石的抗拉强度可按下式计算：

$$\sigma_t = \frac{2P_{max}}{\pi d L} \tag{2.34}$$

式中：σ_t 为岩石的抗拉强度，MPa；P_{max} 为试件破裂时的最大载荷，N；d 为圆柱形试件的直径，mm；L 为圆柱形试件的长度，mm。

如果试件为立方体，则岩石的抗拉强度 σ_t 为：

$$\sigma_t = \frac{2P_{max}}{\pi a^2} \tag{2.35}$$

式中：a 为立方体试件的边长，mm。

岩石劈裂法的优点是简便易行，无需特殊的设备，只要用普通的压力机就行，因此，在工程上已获得广泛的应用。然而，采用劈裂法试验，试件内应力分布较为复杂，这样得到的岩石抗拉强度与直接拉伸试验求得的岩石的抗拉强度有一定的差别。

2.2.3.3　单轴抗剪强度

岩石的剪切强度是指岩石抵抗滑动破坏的极限能力，或抗剪断强度，它是岩石强度的重要参数之一。往往比抗压强度和抗拉强度更有意义。根据莫尔－库仑理论（Mohr-conlomb），岩石单轴抗剪强度可用内聚力 C 和内摩擦角 φ 表示。

内聚力 C 和内摩擦角 φ 可以通过室内外的剪切试验确定。为了结合岩石的实际破坏情况，取得相应的剪切指标，通常，岩石的剪切试验可分为抗剪断试验、抗剪试验（或称摩擦试验）以及抗切试验（在剪切面上不加法向荷载的情况下剪切）三种。

内聚力是由岩石内部分子引力引起的岩石中各部分倾向于聚合在一起的一种力，又叫黏聚力或凝聚力。内摩擦角是岩石破坏时极限平衡剪切面上的正应力和内摩擦力形成的合力，与该正应力之间形成的夹角。内摩擦角可以反映该种岩石内摩擦力的大小。内摩擦角越大，内摩擦力越大，所以它是反映岩石破坏时力学特性的重要指标。

测定单轴抗剪强度的方法可分为室内和现场两大类。室内试验常用直接剪切仪（直接剪切试验）和楔形剪切仪（楔形剪切试验）来测定岩石的抗剪指标。现场试验主要以直接剪切试验为主，有时也可做楔形剪切试验。

(1) 直接剪切试验。

直接剪切试验采用直接剪切仪来进行。岩石的直接剪切仪与土的直接剪切仪类似，试验仪器装置如图 2.11 (a) 所示。仪器主要由上、下两个刚性匣子所组成。试件在平面内的尺寸，SL264《水利水电工程岩石试验规程》规定：对测定软弱结构面的试件，规定为 15cm×15cm ~ 30cm×30cm，并规定结构面上、下岩石的厚度分别约为断面尺寸的 1/2 左右；对于测定岩石本身抗剪强度的试件没有明确规定，一般用 5cm×5cm。在制备试件时，可以将试件沿着四周切成凹槽状 [图 2.11 (b)]。当试件不可能做成规则形状时，可以用砂浆将它浇制在一起进行剪切 [图 2.11 (c)]。将制备好的岩石试件放入剪切仪的上、下匣之间。一般上匣固定，下匣可以水平移动。上下匣的错动面就是岩石的剪切面。进行这种试验，就可以将试件在所选定的平面内进行剪切。

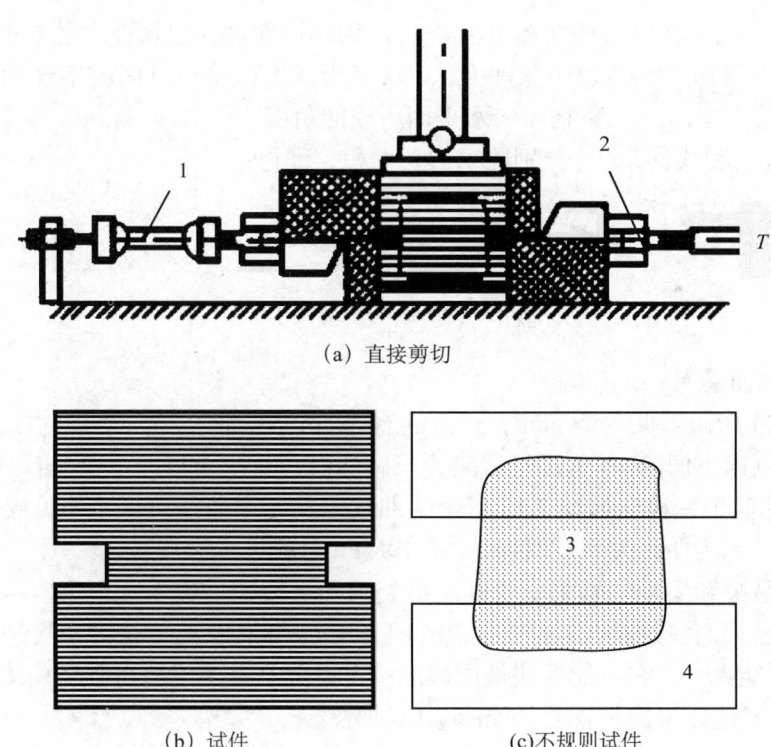

图 2.11　直接剪切试验及试件制备
1—测力计；2—旋转结合；3—岩样；4—砂浆

每次试验时，先在试件上施加垂直荷载 P，然后在水平方向逐渐施加水平剪切力 T。直至达到最大值 T_{max} 发生破坏为止。剪切面上的正应力 σ 和剪应力 τ 按式 (2.36) 和式 (2.37) 计算：

$$\sigma = \frac{N}{A} \tag{2.36}$$

$$\tau = \frac{T}{A} \tag{2.37}$$

式中：A 为试件的剪切面面积，cm^2；N 为作用在试件剪切面上的法向总压力，kN。

直接剪切试验的优点是简单方便，不需要特殊的设备，但该方法所用试件的尺寸较小，不易反映岩石中裂缝和层理等弱面的情况。同时，试件受剪切面上的应力分布也不均匀，如果所加水平力偏离剪切面，则还会引起弯矩，误差较大。

（2）楔形剪切试验。

楔形剪切试验用楔形剪切仪进行。这种仪器的主要装置如图 2.12（a）所示。试验时的受力情况如图 2.12（b）所示。把装有试件的这种装置放在压力机上进行加压，直至试件沿着 AB 面发生剪切破坏。所以这种试验实际上也是另一种形式的直接剪切试验。根据平衡条件，可以列出下列方程式：

$$N - P_1 \cos\alpha - P_1 f \sin\alpha = 0 \tag{2.38}$$

$$Q - P_1 \sin\alpha + P_1 f \cos\alpha = 0 \tag{2.39}$$

式中：P_1 为压力机上施加的总垂直力，kN；N 为作用在试件剪切面上的法向总压力，kN；Q 为作用在试件剪切面上的切向总剪力，kN；f 为压力机垫板下面的滚珠的摩擦系数，可由摩擦校正试验决定；α 为剪切面与水平面所成的角度，(°)。

将式（2.38）和式（2.39）分别除以剪切面积，即得：

$$\sigma = \frac{P}{A}(\cos\alpha + f\sin\alpha) \tag{2.40}$$

$$\tau_f = \frac{P}{A}(\sin\alpha - f\cos\alpha) \tag{2.41}$$

式中：A 为剪切面面积，cm^2。

试件尺寸为 10cm×10cm×5cm，最大的有 30cm×30cm×30cm 的。在试验时应当采用多个试件，分别以不同的 α 角进行试验。当破坏时，对应于每一个 α 值可以得出一组 σ 和 τ_f 值，由此便可以得到如图 2.13 所示的曲线。从图中曲线可以看出，铅直压力变化范围较大时，$\tau_f - \sigma$ 为曲线关系，但当 $\sigma < 10MPa$ 时就可视为直线。

对于具有裂隙和层理的岩块，要确定沿裂隙和层理的抗剪强度也可以这样做，这时只要把裂隙面或层理面安放在 AB 的位置上（图 2.12）。这种试验方法的主要缺点是由于仪器构造上 α 角不能太大，它不能反映低压段的情况，此外，为了获得强度曲线，需要多个试件和各次改变 α 值，工作量较大，如图 2.13 所示。

2.2.4 岩石三轴试验

简单应力条件下的岩石强度分析，有助于认识岩石的力学性质。而石油工程中遇到的深部地层岩石，都处于复杂的三轴应力作用下。与单轴压缩试验相比，试件除受轴向压力外，还受两向水平压力的影响。水平压力限制试件的横向变形，因而三轴试验是限制性的抗压强度试验。

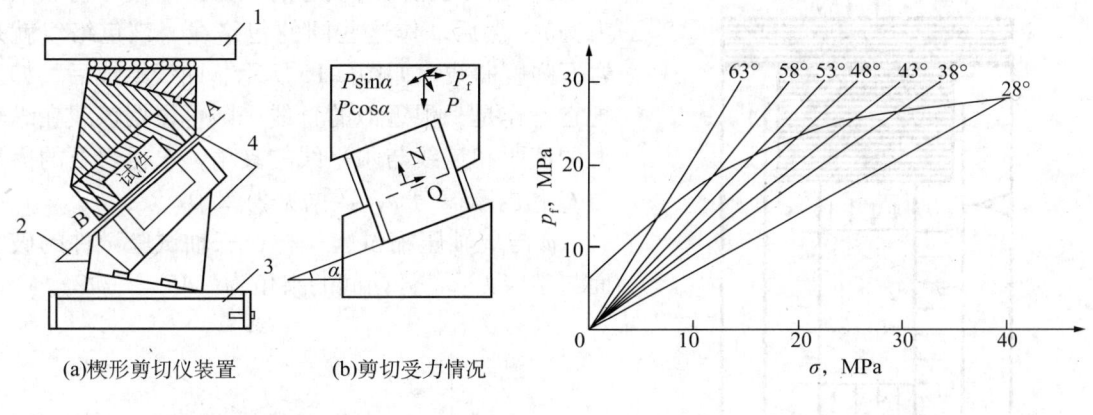

(a)楔形剪切仪装置　　(b)剪切受力情况

图 2.12　楔形剪切仪　　　　　　　图 2.13　楔形剪切试验结果
1、3—上、下压板；2—倾角；4—夹具

三轴压缩试验加载方式有两种。一种是真三轴加载，试件为立方体，加载方式如图 2.14（a）所示。其中 σ_1 为主压应力，σ_2 和 σ_3 为侧向压应力。这种加载方式试验装置繁杂，且 6 个面均可受到由加压铁板所引起的摩擦力，对结果有很大影响，因而实用意义不大。

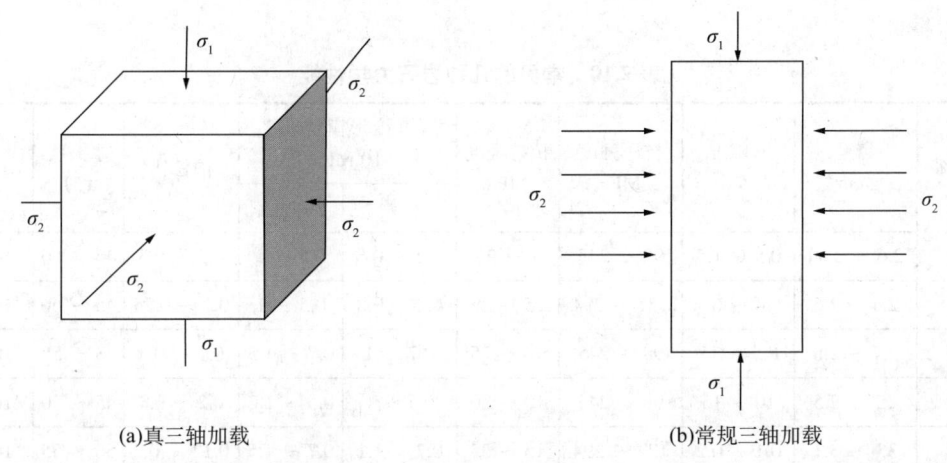

(a)真三轴加载　　　　　　　　　　(b)常规三轴加载

图 2.14　三轴试验加载示意图

常规的三轴试验是伪三轴试验，设备如图 2.15 所示。试验试件为圆柱体，试件直径为 25~150mm，长度与直径之比为 2∶1 或 3∶1。加载方式如图 2.14（b）所示，轴向压力 σ_1 的加载方式与单轴压缩试验时相同，但由于有了侧向压力，其加载时的端部效应比单轴加载时要轻微得多，侧向压力（$\sigma_2=\sigma_3$）由圆柱形液压油缸施加。由于试件侧表面已被加压油缸的橡皮套包住，液压油不会在试件表面造成摩擦力，因而侧向压力可以均匀施加到试件中。在上述两种试验条件下，三轴抗压强度均为试件达到破坏时所能承受的最大 σ_1 值。

进行三轴试验时，先将试件施水平压力，即最小主应力 σ_3，然后逐渐增加垂直压力，直至破坏，得到破坏时的 σ_1'。采用相同的岩样，改变最小主应力 σ_3，施加垂直压力直至破坏，得一个 σ_1''。重复上述试验可得到多组三轴试验结果，在 σ-τ 坐标平面上做出

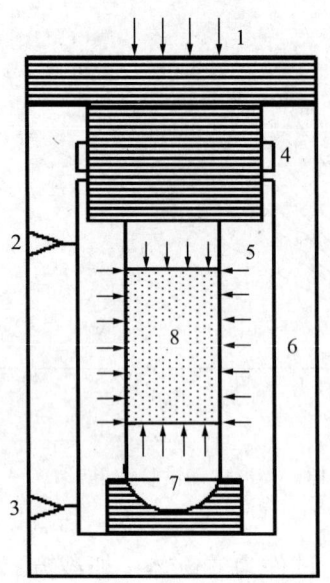

图 2.15 常规三轴试验装置示意图
1—施加垂直压力；2—测压力液体出口；
3—测压力液体进口；4—密封设备；
5—压力室；6—侧压力；7—球状底状；8—试件

一系列代表这些极限状态的应力圆（被称为极限应力圆）。然后，作这些圆的包络线，该包络线就是岩石强度曲线，如图 2.16 所示。曲线绘成后，如果把它看作是一根近似的直线，则可根据该线在纵轴上的截距和该线与水平线的夹角，求得岩石的凝聚力 C 和内摩擦角 φ，数据见表 2.10。

φ 与单轴压缩试验一样，三轴试验试件的破裂面与主应力 σ_1 方向间的夹角为（45°$-\varphi/2$）。

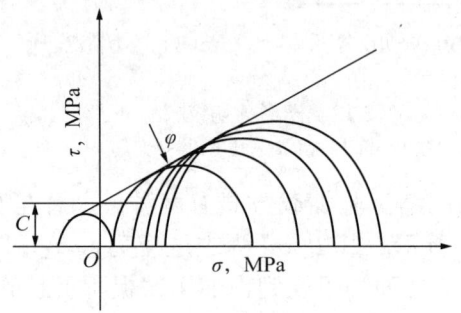

图 2.16 岩石莫尔应力圆包络线

表 2.10 常见的几种岩石力学性能

岩石名称	容重 g/cm³	孔隙度 %	抗压强度 MPa	抗拉强度 MPa	变形模量 10⁵MPa 初始	变形模量 10⁵MPa 弹性	泊松比	摩擦角 (°)	内聚力 C MPa
花岗岩	2.6~2.69	0.5~1.5	98~245	7~25	0.2~0.6	0.5~1	0.2~0.3	45~60	14~50
流纹岩	2.4~2.6	4~6	177~294	15~29	0.2~0.8	0.5~1	0.1~0.25	45~60	10~50
闪长岩	2.7~2.8	0.5~15	98~245	10~25	0.7~1	0.7~1.5	0.1~0.3	53~55	10~50
安山岩	2.2~2.5	10~15	98~245	10~20	0.5~1	0.5~1.2	0.2~0.3	45~50	10~39
辉长岩	3.0~3.1	0.1~0.2	177~294	15~35	0.7~1.1	0.7~1.5	0.12~0.2	50~55	10~50
辉绿岩	3.0~3.1	0.1~0.2	196~343	15~34	0.8~1.1	1~2	0.1~0.3	55~60	25~60
玄武岩	2.8~3.0	0.1~0.3	147~294	10~29	0.6~1	0.6~1.2	0.1~0.35	48~55	20~60
石英岩	2.65~2.70	0.12~0.5	147~343	10~29	0.6~2	0.6~2	0.1~0.25	50~60	20~60
片麻岩	2.7~3.0	0.5~1.5	49~245	5~20	0.1~0.8	0.1~0.8	0.22~0.35	30~50	3~5
千枚岩、片岩	2.64~2.80	0.1~1.0	10~98	1~10	0.02~0.5	0.1~0.8	0.2~0.4	26~65	1~20
板岩	2.6~2.7	0.1~0.5	59~196	7~15	0.2~0.5	0.2~0.8	0.2~0.3	45~60	2~20
页岩	2.0~2.4	16~30	10~98	2~10	0.1~0.34	0.2~0.8	0.2~0.4	15~30	3~20
砂岩	2.0~2.6	5~25	20~196	4~25	0.05~0.8	0.1~0.8	0.2~0.3	35~50	8~40
砾岩	2.3~2.6	5~15	10~147	2~15	0.05~0.8	0.1~0.8	0.2~0.3	35~50	8~50

续表

岩石名称	容重 g/cm³	孔隙度 %	抗压强度 MPa	抗拉强度 MPa	变形模量 10⁵MPa		泊松比	摩擦角 (°)	内聚力 C MPa
					初始	弹性			
石灰岩	2.2～2.7	5～20	49～196	5～20	0.1～0.8	0.5～1	0.2～0.35	35～50	10～50
白云岩	2.5～2.8	1～5	78～245	15～25	0.4～0.8	0.4～0.8	0.2～0.35	35～50	20～50
大理岩	2.6～2.7	0.5～2.0	98～245	7～20	0.1～0.9	0.1～0.9	0.2～0.35	35～50	15～29

2.2.5 三轴压缩条件下岩石变形参数

根据三轴压缩试验中测得的变形数据，可绘制出应变与主应力差的关系曲线，根据这种曲线即可分析和研究岩石的变形特征，也可以确定出岩石的变形模量 E 和泊松比 μ。经常规三轴试验后，设圆柱试件围压 σ_2，轴向应力为 σ_1，由圆柱坐标可知圆柱试件的应力状态为 $\sigma_r = \sigma_\theta = \sigma_2$，$\sigma_z = \sigma_1$，可得：

$$\varepsilon_1 = \frac{1}{E}(\sigma - 2\mu\sigma_2)$$

$$\varepsilon_2 = \frac{1}{E}[\sigma_2 - \mu(\sigma_1 + \sigma_2)]$$

所以

$$E = \frac{1}{\varepsilon_1}(\sigma_1 - 2\mu\sigma_2) \tag{2.42}$$

$$\mu = \frac{\varepsilon_1\sigma_2 - \varepsilon_2\sigma_1}{(\varepsilon_1 - 2\varepsilon_2) + \varepsilon_1\sigma_1} \tag{2.43}$$

在三轴压力试验中，如果首先由零至 $\sigma_1 = \sigma_2 = \sigma_3 = \sigma_m$（平均应力）施加静水压力，再保持在侧向压力 σ_m 不变的条件下，增加轴向压力 σ_1，同样我们可以获得（$\sigma_1 - \sigma_m$）与（$\varepsilon_1 - \varepsilon_V$）的关系曲线。并从中可得下述计算弹性模量 E 和泊松比 μ 的表达式：因为此时，$Z_V = \sigma_m/E(1-2\mu)$，$\varepsilon_1 - \varepsilon_V = 1/E(\sigma_1 - \sigma_m)$，其中 $\varepsilon_V = \varepsilon_1 + \varepsilon_2 + \varepsilon_3$ 为岩石试件在均匀的各向压缩状态下的体积变量；$\sigma_m = 1/3(\sigma_1 + \sigma_2 + \sigma_3)$，所以有：

$$E = \frac{\sigma_1 - \sigma_m}{\varepsilon_1 - \varepsilon_V} \tag{2.44}$$

$$\mu = \frac{\varepsilon_2 - \varepsilon_1}{\varepsilon_2 - \varepsilon_V} \tag{2.45}$$

一般来说，在三轴压缩条件下测得的弹性模量要比单轴压缩条件下测出的弹性模量大一些，这是围压对岩石变形特性影响的结果。

2.3 岩石强度的破坏准则

岩石在变形过程中，当应力及应变增大到一定程度时，岩石便被破坏。用于表征岩石破坏条件的应力—应变函数即为破坏判据或强度准则。岩石强度理论与岩石的本构关系不同,本构关系一般是指岩石在受载过程中的应力应变关系,而强度理论只考察岩石在极限破坏时的应力或应变应满足的条件。

本节将介绍几种常见的岩石强度破坏准则。在这些准则中,最大正应力强度理论、最大正应变强度理论及最大剪应力强度理论均属于经典强度理论;莫尔-库伦(Mohr-Coulomb)准则、德鲁克-普拉格(Drucker-Prager)准则和格里菲斯(Griffith)准则及其修正理论等在石油工程领域得到了广泛应用。

2.3.1 最大正应力强度理论

最大正应力强度理论也称郎肯(Rankine)理论。该理论认为材料破坏取决于绝对值最大的正应力。因此,作用于岩石的三个主应力(σ_1、σ_2、σ_3)中,只要有一个主应力大到岩石的单轴抗压强度(σ_c)或岩石的单轴抗拉强度(σ_t),岩石便被破坏。按照这个理论,岩石的破坏准则是:

$$\begin{cases} \sigma_1 \geqslant \sigma_c \\ \sigma_3 \leqslant -\sigma_t \end{cases} \quad (2.46)$$

或者写成如下的解析形式:

$$(\sigma_1^2 - R^2)(\sigma_2^2 - R^2)(\sigma_3^2 - R^2) = 0 \quad (2.47)$$

式中 R——泛指岩石单轴抗压强度及单轴抗拉强度。

试验指出,最大正应力强度理论只适用于岩石单向受力及脆性岩石在二维应力条件下的手拉状态,处于复杂应力状态中的岩石不能采用这种强度理论。

2.3.2 最大正应变强度理论

岩石受压时沿着平行于受力方向产生张性破裂。因此,人们认为岩石的破坏取决于最大正应变。岩石发生张性破裂的原因是由于其最大正应变达到或超过一定的极限应变所致。根据这个理论,只要岩石内任意方向上的正应变达到单轴压缩破坏或单轴拉伸破坏时的应变值,岩石便被破坏。因此,岩石破坏准则表示为:

$$\varepsilon_{\max} \geqslant \varepsilon_m \quad (2.48)$$

式中:$\varepsilon_{\max}$为岩石内发生的最大应变值,可用广义胡克定律求出;ε_m为单轴压缩或单轴拉伸试验时岩石破坏的极限应变值,由实验求得。

最大正应变强度理论的解析式为:

$$\{[\sigma_1 - \mu(\sigma_2 + \sigma_3)]^2 - R^2\}\{[\sigma_2 - \mu(\sigma_1 + \sigma_3)]^2 - R^2\}\{[\sigma_3 - \mu(\sigma_1 + \sigma_2)]^2 - R^2\} = 0 \quad (2.49)$$

式中:σ_1、σ_2和σ_3为三个主应力;μ为岩石泊松比。

试验证明,这种强度理论只适用于脆性岩石,不适用于岩石的塑性变形。

2.3.3 最大剪应力强度理论

最大剪应力强度理论也称为屈瑞斯卡(H.Tresca)破坏准则(或屈服条件),是研究塑性材料破坏过程中获得的强度理论。由于最大剪应力出现在与试件轴线呈45°夹角的斜坡面上，所以，这些破裂面即为材料沿着该斜面发生剪切滑移的结果。一般认为这种剪切滑移是材料塑性变形的根本原因。因此，最大剪应力强度理论认为材料的破坏取决于最大剪应力。当岩石承受的最大剪应力 τ_{max} 达到其单轴压缩或单轴拉伸极限剪应力 τ_m 时，岩石便被剪切破坏。因此，最大剪应力强度理论的破坏准则表示为：

$$\tau_{max} \geqslant \tau_m \qquad (2.50)$$

在复杂应力状态下，最大剪应力为 $\tau_{max}=(\sigma_1-\sigma_3)/2$；在单轴压缩或单轴拉伸条件下，极限剪应力为 $\tau_m=R/2$。得到最大剪应力强度理论的又一表达形式：

$$\sigma_1-\sigma_3 \geqslant R \qquad (2.51)$$

或可以写成如下的解析形式：

$$[(\sigma_1-\sigma_3)^2-R^2][(\sigma_3-\sigma_2)^2-R^2][(\sigma_2-\sigma_1)^2-R^2]=0 \qquad (2.52)$$

塑性岩石采用最大剪应力强度理论能获得满意的效果，但不适用于脆性岩石。此外，这个理论也没有考虑中间主应力（σ_2）的影响。

2.3.4 莫尔－库伦强度准则

莫尔强度理论是莫尔在1900年提出并在岩土力学中用得最多的理论。该理论认为，当某一面上的剪应力超过其所能承受的极限剪应力 τ 值时，岩石便发生破坏；而这种极限剪应力 τ 值又是作用于该面上法向应力 σ 的函数，即有 $\tau=f(\sigma)$。

2.3.4.1 莫尔应力圆

莫尔强度理论可以用莫尔应力圆来表示。在平面应力状态下，如图2.17所示。

已知作用于材料某一点上的两个主应力为 σ_1 和 σ_3，则法线与最大主应力 σ_1 方向夹角为 α 的平面上法向应力 σ 及剪应力 τ 为：

$$\begin{cases}\sigma=\dfrac{\sigma_1+\sigma_3}{2}+\dfrac{\sigma_1-\sigma_3}{2}\cos 2\alpha\\\tau=\dfrac{\sigma_1-\sigma_3}{2}\sin 2\alpha\end{cases} \qquad (2.53)$$

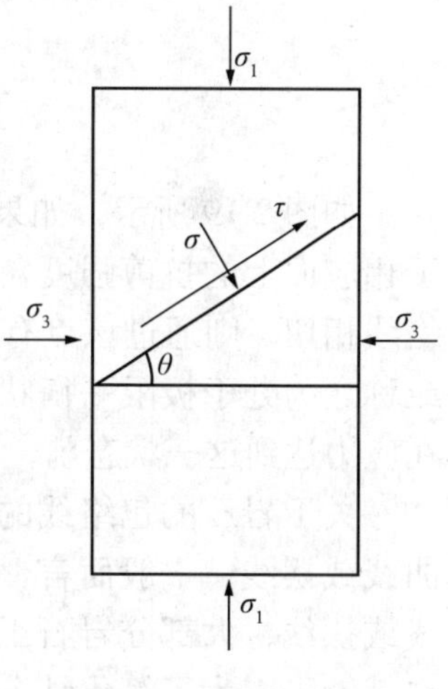

消去角 α，式（2.53）进一步变为：

$$\left(\sigma-\dfrac{\sigma_1+\sigma_3}{2}\right)^2+\tau^2=\left(\dfrac{\sigma_1-\sigma_3}{2}\right)^2 \qquad (2.54)$$

在平面直角坐标系 $\sigma o\tau$ 中，式（2.54）的曲线为一个圆，其圆心 O' 坐标为 $((\sigma_1+\sigma_3)/2, 0)$，半径为 $(\sigma_1-\sigma_3)/2$，

图2.17 平面应力状态

如图2.18所示，这就是平面应力状态下的莫尔应力圆。莫尔应力圆上任意一点 P 的坐标 $(\sigma_\alpha, \tau_\alpha)$ 代表法线与最大主应力 σ_1 方向夹角为 α 的平面上法向应力 σ_α 及剪应力 τ_α 的大小，莫尔应力圆上各个点的坐标代表材料中某一点不同方向上的法向应力及剪切应力的大小。

实际上，根据莫尔强度理论假设，材料内某一点的破坏主要取决于材料的最大和最小主应力，而与中间主应力无关。这样，根据不同的大、小主应力比例求得的材料强度试验

— 49 —

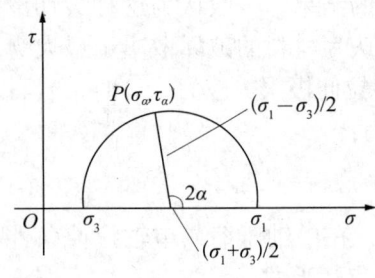

图 2.18 莫尔圆示意图

（危险状态）资料，例如单轴压缩、单轴拉伸、纯剪以及各种不同大小主应力比的三轴压缩试验等，在 $\tau-\sigma$ 平面上，就可以绘制出一系列的莫尔应力圆。

2.3.4.2 莫尔强度准则

当材料处于极限应力状态时，某一面上剪应力便达到与该面上法向应力有关的极限剪应力值，即其强度条件为 $\tau=f(\sigma)$，而函数 $\tau=f(\sigma)$ 的曲线正是强度曲线。如前所述，通过各种应力状态下的强度试验，可以绘制出一系列的莫尔强度圆，然后勾绘出所有极限应力圆的包络线，如图 2.19 所示。实际上这种包络线就是对应于强度条件 $\tau=f(\sigma)$ 的强度曲线。强度曲线上每一点的坐标值均代表材料沿着某一面破坏时所需的正应力及剪应力，也即强度条件。

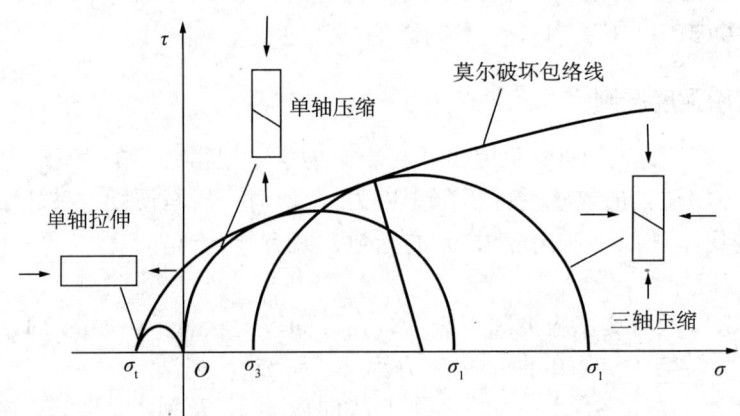

图 2.19 莫尔圆及强度包络线

如图 2.19 所示，如果所作应力圆在莫尔包络线内，则通过该点任何面上的剪应力都小于相应面上的抗剪强度，说明该点没有被破坏，处于弹性状态；如果所绘应力圆刚好与包络线相切，则通过该点有一对面上的剪应力刚好达到相应面上的抗剪强度，该点开始破坏，或称之为处于极限平衡状态或塑性平衡状态；当所绘的应力圆与包络线相割，则表明该点在应力达到这一状态前，已发生破坏，实际上并不存在。

关于岩石的包络线的形状，目前存在许多假定。有人假定为抛物线，也有人假定为双曲线或摆线。一般而言，对于软弱岩石，可认为是抛物线，对于坚硬岩石，可认为是双曲线或摆线。大部分岩石工作者认为，当压力不大时（例如 $\sigma < 10\text{MPa}$），采用直线型描述也就够了。为了简化计算，岩石力学中大多采用直线形式的包络线。岩石的强度条件可用库仑方程式来表示：

$$\tau = \sigma \cdot \tan\varphi + C \tag{2.55}$$

式中：C 为岩石内聚力，MPa；φ 为岩石内摩擦角，（°）。

岩石的内聚力 C 与内摩擦角 φ 是岩石固有的性质，对于给定的一块岩石，它的内聚力 C 与内摩擦角 φ 是一个常数。某些岩石的内聚力和内摩擦角参考值参见表 2.11。岩石的内聚力是指由分子引力引起的物体内部倾向于聚合在一起的力，又叫做黏聚力、黏结力、内摩擦力或凝聚力。它在宏观上表现为没有正应力作用的剪切面上的抗剪强度。内摩擦角是岩石破坏时破坏面上的正应力和内摩擦力形成的合力与该正应力方向之间的夹角。内摩擦角越大，内摩擦力越大，岩石的强度越大。

式（2.55）是库仑首先提出，后来被莫尔用新的理论加以解释。因此，该方程式也常称为莫尔－库仑方程式或莫尔－库仑准则。它是目前岩石力学中用得最多的强度理论。莫尔－库仑破坏准则如下：

$$\tau \geqslant \tau_f = \sigma \cdot \tan\varphi + C \tag{2.56}$$

有时为了分析和计算上的要求，常用大、小主应力 σ_1 和 σ_3 来表示莫尔－库仑方程式或破坏准则，如图 2.20 所示，破坏面上的正应力 σ 和剪应力 τ 可由式（2.53）求得。

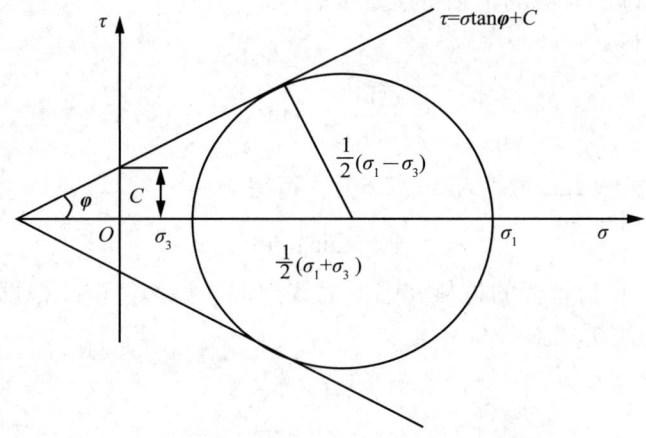

图 2.20 莫尔－库仑破坏准则

将式（2.53）中的 σ 和 τ（破坏时 $\tau=\tau_f$）代入式（2.55），可得：

$$\sigma_1 = \frac{2C + \sigma_3\left[\sin 2\alpha + \tan\varphi(1-\cos 2\alpha)\right]}{\sin 2\alpha - \tan\varphi(1+\cos 2\alpha)} \tag{2.57}$$

根据三角形关系可知：

$$\sin 2\alpha = \cos\varphi$$
$$\cos 2\alpha = -\sin\varphi$$

代入式（2.57），可得：

$$\sigma_1 = \frac{2C\cos\varphi + \sigma_3(1+\sin\varphi)}{1-\sin\varphi} \tag{2.58}$$

上式可以写为：

$$\sigma_1 = \frac{1+\sin\varphi}{1-\sin\varphi}\sigma_3 + \frac{2C\cos\varphi}{1-\sin\varphi} \tag{2.59}$$

上式中令 $\sigma_3=0$，可得单轴抗压强度的公式为：

$$\sigma_1 = \sigma_c = \frac{2C\cos\varphi}{1-\sin\varphi} \tag{2.60}$$

从图 2.23 三角形关系可知：

$$2\alpha = \frac{\pi}{2} + \varphi$$

即

$$\alpha = \frac{\pi}{4} + \frac{\varphi}{2} \tag{2.61}$$

式中：α 为破坏面法线与最大主应力方向的夹角。

对于给定的岩石，它的内聚力 C 与内摩擦角 φ 是一个常数。分析式（2.59），可以看出，该式是一个典型的直线方程。直线的斜率为 $(1+\sin\varphi)/(1-\sin\varphi)$，直线的截距为 $2C\cos\varphi/(1-\sin\varphi)$，即为岩石的单轴抗压强度。

由式（2.61）可得：

$$\frac{1+\sin\varphi}{1-\sin\varphi} = \tan^2\alpha \tag{2.62}$$

将式（2.60）与式（2.62）代入式（2.59），可得：

$$\sigma_1 = \sigma_3 \tan^2\alpha + \sigma_c \tag{2.63}$$

试验表明，对于较为软弱的材料其强度曲线近似于抛物线型。根据抛物线方程式，其莫尔强度条件的数学解析式为：

$$\tau^2 = \sigma_t(\sigma + \sigma_t) \tag{2.64}$$

其破坏准则为：

$$\tau^2 \geqslant \sigma_t(\sigma + \sigma_t) \tag{2.65}$$

这种强度准则适用于泥岩及页岩等较软的岩石。

试验表明，较坚硬的材料强度曲线近似于双曲线型。根据双曲线方程式，这种莫尔强度条件的数学解析式为：

$$\tau^2 = (\sigma + \sigma_t)^2 \tan\eta + \sigma_t(\sigma + \sigma_t) \tag{2.66}$$

其破坏准则为：

$$\tau^2 \geqslant (\sigma + \sigma_t)^2 \tan\eta + \sigma_t(\sigma + \sigma_t) \tag{2.67}$$

其中

$$\tan\eta = \frac{1}{2}\sqrt{\frac{\sigma_c}{\sigma_t} - 3}$$

这种强度准则适用于砂岩及石灰岩等岩性较为坚硬的岩石。

莫尔强度理论较全面地反映了岩石的强度特性，既适用于塑性岩石，也适用于脆性岩石的剪切破坏，此外还体现了岩石的抗拉强度远小于抗压强度的性质。因此，莫尔强度理论一直被广泛应用，然而，莫尔强度理论没有考虑中间主应力 σ_2 对强度的影响。中间主应力 σ_2 对强度的影响已被实际所证明，对各向异性的岩石尤其如此。

表 2.11 某些岩石的内聚力和内摩擦角参考值

岩石名称	内聚力，MPa	内摩擦角 φ，(°)	岩石名称	内聚力，MPa	内摩擦角 φ，(°)
花岗岩	14～50	45～60	粗玄岩	25～60	55～60
玄武岩	20～60	50～55	石英岩	20～60	50～60
石灰岩	10～50	35～50	大理岩	15～30	35～50
砂岩	8～40	35～50	页岩	3～30	20～35

2.3.5 德鲁克－普拉格理论

莫尔－库伦准则（C-M 准则）体现了岩石材料压剪破坏的本质，由于它简单易理解，目前仍被广泛应用。但这类准则没有反映中间主应力的影响，不能解释岩土材料在静水压力下也能屈服或破坏的现象。

德鲁克－普拉格强度准则，即 D-P 准则是在 C-M 准则和塑性力学中著名的冯－米塞斯（Von-Mises）准则基础上扩展和推广而得。其表达式如下：

$$\alpha I_1 + \sqrt{J_2} - \beta = 0 \tag{2.68}$$

其中

$$I_1 = \sigma_1 + \sigma_2 + \sigma_3 = \sigma_x + \sigma_y + \sigma_z;$$

$$J_2 = \frac{(\sigma_1 - \sigma_2)^2 + (\sigma_2 - \sigma_3)^2 + (\sigma_3 - \sigma_1)^2}{6}$$

$$= \frac{1}{6}\left[(\sigma_x - \sigma_y)^2 + (\sigma_y - \sigma_z)^2 + (\sigma_z - \sigma_x)^2 + 6(\tau_{xy}^2 + \tau_{xz}^2 + \tau_{yz}^2)\right]$$

式中：I_1 为应力第一不变量；J_2 为应力偏量第二不变量；α 和 β 分别为与岩石的内聚力和内摩擦角有关的材料参数。

在数值计算时，参数 α 和 β 一般可由如下几个关系式计算：

$$\begin{cases} \alpha = \dfrac{2\sin\varphi}{\sqrt{3}(3-\sin\varphi)} \\ \beta = \dfrac{6C\cdot\cos\varphi}{\sqrt{3}(3-\sin\varphi)} \end{cases} \tag{2.69}$$

$$\begin{cases} \alpha = \dfrac{2\sin\varphi}{\sqrt{3}(3+\sin\varphi)} \\ \beta = \dfrac{6C\cdot\cos\varphi}{\sqrt{3}(3+\sin\varphi)} \end{cases} \tag{2.70}$$

$$\begin{cases} \alpha = \dfrac{\tan\varphi}{(9+12\tan^2\varphi)^{1/2}} \\ \beta = \dfrac{3C}{(9+12\tan^2\varphi)^{1/2}} \end{cases} \tag{2.71}$$

德鲁克－普拉格强度准则计入了中间应力的作用，并考虑了静水压力对屈服过程的影响，能够反映剪切力引起的膨胀（扩容）性质，在模拟岩石材料的弹塑性特征时，得到了广泛的应用，但是在进行数值计算时究，α 和 β 究竟选择何种形式，并无明确结论。

2.3.6 格里菲斯准则及修正理论

2.3.6.1 格里菲斯准则

以上各种理论都是建立在材料是连续均匀介质的基础之上的。但是，事实上任何材料的内部都存在许多的细微裂隙，在力的作用下，这些裂隙的周围，特别是裂隙端部，会产生应力集中现象。在这种情况下，材料的破坏往往从裂隙的端部开始，通过裂隙扩展而导致材料的完全破坏。1921 年格里菲斯在做玻璃的强度试验时发现，玻璃实际强度比固体强度理论值低 2～3 个数量级，他在解释原因时认为，材料介质内部存在着随机分布的微裂纹，造成应力集中，当裂纹端部的拉应力超过该点的抗拉强度时，裂纹就扩展。据此，格里菲斯提出了一种材料破坏起因于其内部微裂隙不断扩展的强度理论，称之为格里菲斯强度理论。

为了研究裂隙尖端及其附近的应力集中状况，对材料及裂隙作如下简化：
（1）岩石中的微裂纹形状是一个近似扁平的椭圆；
（2）岩石性质的局部变化忽略不计；
（3）岩石内相邻微裂纹间相互没有影响；
（4）椭圆形微裂纹周围的应力系统作为平面问题处理。

按各向同性材料的平面应变模型计算裂纹周边的应力分布（如图 2.21）。

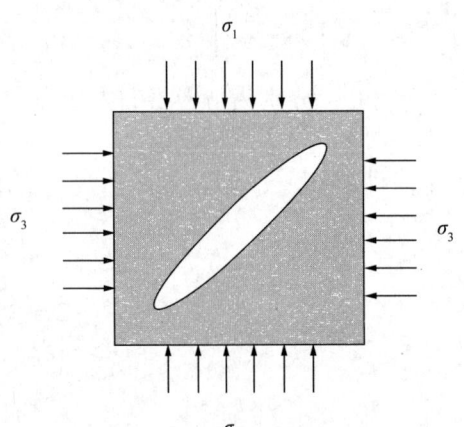

图 2.21 椭圆裂纹受力状态

格里菲斯准则的求解具体过程为：利用极值原理先求出椭圆裂纹周边最大危险应力的大小和位置，再确定最危险裂纹长轴的方向和应力，最后由求得的极值应力和单轴抗拉强度进行对比，建立格里菲斯脆性断裂破坏准则，如下：

$$\begin{cases} \dfrac{(\sigma_1-\sigma_3)^2}{8(\sigma_1+\sigma_3)} = \sigma_t & (\sigma_1+3\sigma_3>0) \\ -\sigma_3 = \sigma_t & (\sigma_1+3\sigma_3<0) \end{cases} \quad (2.72)$$

当岩石处于单轴抗压时，$\sigma_3=0$，$\sigma_3=\sigma_c$，那么由上式可以得到：

$$\sigma_1 = 8\sigma_t$$

从格里菲斯准则得到脆性材料的抗压强度是抗拉强度的 8 倍，从理论上认识岩石等脆性材料的抗压不抗拉特征是格里菲斯准则的一大贡献。同时它总结了单轴和三轴应力状态以及各种拉、压组合等各种应力状态达到拉应力而断裂的共同特征，从本质上讲，格里菲斯准则其实就是拉伸破坏准则。

2.3.6.2 修正的格里菲斯强度理论

前面讨论的格里菲斯强度理论是以裂隙张开为前提的。但事实上，在压应力作用下，材料中的裂隙趋于闭合，而闭合后的裂隙面上将产生摩擦力，此时，裂隙的扩展显然不同于张开裂隙，所以在这种情况下格里菲斯强度理论是不适用的。麦克林托克（Meclintock）考虑了裂隙闭合后摩擦力的影响，对格里菲斯强度理论做了修正。麦克林托克认为，当裂隙在压应力作用下闭合时，裂隙在整个长度范围内均匀接触，并且能够传递正应力（压应力）及剪应力。由于裂隙均匀闭合，所以，正应力在裂隙端部将不引起应力集中，而只有剪应力才造成裂隙端部的应力集中。因此，可以假定裂隙在二维应力作用下呈纯剪切破坏或扩展，这就是修正的格里菲斯强度理论。修正的格里菲斯强度理论的强度条件可表示为：

$$\sigma_1 = \frac{-4\sigma_t}{\left(1-\frac{\sigma_3}{\sigma_1}\right)\sqrt{1+f^2}-\left(1+\frac{\sigma_3}{\sigma_1}\right)f} \tag{2.73}$$

其中

$$f=\tan\varphi_f$$

式中：φ_f 为微裂隙闭合后的内摩擦角，（°）。

在单轴压缩条件下，当处于受力状态下，$\sigma_1=\sigma_c$，$\sigma_3=0$。代入式（2.73）可得：

$$\sigma_c = -\frac{4\sigma_t}{\sqrt{1+f^2}-f} \tag{2.74}$$

联立式（2.73）和式（2.74）消去 σ_t，可得：

$$\sigma_1 = \frac{\sqrt{1+f^2}+f}{\sqrt{1+f^2}-f}\cdot\sigma_3 + \sigma_c \tag{2.75}$$

式（2.75）即为单轴压缩条件下的修正格里菲斯强度条件。但是当 $\sigma_3 < 0$ 时（拉应力）裂隙不闭合，此时仍应采用前述修正格里菲斯强度条件。

3 储层岩石孔隙介质特征的分形性

储层岩石是由基岩和存储介质组成。根据岩石类型,可以将储层分为碎屑岩储层、碳酸盐岩储层和火山岩储层等。根据存储介质空间,可将储层分为孔隙性储层、裂缝性储层和双重介质储层等。孔隙储层在众多类型储层中最为普遍,深入研究储层的孔隙介质特征具有重要意义。

3.1 储层孔隙介质的微观特征

孔隙介质的结构参数决定着油气的储集、运移及采收等过程,所以展开对孔隙空间的研究对油藏开发及提高采收率有着重要的意义。孔隙介质的结构参数主要包括孔隙的大小、形状、分布、连通情况及发育程度等。对于孔隙介质特征的分析主要从孔隙成因、孔隙结构和孔隙尺寸等方面进行。

3.1.1 孔隙分布的微观特征

3.1.1.1 孔隙的成因

按孔隙的成因,可将碎屑岩的孔隙类型分为原生孔隙、次生孔隙和混合孔隙。

原生孔隙是沉积时期或在成岩过程中形成的孔隙。原生孔隙主要是粒间孔隙。所谓粒间孔隙是指碎屑颗粒支撑的碎屑岩,在碎屑颗粒之间未被杂基充填,胶结物含量少而留下的原始孔隙。以原生粒间孔为主的砂岩储层,其孔隙大,喉道粗,连通性好,储集能力和渗透能力都好。

次生孔隙是指由于次生溶解和破裂等作用而形成的孔隙,是其非硅酸岩组分(以硅酸盐矿物为主)溶解的产物,往往是碎屑岩储层的主要储集空间,具有孔隙类型多及分布广的特点。形成这种溶解孔隙的可溶物质可呈三种结构形式:沉积的物质,自生胶结物和自生交代产物。砂岩组分的破裂和收缩也可使砂岩产生重要的次生孔隙。按照成因,可以将次生孔隙划分为三种基本类型:破裂产生的孔隙,收缩孔隙,溶解作用产生的孔隙。

混合孔隙是由部分原生孔隙和部分次生孔隙组成的孔隙。例如,砂岩颗粒边缘次生孔和原生孔的组合;砂岩发生不完全胶结作用,胶结物溶解形成的次生孔隙与原生孔隙的组合;在砂岩颗粒边缘的交代物溶解形成的次生孔隙与原生孔隙的组合;在砂岩颗粒边缘被交代时,其相邻的粒内空间经常同时被同一种矿物所胶结。当这些自生矿物全部被溶解以后,就会形成混合孔隙。

3.1.1.2 孔隙的结构

孔隙的结构主要包括孔隙类型和喉道类型两个部分。对于尺寸不一,形态各异的储层孔隙,从孔隙类型上可划分为粒间孔、组分溶孔及溶缝三种。其中粒间孔指包括原生、次生及混合粒间孔,其中以原生粒间孔为主,混合型粒间孔相对少见;组分溶孔指包括粒内溶孔和基质溶孔,以前者为主。该储层组分溶孔发育,粒间溶状小孔,铸膜孔为部分选择性溶解形成的孔隙;溶缝指岩屑或组分被溶解形成的狭长缝隙。

储层孔隙很少由单一孔隙类型构成，一般都是由两种或两种以上的孔隙组合形式为主，其中纯净砂岩以孔隙间孔为主；中等富泥砂岩以粒间孔、粒间溶孔和基质溶孔型为主；富含泥砂岩以粒间溶孔质微孔型及粒间孔和粒间溶孔为主；富含生物碎屑、泥灰质和基质的砂岩则以粒间孔和粒孔型为主。

对于储层孔隙的喉道类型从喉道形态也可划分三种类型：缩变喉道、网络型喉道和管束状—网络型喉道。缩变喉道的形态与孔隙相似，仅比孔隙空间小，多见于具有大孔隙的岩石中；网络型喉道的孔与喉有明显区别，喉道围绕颗粒或在基质和岩屑中呈弯曲或线型分布；管束状—网络型喉道富含岩屑和基质，基质及组分不完全溶解形成许多微孔，局部孔喉不等，颗粒间孔隙因机械压实作用缩小而形成的喉道类型。

孔隙喉道的大小和形状主要取决于砂岩颗粒的接触类型和胶结类型，以及砂粒本身的大小和形状。在不同的砂岩接触类型和胶结类型中常见4种孔隙喉道类型：

（1）孔隙缩小部分形成的喉道：在粒间孔隙为主或以扩大粒间孔隙出现的砂岩储层，其孔隙与喉道相当难区分。其喉道仅仅是孔隙的缩小部分。常见于颗粒支撑、漂浮状颗粒接触以及无胶结物式类型。此孔隙结构属于孔隙大、喉道粗的类型，孔喉直径比接近于1，岩石的孔隙几乎都是有效的。

（2）可变断面收缩部分形成的喉道：当砂岩颗粒被压实而排列比较紧密时，虽然保留下来的孔隙还是比较大，然而由于颗粒排列紧密使喉道大小变窄。此时，储集岩可能有较高的孔隙度，而只有很低的渗透率。此类孔隙结构属于孔隙大（或较大）、喉道细的类型，孔喉直径比很大。

（3）片状或弯片状喉道：当砂岩进一步压实，或者由于压溶作用使晶体再生长时，其再生长边之间的包围孔隙变得比较小，一般是四面体或多面体型。这些孔隙相互连接的喉道就是晶体之间的晶间隙，这种晶间隙视颗粒形状的不同又可分为片状的或弯片状的，其有效张开宽度很小，一般小于1μm，个别有几十微米的，此类孔隙结构的孔隙很小，喉道极细，所以其孔喉比可以由中等到较大。

（4）管状喉道：当杂基及各种胶结物含量较高时，原生的粒间孔隙有时可以完全被堵塞。在杂基及胶结物中的许多微孔隙（0.5μm的孔隙），本身既是孔隙又是连通通道。这些微孔隙像一支支微毛细管交叉地分布在杂基及胶结物中，其孔隙度一般不会很高，只会是中等或较低，渗透率则极低。其中孔隙就是喉道本身，所以孔喉直径比均为1。

3.1.1.3 孔隙的尺寸

孔隙直径是孔隙结构的重要特征，孔隙直径的大小影响着渗透率和孔隙度的大小。当孔隙直径尺寸在超过某个临界值时，孔隙的渗透率和孔隙度随着尺寸的增大而增大；小于该临界值，虽然孔隙度存在，而无法形成导流，即不存在渗透率。这个临界值是能反映有效孔隙尺寸的关键参数，它的研究常用浸注荧光剂三维薄光片。

为了说明有效孔隙度的概念，以粒间孔隙为例，说明孔隙大小对流体（油、气、水）储存和运移的影响。为此，把粒间孔隙分为超毛细管孔隙、毛细管孔隙和微毛细管孔隙三类。

超毛细管孔隙是直径在0.5mm以上的孔隙。在自然条件下，岩石颗粒表面除有一层不能动的束缚水以外，其他流体可在超毛细管孔隙中自由流动。一般胶结疏松的砂岩或未胶结的砂岩，大都属于这种孔隙。

毛细管孔隙是直径在0.0002～0.5mm的孔隙，除了颗粒表面的束缚水不能流动外，在某些毛细管弯曲较大的地方还有不能动的毛细管滞水。在一般孔隙形成的毛细管中，由于毛细管力随毛细管变细而增加，只有当外力的作用大于本身的毛细管力时，束缚水和毛细管滞水外的其他流体才能在其中自由流动。一般砂岩的孔隙大部分都属于这一类。

微毛细管孔隙是直径小于 0.0002mm 的孔隙。由于孔隙截面极其微小，孔壁表面对分子的作用力可以到达孔隙孔道的中央。故孔隙中的流体都不能流动，一般是成岩过程中形成的地层水，其他地层生成的油气不可能进入这类孔隙。一般黏土层和泥岩的孔隙均属于这一类，因此称它们为非储层，它们形成油气藏的生油层或盖层。

3.1.2 孔隙分布的分形特征

储层介质结构的基本特征之一是其内部富含大量随机分布和形态不规则的微孔隙或微裂纹。这些微观缺陷的形态、分布及其结构特征强烈地影响或决定着岩石的基本物理力学性质。

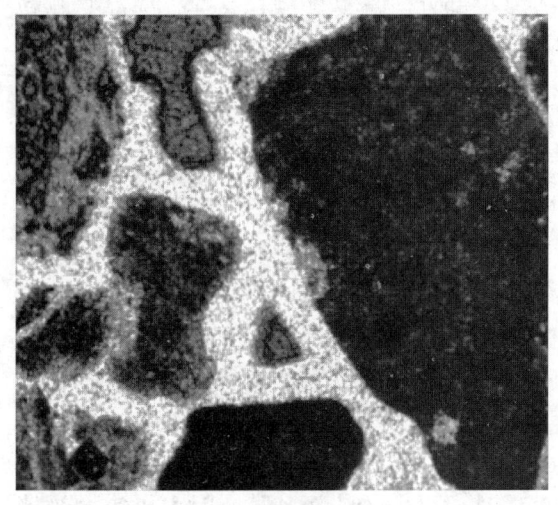

图 3.1 S 区块不同深度岩石的扫描电镜图片

砂岩作为典型的孔隙介质在储层中分布广泛。通过扫描电镜可以观察到（图 3.1），砂岩是由具有可比尺寸的石英颗粒和填充矿物堆积而成，其石英晶粒的直径一般在几百个微米左右。

从放大的扫描图片中可以看到，具有不规则形状的少量矿物质在晶粒表面上扩张和聚集。事实上，大多数砂岩都是如此，都包含许多这样的矿物质。这种现象被称为随机矿物扩张。

针对 S 区块 4 口井取心的薄片分析表明，T1 和 T2 井岩心组成颗粒的粒径主要以 0.12～0.25mm 的细砂颗粒为主，0.25～0.50mm 的中砂颗粒次之；而 T3 和 T4 井岩心颗粒混杂，粒径从 0.12mm 到 10mm 变化较大。依据粒级分类表，前两口井的岩心组成颗粒为中—细砂结构，后两口井岩心组成颗粒为砂砾结构。

S 区块岩石孔隙类型都属于次生孔隙。T1 井的岩石孔隙为单一的粒间溶孔发育，其余三口井岩石孔隙有多种次生孔隙。其中 T2 和 T3 井主要孔隙类型为胶结物溶孔，分别占薄片总面积的 7% 和 4.5%；T4 井孔隙类型主要为粒间溶孔，占薄片总面积的 3.5%。

对孔隙介质结构分析表明，S 区块岩心的颗粒为点接触，长形颗粒具有定向性。泥质呈鳞片、团状结构。石英多具次生加大，铸体有少量粒间溶孔，孔径 0.02～0.30mm。对于孔喉配位数，除 T1 井外，其余三口井孔喉配位数都为 2，说明油气在岩石内只能单向流动。

孔隙性和渗透性是孔隙介质岩石的两个重要特征，并且孔隙性和渗透性之间也是相互依存的。没有孔隙性，也就不存在渗透性；对油气田开发领域来说，没有渗透性，孔隙性也失去了意义。从一般的孔隙型储层岩石来看，孔隙度与渗透率具有很好的相关性，即孔隙性越好，孔隙度越高的储层，渗透性也越好。但孔隙度与渗透率之间的相关性并不是绝对的，有孔隙度非常高的岩石样品，相应的渗透率却非常低，而对于裂缝性储层，裂缝具有很小的孔隙度，但却具有极高的渗透率。因为孔隙度与渗透率之间的差异主要受岩石结构特征的影响，如孔隙几何形状及分布，控制孔隙度和渗透率的变化。此外，孔隙壁面的粗糙度和孔隙的迂曲度等都是造成渗透率差异的主要因素。

从上面的分析，可以看出岩石的孔隙度和渗透率从不同的角度上反映了岩石的平均统计特征。虽然二者之间没有必然的关系，但是对于一些良好的孔隙介质，二者存在着某种经验关系。许多情况下，渗透率随着孔隙度的增大而增大。

表 3.1　S 区块岩石结构特征参数

试样编号	取心深度 m	岩性描述	岩心长度 mm	孔隙度 %	渗透率 mD
1	2180.42	杂色含凝灰质砂砾岩	58.13	17.24	0.040
2	2191.45	灰色细质砂岩	57.93	8.10	0.042
3	2181.29	杂色含凝灰质砂砾岩	57.99	17.45	0.301
4	2288.29	杂色含凝灰质砂砾岩	58.57	7.45	0.865
5	1758.74	灰黑色砂砾岩	57.20	9.30	157.163
6	1749.19	灰黑色砂砾岩	59.58	15.84	102.190
7	1758.64	灰黑色砂砾岩	57.65	19.50	145.700
8	2168.47	灰色细质砂岩	58.01	16.63	0.040

由于岩石成因及埋深等不同，孔隙度变化范围很大，一般分布在 1%～20%。如岩浆岩及变质岩的孔隙度常小于 3%，沉积岩的孔隙度多数为 1%～10%，一些胶结较差的砂砾岩孔隙度可以达到 10%～20%，甚至更大。由于岩石的孔隙度是岩石中孔隙及裂隙的综合反映，所以孔隙度也是评价岩石质量的重要物理指标。下面以某油田 S 区块数据（见表 3.1）为研究对象，分析孔隙度和渗透率之间的关系。

表中 S 区块取心深度分布在 1749.19～2288.29m，孔隙度分布在 8.10%～19.50%，渗透率在 0.040～157.163mD。从孔隙度与渗透率数值的对应关系上分析，无论是线性、指数、幂指数或多项式回归，其判决系数都小于 0.03。这说明 S 区块孔隙度与渗透率之间没有明显相关规律。

大量研究表明，岩石的孔隙空间具有良好的分形特征。孔隙结构的分形维数不仅可以定性，且能定量描述孔隙结构的复杂程度和非均质性。分形几何的出现为孔隙结构的研究提供了一种新的方法。

3.2　孔隙介质微观特征的分形描述

3.2.1　孔隙介质的分形模型

目前已有许多分形模型被用来模拟这种随机矿物扩展，进而来分析材料的孔隙性质（如图 3.2）。初始元为等边三角形（边长为 L），则在 n 步构造时，岛的周长是由 N 个长度为 $\varepsilon = L/3^n$ 的线段组成，这时线段数目（或边数）为：

$$N = C_b \left(\frac{L}{r}\right)^D \tag{3.1}$$

式中：C_b 为边数，$C_b=3$；D 为分形维数，$D=\lg 4/\lg 3$。

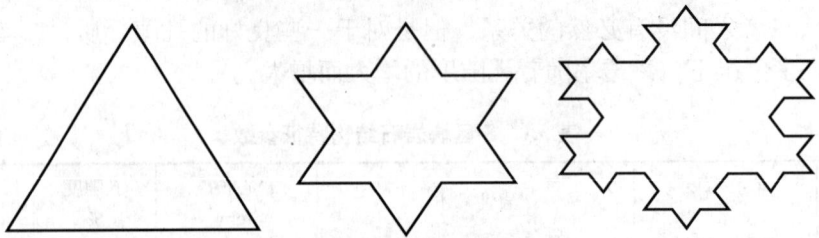

图 3.2 科赫岛的构造过程

这个分形模型可以用来模拟储层岩石的孔隙，因为小的矿物粒子能扩展和沉淀在较大矿物粒子上，当用尺度 r 去观察尺寸为 L 的孔隙时，表面特征数可由式（3.1）来定义。并且该孔隙的表面面积为：

$$S = C_b r^2 \left(\frac{L}{r}\right)^D = C_b L^2 \left(\frac{L}{r}\right)^{D-2} \tag{3.2}$$

对于孔隙介质，体积可以通过分形模型——"Sierpinski 垫片"来模拟。为模拟岩石孔隙体积分形，可以想象，初始边长为 L 的等边三角形是一个光滑的岩石孔隙，而每步去掉的中心小三角形（边长为 $L/2$，$L/2^2$，$L/2^3$，…）看作是越来越小的矿物晶粒不断地填充到这个初始的孔隙空间。这样经过 n 次的演变后，空间仅由尺寸为 $r=L/2^n$ 的三角形组成。这样的小三角形的数目同样满足式（3.1）的关系。但是此时 $C_b=1$，$D=\lg 3/\lg 2$。对于"Sierpinski 垫片"的孔隙度为：

$$\phi = \left(\frac{r}{L}\right)^3 N = C_b \left(\frac{L}{r}\right)^{D-3} \tag{3.3}$$

式中：C_b 为常数；L 和 r 分别为孔隙尺寸的上限和下限值。

上面给出的两个储层孔隙介质的数学分形模型。实际材料的孔隙具有随机的表面和体积分形特征，但实验结果表明：式（3.2）和式（3.3）确实表示了岩石材料分形孔隙的统计平均性，并且分形维数 D 总是在 2 和 3 之间。

分形孔隙模型从表面上看较为复杂，然而它却比较贴近自然现实。相比之下，经典孔隙模型似乎更为简洁，但它们却忽视了许多细节，远离了岩石孔隙结构的实际。下面从孔隙度的一般定义来推导分形孔隙度的表达式。根据孔隙度的一般定义，分形孔隙度可定义为：

$$\phi = \frac{V_p}{V} \tag{3.4}$$

式中：V_p 为孔隙介质中孔隙的体积；V 为孔隙介质的总体积。

设砂岩孔隙的分形维数为 D，分形范围的下、上截止尺度分别为 L_1 和 L_2。对于尺度为 L_2 的体积元，总体积为：

$$V=C_1L_2^3 \tag{3.5}$$

分形孔隙的最小体积元的体积为：

$$V_{pmin}=C_2L_1^3 \tag{3.6}$$

式中：C_1 和 C_2 是孔隙的几何形状因子，为常数。若 D 为相似维数，则 V 中包含最小体积元 V_{pmin} 的个数为：

$$n=\left(\frac{L_2}{L_1}\right)^D \tag{3.7}$$

所以，V 中的分形孔隙体积为：

$$V_p = nV_{pmin} = C_2\left(\frac{L_2}{L_1}\right)^D L_1^3 \tag{3.8}$$

由式（3.6）、式（3.7）和式（3.8）得：

$$\phi = C\left(\frac{L_2}{L_1}\right)^{D-3} \tag{3.9}$$

式中：C 为常数，对于严格的自相似分形结构 $C=1$，即 $C_1=C_2$，实际中 C 可近似取为 1。

用式（3.9）的简化式来计算砂岩的分形孔隙度。式（3.9）描述岩石中符合分形维数 D 描述的所有的分形孔隙，从物理意义上讲，该孔隙度为绝对孔隙度。

3.2.2 孔隙介质结构的分形特征

储层岩石的孔隙空间具有良好的分形特征，孔隙结构的分形维数可以定量描述孔隙结构的复杂程度和非均质性。应用分形几何的原理，可以对储层岩石的孔隙结构进行研究，可得到毛管压力和孔隙大小概率密度分布的分形几何模型，进而计算孔隙结构的分形维数和孔径大小概率密度分布。分形几何的出现为孔隙结构的研究提供了一种新的方法。

欧氏几何中的维数通常称为拓扑维数。例如，测量一条光滑曲线的长度可用一个长为 δ 的码尺进行丈量，如果测量出的次数为 n，则该曲线的长度 L 为：

$$L=n \cdot \delta \tag{3.10}$$

此时测量次数 n 与码尺长度 δ 的一次方成反比：

$$n \propto \delta^{-1} \tag{3.11}$$

以此类推到二维及三维情况。显然，只要测量单位足够小，就可以得到足够精确的结果。测量次数 n 与测量单位线度 δ 的关系式为：

$$n \propto \delta^{-D_T} \tag{3.12}$$

式中：D_T 为被测量几何形状的拓扑维数。

然而，如果被测量的几何形状是粗糙的，则无论测量单位线度 δ 的取值多小，则总有比 δ 更小的弯曲或凸凹被漏掉，所以测量出的曲线的长度或曲面的面积将随着测量单位线度 δ 的减小而无限增加，不会像光滑几何形状那样趋于一定值。对于式（3.10），如果粗糙的曲线或曲面具有分形性质，则式（3.12）变为：

$$n \propto \delta^{-D} \tag{3.13}$$

式中：D 称为分形维数。

曲线的拓扑维数 $D_T=1$，分形维数 D 在 1～2 之间变动。曲面的拓扑维数 $D_T=2$，分形维数 D 在 2～3 之间变动。这些几何形状越粗糙的图形，它们的分形维数就越大。曲线的分形维数由 1 变化为 2 时，说明该曲线由一维向二维空间发展。曲面的分形维数由 2 变化为 3 时，说明该曲面由二维向三维空间发展。将式（3.13）代入式（3.10）可得到粗糙曲线大小的表示式为：

$$L \propto \delta^{1-D} \tag{3.14}$$

对于曲面情况可以得到下式：

$$A \propto \delta^{2-D} \tag{3.15}$$

式中：A 为分形曲面的面积，μm^2。

由以上两式可以看出，粗糙曲线及曲面的大小同测量码尺的大小有关，本身并无一定的数值，而仅有分形维数可以说明这些几何形状的复杂程度。

扫描电镜法就是根据式（3.15）进行测定岩石孔隙表面结构的，其测量出来的分形维数叫做表面分形维数。在扫描电镜法中岩石断面上图像是由孔隙与岩石基质组成，其边界为孔隙壁面留在断面上的交线。这时式（3.15）也可视为在断面上岩石孔径分布的表示式，此时 S 表示孔径为 r 的孔隙所占的面积。同理可推，在拓扑维数的空间孔隙分布可表示为：

$$V(r) \propto r^{3-D} \tag{3.16}$$

式中：$V(r)$ 为孔隙为 r 的孔隙占有的体积，μm^3；D 为孔径分布分形维数，其值仍在 2～3 之间变动。

将该式对 r 求导，得到孔径分布函数的表示式：

$$\frac{dV(r)}{dr} \propto r^{2-D} \tag{3.17}$$

由上式可以看出，孔径分布分形维数 $D=2$ 时，$dV(r)/dr$ 与孔径 r 无关。说明孔径呈均匀分布。由于 $D>2$，故式中右端 r 的指数为负值，分布函数 $dV(r)/dr$ 随 r 的减小而增加，说明越小的孔隙所占体积越多，而这正是自然界具有分形几何结构事物的普遍性质。在孔隙遭到黏土矿物充填时，从对孔隙表面的影响来说是粗糙度增加，从对孔径分布的影响来说是小孔隙的比例增加。

式（3.17）中引入比例常数 a'，写成等式并积分，可得到储层岩石中孔隙小于 r 的累积孔隙体积 $V(<r)$ 的表示式：

$$V(<r) = \int_{r_{\min}}^{r} a' r^{2-D} dr = a\left(r^{3-D} - r_{\min}^{3-D}\right) \tag{3.18}$$

式中：$r_{\min}$ 为储层岩石中最小孔径，μm；a 为系数，$a=a'/(3-D)$。

同理，储层孔隙介质的总孔隙体积为：

$$V = a\left(r^{3-D} - r_{\min}^{3-D}\right) \tag{3.19}$$

由式（3.18）及式（3.19）得到孔径小于 r 的累积孔隙体积分数 f_S 的表示式：

$$f_s = \frac{V(<r)}{V} = \frac{r^{3-D} - r_{\min}^{3-D}}{r_{\max}^{3-D} - r_{\min}^{3-D}} \tag{3.20}$$

由于 $r_{\min} \ll r_{\max}$，上式可简化为：

$$f_s = \left(\frac{r}{r_{\max}}\right)^{3-D} \tag{3.21}$$

式（3.21）即为孔隙分布的分形几何公式。在应用压汞法分析岩石孔隙结构时，f_s 又为某一毛细管压力下岩石孔隙中润湿相的含水饱和度。

3.3 储层岩石孔隙介质的分形测量方法

在我们理解了分形孔隙概念后，自然地会去设计一些方法来量测孔隙的分形维数。近几年来，已有许多的分形孔隙量测方法和成果证实了孔隙的分形性。这些分形量测方法可分为三类：离散方法、散射方法和吸附方法。

3.3.1 离散方法

分形量测的离散方法是建立在最早期的分形曲线量测的基础之上的，就是直接使用不同长度的码尺去量测分形物体，也称之为纯几何量测方法。

凯（Kay）利用这种量测方法用二维投影法表征了炭黑粒子的形状，并测定出分形维 D 为 1.32。奥弗德（Orford）等利用分形方法识别了各种沉积岩粒子的差异，并由晶粒粗糙性的扫描电镜量图片测出晶粒粗糙性的分形维数在 1.0～1.30 之间变化。这样，粒子的不同类型就可以根据不同的分形维数及所在的分形特征尺度范围来进行区分。

曼德勃罗特（Mandelbrot）提出了薄片上分形孔隙的相关量测方法（如图 3.3）。具体方法为，将坐标系统的源点确定在某个孔隙空间，然后逐渐地从源点辐射出更大的圆来搜索薄片上的孔隙空间。如果孔隙空间的分布是分形，则在圆半径 R 内搜索到的孔隙空间的概率应当满足分形关系，即正比于 R^{D-2}。

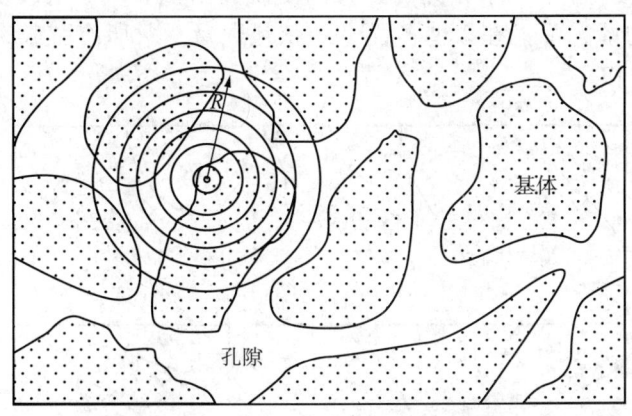

图 3.3 孔隙空间的相关量测方法

该方法的试验过程为，将岩石样本用环氧树脂胶浸透后，切成厚度 1mm 或更薄的切片，然后将切片再磨成 10～100μm 的厚度薄片，然后将薄片放置在一块玻璃载物镜片上，应用扫描电镜得到孔隙空间和晶粒空间高反差图像，再根据高反差图像量测薄片孔隙分布的分形关系和分形维数。该方法不足为，手工量测技术使得所量测的尺度范围受到限制，另外非相关的孔隙分布可能相互重叠，干扰孔隙分布分形的幂律关系。由此，卡茨（Katz）等把这种相关量测方法推广成孔隙分形的自动相关量测方法。这种自动相关函数量测方法比相关量测方法能更精确和更快地量测出薄片孔隙分布的分形特征。

上面提到的扫描电镜量测是一种自动量测方法，被用来量测孔隙岩石内表面二维剖面的分形维数。有时它也被称为自动断裂表面量测技术，因为它也可用来量测断裂表面的分形维数。如果孔隙空间是分形结构，则对于尺寸 L 的特征，单位厘米内所数出的特征数目应当满足分形关系：

$$N_{(L)} \sim L^{2-D} \tag{3.22}$$

这里 $L \in [L_1, L_2]$。因为这种量测是从图像中获取，因此特征尺寸 L 的便利量测是由相元来决定，如果图像是由 512×512 像素组成，则每一相元就是图像的 1/512。图像数字化数据可由强度序列 $I(J)$ 表示（这里 J 是从 1 到 512 之间的某一相元）。对于在 J_1 和 J_2 点边缘的一个特征，它的特征尺寸 L 就是 $J_2 J_1$。每一图像所看到的场宽为 12/M（M 为放大倍数）。这样根据式（3.22），单位厘米内的特征数目为：

$$N_{(L)} = a \left(\frac{12L}{512M} \right)^{2-D} \tag{3.23}$$

式中：L 就是相元中的特征尺寸；a 为常数。

洛恩和汤普森等提出一种薄截面技术。这种薄截面技术可以为扫描电镜岩石孔隙分形测量提供基本样本。薄截面技术可以用来测量岩心的孔隙体积分布。其思路是通过描述晶粒孔隙结构来分析孔隙空间，从而实现孔隙本身的测量。具体如图 3.4 所示，该图使用了弦长测量法。如果孔隙结构是分形，所测弦长分布应具有尺度不变性，且形成弦长数量分布的幂律形态。洛恩定义孔隙体积分布等于每个弦长相伴随的孔隙率。这样，孔隙体积分布 $\phi_{(L)}$ 为：

$$\phi_{(L)} = N_{(L)} \cdot L \cdot (\Delta L)^2 \tag{3.24}$$

式中：$(\Delta L)^2$ 是伴随于等于一个相元的弦长的横截面面积；$N_{(L)}$ 是假设通过薄片中心任一薄截面能代表薄片的情况下，在该薄截面上的弦长数目。对所有弦长来说，总的孔隙率就是孔隙体积分布的总和。

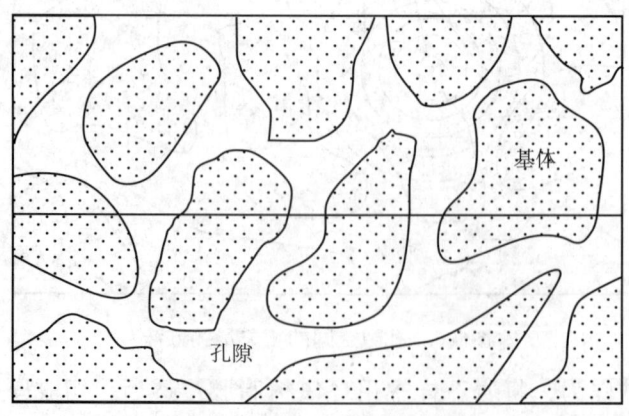

图 3.4 弦长测量方法示意图

弦长的测量技术也可用来测量岩石及金属的断裂表面。假设有横截面穿过断裂表面，如果断裂表面具有分形性，则在横截面上的弦长分布满足分形分布。该方法的优点是断裂表面不需要抛光，所以相对来说比较方便。

3.3.2 散射方法

近些年，热中子或 X 射线的小角度散射逐渐成为研究大范围无序系统的测量手段，例如聚合胶和水泥等。这种散射方法也为尺度在 0.5nm 到 50mm 范围内的分形提供一种测量方法。

根据物理学的 Born 方法，任何 q 的散射强度正好就是表征结构的密度—密度相关性的傅里叶变换。如果在孔隙材料中局部密度 $\rho_{(x)}$ 对于孔隙是 0 而对于固体（晶粒）等于 1，则散射强度 $I_{(q)}$ 能表达为：

$$I_{(q)} = V \int g_{(r)} e^{rq} dr \tag{3.25}$$

式中：V 是样本的体积。$g_{(r)}$ 定义为：

$$g_{(r)} \sim 1 - \phi - rA/(4V) \tag{3.26}$$

对于小的 r，A 就是表面面积，ϕ 是孔隙率。常数项 $(1-\phi)$ 给出在 $I_{(q)}$ 中的 $\delta_{(q)}$ 项。r 的线性项给出 q^{-4} 的特性，它可以应用到在 q^{-1} 的长度尺规上光滑的随机表面系统，也就是面积 A 无关于尺度 r。这样长度尺规 r 由 q^{-1} 给出使得当 r 增加时 q 应当很小。所以在实验中要求一个小的 θ 角，为此，人们称之为小角度散射方法。

对于岩石晶粒的自相似表面，由方程 $G(\varepsilon) = G_0 \varepsilon^{n-D}$ 有 $S \sim r^{2D}$，代入到式（3.25）和式（3.26），我们有：

$$I_{(q)} \sim q^{-(6D)} \tag{3.27}$$

面对体积自相似分形，则：

$$I_{(q)} \sim q^{-(D)} \tag{3.28}$$

在式（3.27）和式（3.28）中，根据 q 的不同幂律可以从表面分形中区分出体积分形，因为 $D \leqslant 3$ 和 $6-D \geqslant 3$。在许多砂岩和页岩的实验中已证实了由式（3.27）和式（3.28）所描述的分形特性。

小角度散射方法的优点之一是还能从分形表面中区别出自仿射分形表面。对于自仿射分形表面，在式（3.26）中的表面面积 A 可表达为：

$$A \sim A_0 [1 + (b/r)^{1-\alpha}] \tag{3.29}$$

这样将式（3.29）代入式（3.26）和式（3.25）中，则：

$$I_{(q)} \sim A'/q^4 + B'/q^{3+\alpha} \tag{3.30}$$

其中 $B'/A' = b^{1-\alpha}$ 决定了过渡点长度 b，因为 $\alpha = 3-D$，则 $q^{-(3+\alpha)}$ 就是式（3.27）中的 $q^{-(6D)}$。附加项 q^4 反映了自仿射分形特性。

最近，赫德（Hurd）等使用小角度散射法研究了硅和碳样本的表面面积，并发现这些样本具有分形孔隙表面。他们的结果再一次支持了由散射强度来量测表面分形的描述。

3.3.3 吸附方法

分子吸附法可以用来测量分子尺度范围内的分形结构,是最早成为分形表面的测量方法。普法伊菲(Pfeifer)和安(Avnir)等已使用分子的单层吸附技术来覆盖孔隙表面。分子数目 N 随尺寸 r 而变化,大量研究成果表明,在分子尺寸范围,大多数材料的孔隙表面都是分形,也就是说,在这个范围内,表面几何的不规则性对各种尺规都具有自相似特征。

目前,经形成一系列的方程来计算孔隙结构的分形维数,具体如表 3.2 所示。

表 3.2 吸附法测定分形维数的方程

方程号	方程式	方程号	方程式
(1)	$N \sim r^{-D}$	(6)	$V_m \sim \sigma^{-D/2}$
(2)	$N \sim \sigma^{-D/2}$	(7)	$A \sim R^{D-3}$
(3)	$A \sim \sigma^{(2-D)/2}$	(8)	$N \sim R^{D-3}$
(4)	$N \sim R_g^{-D}$	(9)	$\sigma_0 < \sigma \leqslant \sigma_0(R_{max}/R_{min})^2$
(5)	$N \sim V^{-D+1}$		

关于分子吸附法另一个应用是煤孔隙的分形表面研究。弗里森(Friesen)和米库拉(Mikula)用压汞仪(MIP)量测了大量的煤和焦炭样本的孔隙体积 V_p 分布。在压汞实验中,低压力下水银仅压入到煤试样粒子与粒子之间的孔隙。在高压力下,水银将进一步填充单一粒子内部的孔隙。为了克服水银和固体之间的内表面张力,在水银充填尺寸为 r 的孔隙之前,必须施加压力 p_h。对圆柱形孔隙,p_h 和 r 的关系满足著名的 Washburn 方程:

$$p_h = 2\sigma_h \cos\theta /r \tag{3.31}$$

式中:σ_h 是水银的表面张力;θ 是水银与固体接触角。在实验中,在给定压力下总的孔隙体积就等于注入到孔隙内的水银体积。弗里森和米库拉已经使用分形模型和 MIP 技术量测了大量煤样本的孔隙体积。结合式(3.31),有:

$$\lg [dV_p/dp_h] \sim (D-4)\lg(p_h) \tag{3.32}$$

这样材料的孔隙表面分形维数的量测转换为压入水银压力 p_h 和孔隙体积 V_p 的量测。根据 dV_p/dp_h 与 p_h 的双对数图的斜率就可直接求得孔隙表面的分形维数值。

3.4 储层孔隙介质的分形维数

地层岩体在形成过程中经历了漫长地质年代。其过程的非线性和非均匀性,造成了地下岩石的岩性、孔隙度、渗透性及岩石的物性分布表现出很强的非均匀性及各向异性。大量理论和实验研究表明,储层岩石孔隙特征具有分形特征,使用分形方法可以定量地描述孔隙结构的复杂性。岩石孔隙结构的分形维数是描述岩石孔隙的发育情况和研究岩石孔隙结构特征的重要参数。求取岩石孔隙结构的分形维数的方法有分子吸附法、扫描电镜法和压汞法。

分子吸附法或扫描电镜法可以用来确定孔隙的分形维数。由于两者都涉及岩石孔隙表面结构，故测量出来的分形维数叫做表面分形维数。在扫描电镜法中岩石断面上所见图形乃是孔隙壁在断面上的交线，故这时也可视为在断面上岩石孔径分布的表示。对于压汞法测孔隙介质结构特征的分形维数，由于压汞法跟石油工程中的毛管压力曲线结合起来，成为当前石油工作者测量孔隙介质结构特征的分形维数的首选方法。

3.4.1 扫描电镜法测孔隙介质分形维数

扫描电镜法即岩石断裂面特征体计数法。其原理是对岩石孔隙界面上的结构特征体的尺寸分布进行统计。由特征体数目与特征体尺寸的双对数图或直方图的拟合，确定分形维数和分形结构的上截止尺度 L_2。若砂岩孔隙具有分形结构，则沿砂岩断面单位长度上特征体的数目服从下面的幂律关系：

$$N(l) = cl^{2-D} \tag{3.33}$$

式中：l 为特征体尺寸，μm；$N(l)$ 为单位长度上尺寸为 l 的特征体数目；c 为比例常数。

其具体测量如图 3.5 所示，空白部分为孔隙，其他是基体。在薄截面的数字化二重图像上，测量通过晶粒和孔隙空间横截面的弦长分布，这些弦就是扫描线与晶粒孔隙内表面交接线之间的长度分布。如果孔隙结构是分形，这样的弦长分布应具有标度不变性，并形成弦长数的幂律分布。

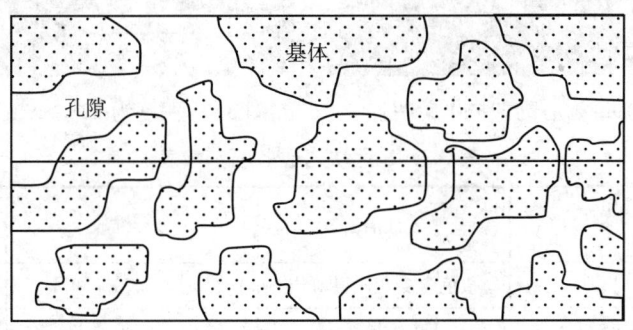

图 3.5 弦长测量方法示意图

当薄截面的扫描电镜图像被数字化后，孔隙空间就被转化为一组小于某一灰度水平的强度。再使用水平扫描线去扫描图像，弦长分布就可以根据该扫描线与孔隙表面的截距段来决定。下面是岩石断面的扫描电镜图片，利用薄截面技术进行分析处理来求取孔隙分形维数。

下面对 S 区块所取岩心，应用扫描电镜法测定岩心孔隙的分形维数。首先，将岩心制作成薄片，放入到扫描电镜中进行分析。所得扫描图片如图 3.6～图 3.9。然后，对每幅图片作水平扫描，再对弦长 l（单位：μm）以及个数 $N(l)$ 进行统计，根据所得数据在 $\lg l$—$\lg N(l)$ 的双对数坐标系上做散点图，最后对数据点进行线性拟合分析。如果数据点的线性关系明显，则岩石孔隙介质结构特征具有分形性。所得直线的斜率 $K=3-D$，具体实测孔隙分形维数列于表 3.3。

根据分形几何原理，在三维欧氏空间内，分形维数的值在 2～3 之间。孔隙分形维数越接近 2，说明孔隙表面越光滑，储层的储集性能越好；分形维数越接近 3，说明孔隙表面越粗糙，储层的储集性能越差。若分形维数大于 3，说明该孔隙不具有分形结构。

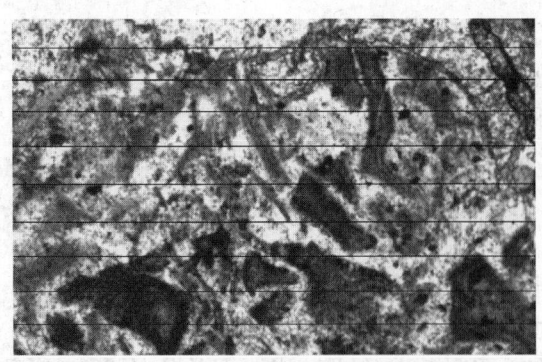

图 3.6 深度为 2180.42m 岩心的扫描电镜图片

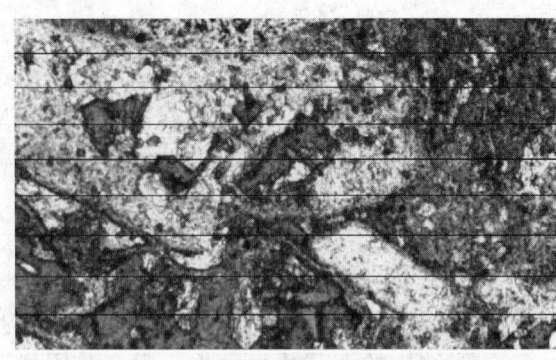

图 3.7 深度为 2191.45m 岩心的扫描电镜图片

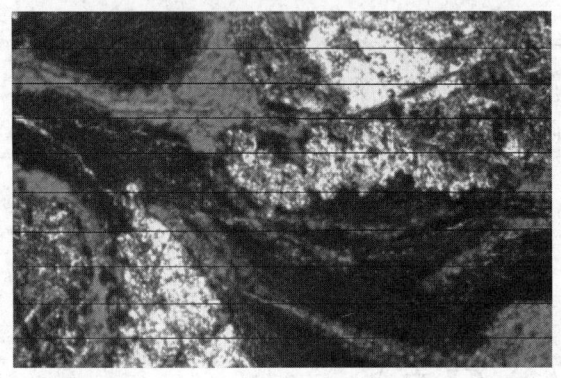

图 3.8 深度为 1749.19m 岩心的扫描电镜图片

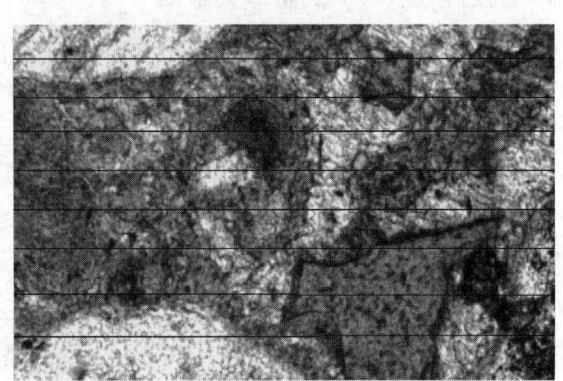

图 3.9 深度为 2288.29m 岩心的扫描电镜图片

表 3.3 S 区块岩心各项参数表

试样编号	取心深度 m	岩性描述	分形维数	判决系数
1	2180.42	杂色含凝灰质砂砾岩	2.70	0.75
2	2191.45	灰色细质砂岩	2.40	0.80
3	2181.29	杂色含凝灰质砂砾岩	2.71	0.85
4	2288.29	杂色含凝灰质砂砾岩	2.41	0.90
5	1758.74	灰黑色砂砾岩	2.50	0.91
6	1749.19	灰黑色砂砾岩	2.68	0.93
7	1758.64	灰黑色砂砾岩	2.74	0.89
8	2168.47	灰色细质砂岩	2.70	0.91

3.4.2 压汞法测孔隙介质分形维数

利用压汞资料测定岩石孔隙大小分布来研究岩石孔隙结构是国内外的常用方法。本节依据 S 区块岩心的压汞资料来分析和探讨 S 区块的微观孔隙结构特征。

单毛细管实验分析发现，当两种不相混溶的流体接触时，由于接触面上分子力场的不平衡，在接触面上会产生界面张力，从而造成一个弯曲的界面，凹向润湿相。在弯液面两侧，流体承受的压力不相等，凹液面处的流体所承受的压力要比对面流体所承受的压力大，这个压差就是毛细管压力，用 p_c 表示：

$$p_c = p_{nw} - p_w \tag{3.34}$$

式中：p_{nw} 为非湿相流体所承受的压力，Pa；p_w 为湿相流体内部压力，Pa。

根据拉普拉斯（Laplace）方程可计算 p_c 大小：

$$p_c = \sigma_L \left(\frac{1}{R_1} + \frac{1}{R_2} \right) \tag{3.35}$$

式中：σ_L 为界面张力，N/m；R_1 和 R_2 分别为弯曲面上一点的主曲率半径，m。

对等径毛细管，有 $R_1 = R_2 = R$，$r = R\cos\theta$，由此式（3.35）可写为：

$$p_c = \frac{2\sigma_L \cos\theta}{r} \tag{3.36}$$

式中：θ 为润湿接触角，(°)；r 毛细管半径，m。

式（3.36）是毛管压力最重要和最常用公式。该式表明，毛细管压力的大小取决于两种流体之间的界面张力、毛细管孔径大小和介质的润湿性。介质的润湿性可用接触角定量描述。在一定条件下，毛细管半径愈小，毛管压力愈大；两相界面张力越大，接触角越小，则毛管力越大。

目前，国内外普遍采用压汞法来测定岩石的孔隙结构特征。压汞法是一种基于毛细管压力分析来测定孔隙结构的方法。汞对岩石是一种非润湿流体，将汞注入被抽空的岩心中去，一定要克服岩石孔隙结构喉道的毛细管阻力。注入汞时的每一个压力点就代表一个相应的喉道大小下的毛管压力，在这个压力点下进入岩心中汞的体积，就代表这个相应的喉道在系统中所连通的孔隙与喉道的体积。测量一系列毛细管压力和进入岩心的进汞量，便可以得到汞—空气毛细管压力曲线。一块岩心的毛细管压力曲线，不仅是孔径分布和孔隙体积分布的函数，也是孔喉连通方式的函数，更是孔隙度、渗透率和饱和度的函数。实际资料表明，毛细管压力曲线部分越是接近纵横坐标轴，微观孔隙结构就越好，渗透率高，排驱压力小；反之，越是远离纵横坐标轴，微观孔隙结构就越差，渗透性差，排驱压力高。

图 3.10 为典型的压汞法毛管压力曲线。毛管压力曲线实际上包含了岩样孔隙喉道的分布规律。毛管压力曲线在一定程度上反映了岩石内部孔隙结构，同时还受饱和历史及岩石润湿性的影响。这就使得曲线不能代表油藏岩石的全部情况。所以，在使用毛管压力曲线资料之前，必须进行处理。

通过压汞资料计算岩石孔隙结构的分形维数的计算式，是将岩石孔隙分布的分形公式（3.21）代入到毛管压力公式式（3.36）中，得毛管压力曲线的分形几何公式：

$$S_w = \left(\frac{p_c}{p_{\min}} \right)^{D-3} \tag{3.37}$$

式中：$p_{\min}$ 为与储层岩石最大孔径对应的毛管压力，即入口压力，MPa；S_w 为毛管压力为 p_c 时储层岩石中润湿

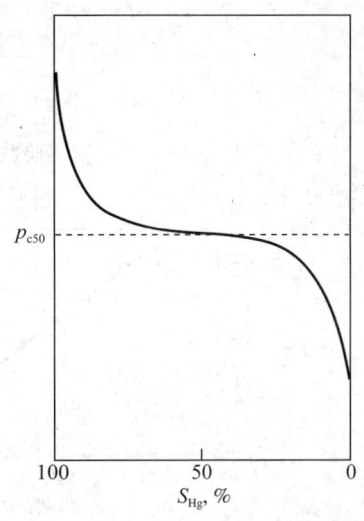

图 3.10 均质孔隙介质的毛管压力曲线

相饱和度,%。

对毛管压力的分形公式两端取对数可得:

$$\lg S_w = (D-3)\lg p_{\min} - (D-3)\lg p_c \tag{3.38}$$

式(3.38)说明,如果储层岩石孔隙具有分形结构的性质,则根据毛管压力资料,$\lg S_w$ 与 $\lg p_c$ 应有线性相关关系,其线性关系可用图解法或回归分析法加以验证。

如存在线性相关关系,可进一步计算出孔隙分形维数 D 及入口毛管压力 $p_{\min}$。将后者代入式(3.38)可计算出最大孔隙半径 $r_{\max}$。根据回归分析给出的相关系数可说明孔隙分形结构的符合程度。

为了检验各方法的准确性及多角度研究孔隙介质结构的复杂性和多样性,本文对做扫描电镜分析的 S 区块对应岩样进行压汞测量实验。检验实验共做 8 组,所得实验数据根据式(3.38)进行处理。所得数据的部分回归曲线如图 3.11 ~ 图 3.18。

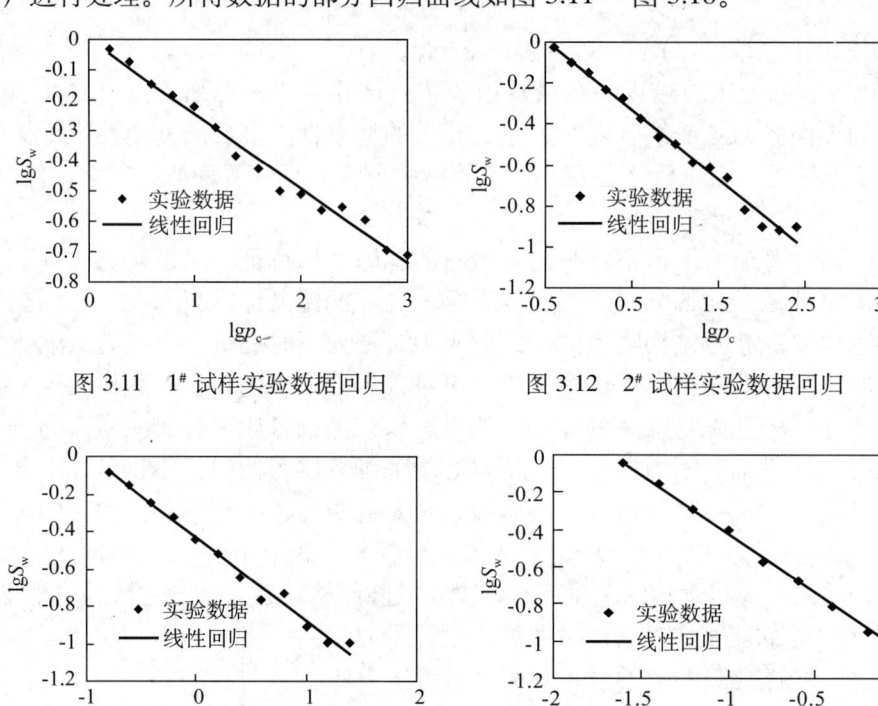

图 3.11　$1^{\#}$ 试样实验数据回归　　　图 3.12　$2^{\#}$ 试样实验数据回归

图 3.13　$3^{\#}$ 试样实验数据回归　　　图 3.14　$4^{\#}$ 试样实验数据回归

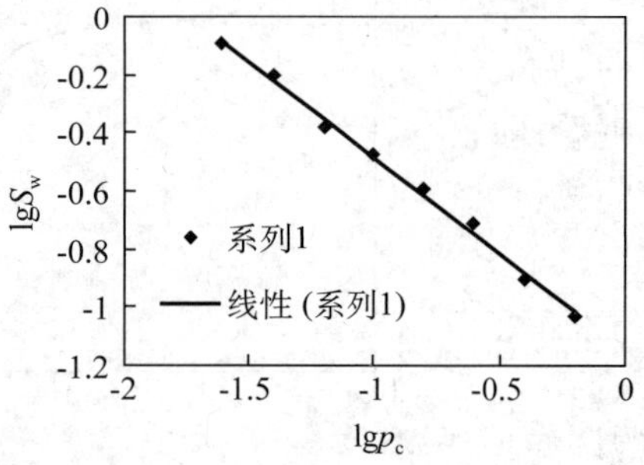

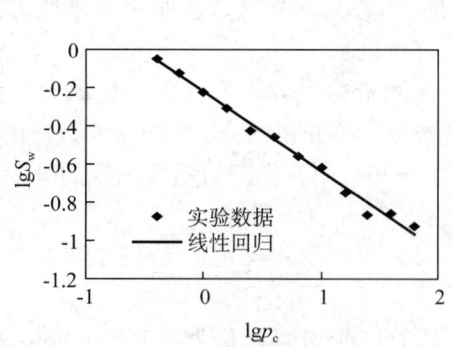

图 3.15　$5^{\#}$ 试样实验数据回归　　　图 3.16　$6^{\#}$ 试样实验数据回归

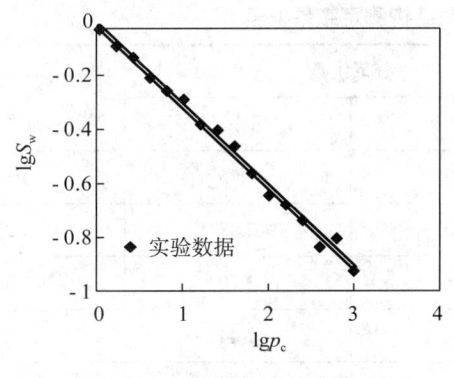
图3.17　7#试样实验数据回归

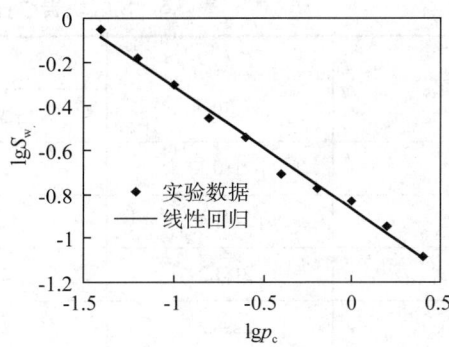
图3.18　8#试样实验数据回归

表3.4为根据不同深度岩心试样的毛细管压力资料计算出来的储层岩石孔隙分形维数和孔隙结构参数。可以看出，孔隙结构分形维数分布在2.37～2.77，波动区间在0.4。说明S区块岩心孔隙结构的复杂程度变化较大，非均质性过渡区间较大。其中深度2168.47～2180.42m的岩心孔隙结构的复杂程度高，而2191.45m和2288.29m的岩心孔隙结构的复杂程度低。回归方程的相关系数整体都在0.98左右，相关性比较好。

表3.4　S区块岩心孔隙结构特征评价参数

试样编号	取心深度 m	岩性描述	p_{min} MPa	r_{max} μm	分形维数	相关系数 R^2
1	2180.42	杂色含凝灰质砂砾岩	0.325	2.880	2.75	0.9818
2	2191.45	灰色细质砂岩	0.857	0.846	2.37	0.9882
3	2181.29	杂色含凝灰质砂砾岩	0.025	5.925	2.70	0.9928
4	2288.29	杂色含凝灰质砂砾岩	1.236	0.648	2.44	0.9912
5	1758.74	灰黑色砂砾岩	0.316	2.969	2.56	0.9864
6	1749.19	灰黑色砂砾岩	0.015	6.028	2.65	0.9959
7	1758.64	灰黑色砂砾岩	0.017	6.003	2.77	0.9944
8	2168.47	灰色细质砂岩	0.103	5.136	2.72	0.9891

至此，应用扫描电镜和毛管压力两种方法测量了S区块岩心孔隙分形维数，两种方法测定的分形维数均为体分形维数，是三维的，其数值介于2～3。从理论上讲，二者数据应该相等。由于岩石结构上的不均匀及测量方法本身存在的偏差，造成两种方法实际所测量出来的数据存在一定偏差，偏差大小具体见表3.5。

表3.5中，对扫描电镜和压汞法两种测量方法进行对比分析，其偏差在3%之内，偏差程度比较小。这比何琰等进行的对比分析实验的计算误差6%要稍小一些。从偏差数值上看，应用扫描电镜或压汞法测定岩石的孔隙结构分形维数都是可行的方法。具体采用哪一种方法，主要看研究者的当前条件。

表 3.5　S 区块岩心孔隙结构测定结果偏差

试样编号	取心深度 m	分形维数		偏差程度 %
		扫描电镜	压汞法	
1	2180.42	2.70	2.75	1.82
2	2191.45	2.40	2.37	1.27
3	2181.29	2.71	2.70	0.37
4	2288.29	2.41	2.44	1.23
5	1758.74	2.50	2.56	2.34
6	1749.19	2.68	2.65	1.13
7	1758.64	2.74	2.77	1.08
8	2168.47	2.70	2.72	0.74

4 储层岩石损伤演化过程的分形分析方法

断裂力学是通过对固体材料裂纹周围的应力和应变分析，来解决材料的失效问题，是以固体中存在宏观断裂为前提的。其裂纹被理想化为具有光滑表面的几何断面，因而裂纹前沿的应力应变场具有奇异性。断裂力学理论还假定裂纹尖端区域的材料性能与远离裂端区是一样的。在宏观裂纹产生之前，岩石类等脆性材料已经产生了微观裂纹与微观空洞。在裂纹尖端区域微裂纹对材料机械性能的影响是不应该忽略的，这就需要更精确的破坏分析模型，损伤力学正是在这一工程背景中产生与发展的。由于损伤会对结构的安全造成巨大的威胁，因此损伤这一问题受到了学术界和工程界广泛的重视并展开相应的研究。

4.1 损伤及损伤变量

损伤就是指在单调加载或重复加载条件下，材料的微缺陷导致其内黏聚力减弱，材料逐渐劣化并导致体积单元破坏的现象。损伤并不是一种独立的物理性质，它是作为一种"劣化因素"被结合到弹性、塑性和黏弹性介质中去的。当前，损伤力学就是为研究这一现象而形成的力学的一个新分支。

损伤力学概念起源于1958年格切尼夫（Качанцв）研究蠕变断裂时，引进"连续性因子"和有效应力的概念，以后帕波诺索夫（Работнов）又进一步引进"损伤因子"的概念。在此基础上他们采用连续介质力学的唯象方法，研究了材料蠕变损伤过程。直到20世纪70年代后期，由于原子能工业与航天技术方面遇到了一些新问题，材料损伤的概念才真正开始受到重视。瑞典、法国和英国等国家学者采用连续介质力学的方法，把损伤因子推广为一种场变量，逐渐形成了"连续损伤力学"的概念。1980年国际理论与应用力学联合会在美国举办"连续介质力学方法对损伤和寿命预测"的讨论班。会上提出15篇文章讨论用连续介质力学来描述钢、合金、聚合物、岩石和混凝土等材料的损伤过程，并且认为应当选择更恰当的数学工具来描述损伤演变。这次会议力求沟通材料学家和力学家之间的认识，并在损伤微观和宏观分析之间寻求某种联系。

损伤力学的基本思想是，材料在外界的作用下，由于内部缺陷的产生和发展而劣化，且此过程是不可逆的。材料的破坏过程就是这种劣化的累积过程，当累积至一定程度后材料就产生宏观裂纹，致使材料破坏。研究损伤的最直接的方法是用金相学方法直接测定材料中各种微缺陷的数目、形状大小、分布形态、方位取向、裂纹性质（张开型还是滑移型）以及各类损伤所占的比例。

材料的缺陷可根据其几何形态分成点缺陷（如空位、杂质原子等）、线缺陷（如错位）、面缺陷（如滑移平面和裂纹）以及体缺陷（如孔隙和空洞）。材料损伤的描述模型可按其特征尺寸和研究方法大致分为微观、细观和宏观三种。微观模型在原子结构层次研究损伤的物理过程以及物质结构对损伤的影响，然而用经典或量子统计力学方法来推测宏观上的损伤行为。由于该方法理论上尚未完备，微观结构统计计算量又相对较大，这种基于统计方法的微—宏观结合理论目前只能是定性而有限度地预测某些损伤现象。

细观模型略去了损伤的物理过程细节，为损伤变量和损伤演变赋予某一实际存在的几何形状和物理过程，使它们不再仅仅是笼统而抽象的数学符号和方程式，也避免了连续体损伤力学中那些唯象假设，从几何和热力学过程上考虑了各种类型损伤的形状和分布，并可预测它们在不同介质中的产生、发展和最后破坏过程。细观模型的赋予真实的几何形状和物理过程的研究方法一般不具有代表性。宏观损伤模型基于宏观尺度上的连续体力学和连续介质热力学，把包含各种缺陷的材料笼统地看成是一种含有"微损伤场"的连续体，并在满足力学和热力学基本公式和定理的条件下唯象地确定材料的物性方程和损伤演变规律[1]。

随着科学技术的进步，学者们设计了一些宏—细观损伤观察仪器和设备，试图能通过这些设备观察到材料损伤随应力而变化和发展的整个过程。材料在损伤过程中，其内部微裂纹和孔隙之间会有相互的作用影响，这时并不存在某一个孤立的控制损伤发展状态的裂纹，人们也难以了解掌握这些微裂纹的具体形状、尺度和分布及其相互影响，更无从确定各裂纹尖端附近的应力场，于是损伤力学就采用了如下的一种研究途径：将含有众多分散的微裂纹区域看成是局部均匀场，在这个场内，考虑全部裂纹的整体效应，找出一个能够表达这个均匀场的场变量，称为损伤变量，用来描述材料的损伤状态。损伤变量可以是各阶张量，如标量、矢量、二阶张量等。如果材料内的损伤是没有方向性的，则称之为各向同性损伤。这时要描述损伤状态只需用一个标量场即可。对一些高度各向异性材料，损伤对材料各方向的响应会有明显的差异，这种损伤就是各向异性的，这时需要采用二阶或更高阶的张量场来描述材料的损伤状态。

设有简单拉伸试件，其原始横截面积为 A_0，由于某种原因产生损伤后的瞬时表观面积为 A_b，此时横截面上出现孔隙的总面积为 A_w，试件实际承截面积为 A_{ef}（也称有效截面面积），则：

$$A_b = A_w + A_{ef}$$

格切尼夫（Качанцв）用 $\lambda = A_{ef}/A_b$ 定义连续性因子，而帕波诺索夫（Работнов）用 $Z = A_w/A_b$ 定义损伤因子（或损伤张量）。则有：

$$Z + \lambda = 1 \tag{4.1}$$

并认为，原始状态下没有损伤，损伤演变的初始条件是 $A_w=0$、$A_b=A_{ef}=A_0$，即 $\lambda_0=1$，$Z_0=A_w/A_0=0$。当试件内部损伤发展到极限状态时（断裂破坏），则有 $A_{ef}=0$、$A_b=A_w$、$\lambda_F=0$、$Z_F=A_w/A_b=1$。但大部分材料存在初始孔隙和微裂纹（如岩石、混凝土等）$Z_0 > 0$，实际上破坏时 $Z_F < 1$，因为试件在有效面积消失以前已不能继续维持结构的平衡。

对于 Z 和 λ 的关系式，也可由等效应力的概念得到，试件在不考虑损伤时表观应力 $\sigma = P/A_b$，当考虑损伤时的有效应力为 $\sigma_{ef} = P/A_{ef}$，所以：

$$\sigma / \sigma_{ef} = A_{ef}/A_b = \lambda = 1 - Z \tag{4.2a}$$

或

$$\sigma_{ef} = \sigma (1-Z) \tag{4.2b}$$

因子的物理意义是：λ 表示表观应力 σ 与有效应力 σ_{ef} 的比值；Z 为应力增量（$\sigma_{ef} - \sigma$）与有效应力 σ_{ef} 的比值。由此可以通过应力或模量的测量来确定损伤因子 Z。当

损伤较大时,波里伯格(Broberg)建议损伤变量采用:

$$Z_1 = \ln(A_b/A_{ef})$$

对应的有效应力:

$$\sigma_{ef} = \sigma e^{D_1}$$

由式(4.2)看出,令 $\Delta = 1/(1-Z)$ 可以作为一种"损伤算子",把它作用在表观应力 σ 上而得到 σ_{ef}。这样可以通过下式把有效应力的概念推广到多维(二维或三维)问题:

$$\sigma_{ef} = \Delta \sigma \tag{4.3}$$

这里 σ 和 σ_{ef} 分别为表观和有效的应力张量,而 Δ 一般是由二阶对称张量表示的"损伤算子"。在三维情况下的损伤变量可定义为:一个代表性体积元素的斜截面内损伤的等效面积与该截面总面积的比值。当此比值同截面的方位无关时,就是各向同性损伤,此时各个应力分量 σ_{ij} 受到同等程度的损伤的影响,Δ 可以化为一个标量,其值 $\Delta = (1-\omega)$。

在现有损伤力学分析中,既希望在结构计算中考虑损伤因素,又希望现有力学框架中的物性方程在考虑损伤因素后不至于变复杂。Lemaitre 提出了等效应变假设:将应力 σ 换成有效应力 σ_{ef},所获得的无损材料的应变与有损材料的应变等效,这个假设可以说是目前损伤力学的基本假设。利用这个假设可获得损伤材料的物件(本构)方程,也就是在现有的无损伤材料的本构方程中将应力 σ 项全部换成有效应力 $\sigma_{ef} = \Delta \cdot \sigma$ 即可得到损伤材料的本构方程。

如有损材料的一维线弹性定律可写成(根据胡克定律):

$$\varepsilon = \sigma_{ef}/E = \frac{\sigma}{E(1-Z)} \tag{4.4}$$

事实上无损伤材料为 $\varepsilon = \sigma/E$,当将 σ 换成 $\sigma_{ef} = \sigma/(1-Z)$ 就得到式(4.4),式中 ε 为弹性应变。比如对无损伤材料有本构关系 $\varepsilon = \varphi(\sigma, t)$,则对于有损材料亦有相同的函数关系式:$\varepsilon = \varphi(\sigma_{ef}, t)$。这一假设给计算损伤因素的力学带来了极大的方便。由上式可得:

$$\sigma_{ef} = \frac{\sigma}{1-Z} = E_0 \varepsilon \tag{4.5}$$

$$\sigma = E_0(1-Z)\varepsilon = \tilde{E}\varepsilon \tag{4.6}$$

其中

$$\tilde{E} = E_0(1-\omega)$$

式中:$\tilde{E}$ 为有损材料的弹性模量,MPa;E_0 为无损时材料的弹性模量,MPa。

由式(4.6)可得到:

$$Z = 1 - \tilde{E}/E_0 \tag{4.7}$$

上式表明若测得材料损伤过程中弹性模量的变化 E,就可以计算出材料的损伤程度。

从唯象学也可以推得式（4.7）同样结果。唯象学把包含各种缺陷的材料机体笼统地看成是一种含有"微损伤场"的连续介质，这种微损伤的形成、生长和聚结看成是损伤演变过程。这种"伤损"作为物质细观结构的一部分引入连续介质的模型，认为损伤材料是以孔穴为第二组相的复合材料，按照复合材料弹性模量的"混合律"，连续损伤介质的弹性模量 $\tilde{E}$ 是：

$$\tilde{E} = E_0(1-Z) + E_p Z \tag{4.8}$$

式中：Z 是材料空穴所占的分数（即损伤变量），由于第二组相空穴的模量 $E_p=0$，则得到与式（4.8）一致的表达式。

与连续介质力学相比，在损伤力学中由于引入了损伤变量，而损伤变量有其自身的演变规律，同时又对材料的力学行为施加影响，所以连续损伤力学分析问题有以下几个特点：

（1）定义适当的损伤变量表述微观孔隙的宏观力学效果；
（2）建立描述损伤变量演变规律的发展方程；
（3）建立描述有损伤材料力学行为的物性方程，在这些方程里包含有损伤变量。

4.2 储层岩石损伤演化的分形特征

岩石作为一种固体介质通常包含着断层、断裂带、节理、软弱夹层与层面等，因此它是一种各向异性的非线性和非连续性的力学介质。而从损伤力学的角度来看，岩石属于一种具有初始损伤的介质。裂隙岩体损伤断裂作用过程的不确定性和非线性，使得传统的岩石力学研究方法存在明显的局限性，而分形理论成为研究裂隙岩体损伤断裂复杂性的有效工具之一。

20世纪80年代，分形几何学开始应用于岩石力学研究。发现岩石力学领域中的分形现象相当普遍，岩石强度、变形、损伤、破断力学行为以及能量耗散也表现出分形特征。这些研究与发现为运用分形与岩石力学相结合的方法，定量描述岩石复杂的自然性状和物理力学性质提供了广阔前景。

许多材料损伤演化的实验结果表征出统计自相似性特征。Nolen-Hoeksema 和 Gordon 对大理岩折叠悬臂梁中缺口处的微裂纹在加载下的发展、演化进行了光学观察。由于他们使用了光学显微镜和自制的加载装置进行裂端的损伤观测，他们给出5个不同载荷阶段（σ/σ_c=64%，80%，93%，96%，100%，σ_c 为破坏时载荷）的裂端损伤区范围和分布。谢和平等利用分形几何的覆盖法详细研究了裂端损伤区范围的分形特征。

许江等利用类似实验装置和方法给出了在单轴压缩下砂岩损伤的整个演化过程，谢和平院士同样引用许江的实验图片，用相同的方法计算出砂岩的损伤发展过程的分形维数的量测结果，推导出分形维数与施加载荷之间的线性回归方程。

目前，计算机断层扫描技术（Computerized Tomography，简称CT）已经成为岩石细观损伤演化规律研究的重要手段。

任建喜和葛修润利用已研制成功的CT机专用三轴加载试验设备对砂岩的微裂纹在单轴压缩荷载作用下的发展和演化进行了光学观察。对CT试验结果进行了定量分析，得到了单轴压缩岩石损伤演化的初步规律。

任建喜等所做的CT试验在冻土工程国家重点实验室完成，采用的是可用于正负温度环境下裂隙岩石、软岩和土在加载条件下损伤破坏 CT 实时试验的专用加载设备。试验岩石为砂岩（密度为 ρ =27.38kN/m³）样本加工成国际标准圆柱形试件（高 100mm，直径 50mm），从上到下分 5 个横断面扫描层位进行扫描。试验时，加载应变率控制在 10^{-5}/s，属准静态试验。三轴加载仪水平放在 CT 床上（CT 床可上下左右移动），试件位于 CT 机的扫描仓内。在不同的应力状态下，对已选择的断面进行实时扫描。共对试件完成了 13 次扫描。

表 4.1 给出扫描结果。由于端部效应的影响，试件首先在第一扫描层出现细观裂纹，故给出第一层损伤开始演化后的图像并以该层为例进行分析（图 4.1）。

为描述的方便，现引入"应力比"的概念，某一应力状态的轴向应力 σ_1 与单轴峰值强度比值 σ_c 定义为此时的应力比（用 R 表示）。

表 4.1 CT 试验结果数据（$\sigma_2 = \sigma_3 = 0$）

扫描次序	第一层 CT 数 / 方差	第三层 CT 数 / 方差	第五层 CT 数 / 方差	岩石试件 CT 数 / 方差	σ_1, MPa
1	1703.7/35.36	1702.9/35.26	1700.8/42.44	1702.5/37.69	0
2	1703.8/36.97	1704.5/35.57	1704.4/34.65	1704.2/35.73	16.66
3	1705.5/34.19	未扫描	1704.0/34.82	1704.8/34.51	20.42
4	1705.1/35.38	1705.9/33.96	1703.9/48379	1705.0/39.38	27.50
5	1704.4/38.64	未扫描	1703.0/33.14	1703.7/35.89	32.29
6	1704.2/36.95	1704.8/34.12	1703.0/37.25	1704.0/36.11	36.17
7	1703.8/37.01	未扫描	1702.8/39.52	1703.3/38.27	36.62
8	1702.5/38.76	1704.4/34.22	1700.3/32.79	1702.4/35.26	38.45
9	1690.0/67.55	1675.2/98.20	1693.3/44.92	1686.2/70.22	39.36
10	1688.7/72.43	1671.5/105.35	1692.3/46.79	1684.2/74.86	40.96
11	1687.3/76.62	1669.5/109.22	1691.7/48.83	1682.8/78.22	43.92
12	1680.4/94.01	1662.2/127.45	1690.2/54.52	1677.6/91.63	49.17
13	1676.0/97.81	1638.4/171.11	1642.8/292.79	1652.4/187.24	58.53

CT 试验得到的是密度图像，本书中的 CT 图像的黑色部分为高密度区，白色部分为低密度区。CT 数与物质的密度成正比，CT 数越大，代表物质的密度越高。CT 数的方差代表损伤的各向异性及不均匀性，方差越大，代表损伤的各向异性越强烈。因此可以通过分析 CT 图像、CT 数及 CT 数方差来分析岩石损伤的演化过程，如图 4.2 和图 4.3 所示。

由于扫描的岩石为砂岩，天然的微缺陷较多，各种类型的天然小裂纹也比较大，然而由于岩样较大，本身所带的小裂纹缺陷尺寸与岩样相比是很小的，完全可以把原岩样中的各种缺陷按天然小裂纹处理。通常认为的小裂纹为 100～1000μm，而 CT 机的理论可视长度为 350μm，因而 CT 扫描图像反映的岩石缺陷完全符合小裂纹监测的要求。

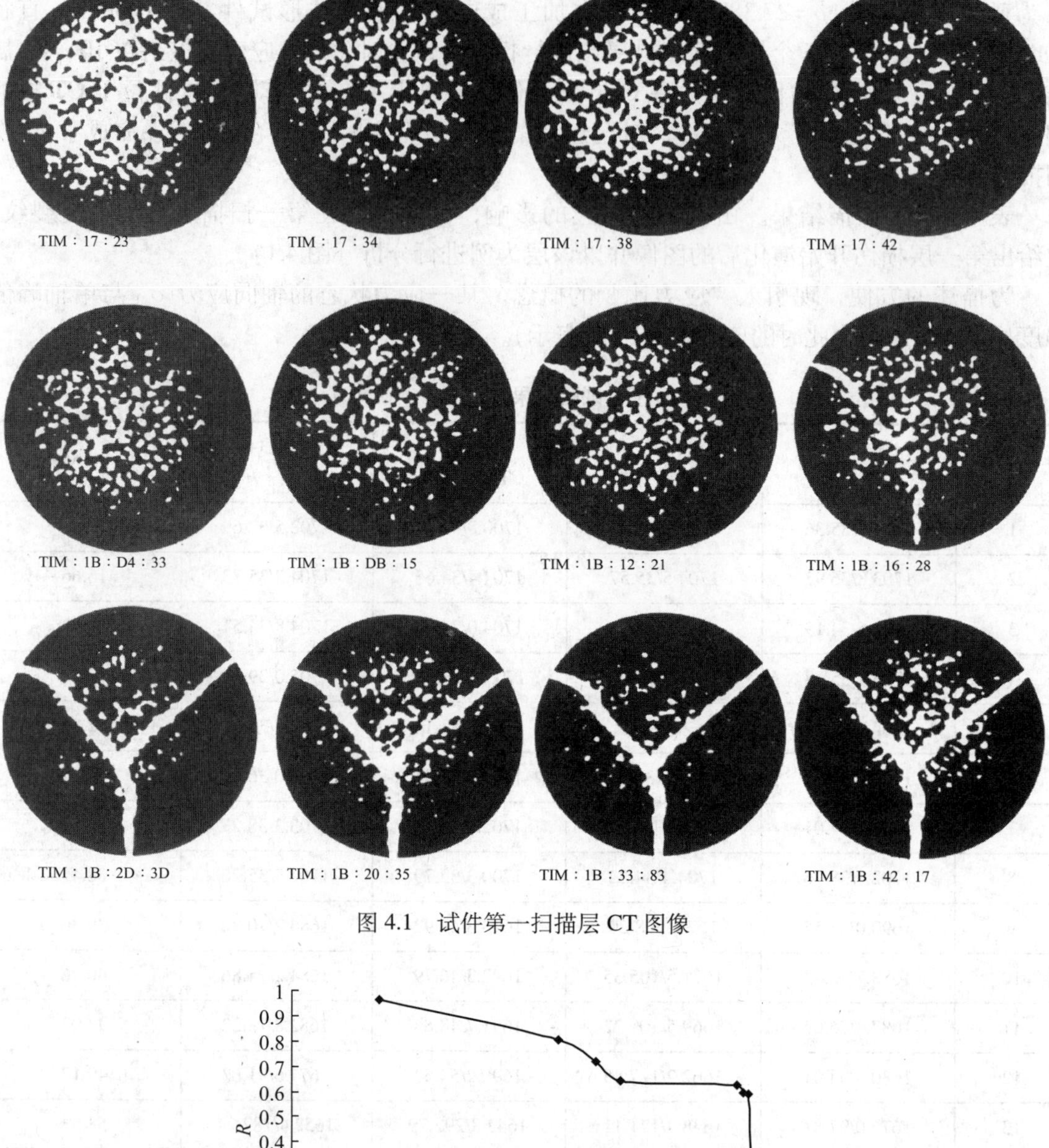

TIM：17：23
TIM：17：34
TIM：17：38
TIM：17：42
TIM：1B：D4：33
TIM：1B：DB：15
TIM：1B：12：21
TIM：1B：16：28
TIM：1B：2D：3D
TIM：1B：20：35
TIM：1B：33：83
TIM：1B：42：17

图 4.1　试件第一扫描层 CT 图像

R
1
0.9
0.8
0.7
0.6
0.5
0.4
0.3
0.2
0.1
0
1640
1650
1660
1670
1680
1690
1700
1710
CT数

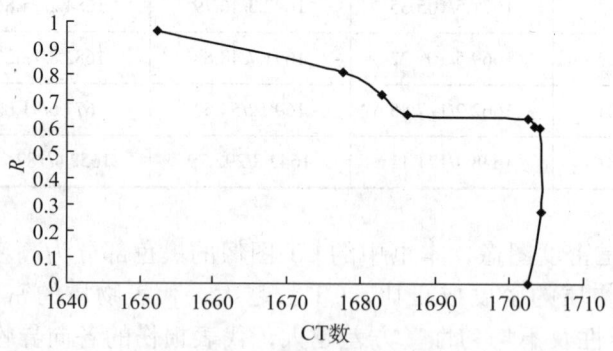

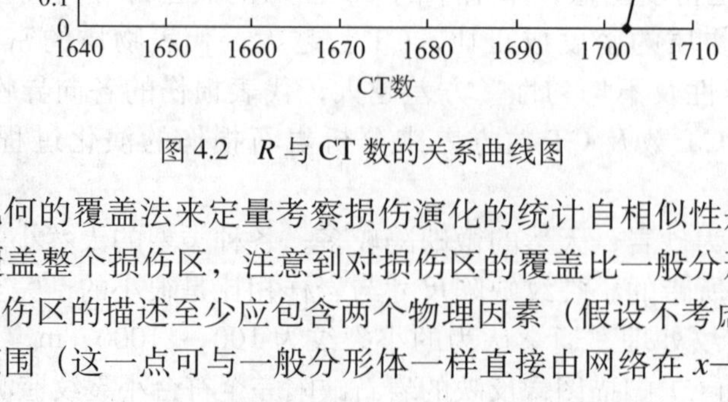

图 4.2　R 与 CT 数的关系曲线图

然后利用分形几何的覆盖法来定量考察损伤演化的统计自相似性是否存在。以边长为 L_0 的正方形网络去覆盖整个损伤区，注意到对损伤区的覆盖比一般分形体的覆盖应有一些特殊的考虑，因为损伤区的描述至少应包含两个物理因素（假设不考虑微断裂的方向性）：其一就是损伤区的范围（这一点可与一般分形体一样直接由网络在 x–y 平面去覆盖即可），

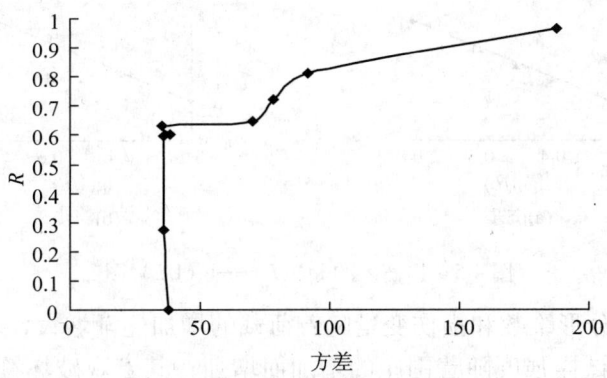

图 4.3 R 与方差的关系曲线图

其二就应考虑到损伤程度（即微裂纹的分布密度）。基于这个考虑，我们数出在每一小正方形内微裂纹的条数后，给出了表征该损伤区微裂纹分布的三维立方图，用 $x-y$ 平面的方格表示网络覆盖损伤区的范围，即损伤区的大小，Z 坐标的方格数反映损伤密度，它与微裂纹数目成正比。如果 $x-y$ 平面内网络由 9 个小正方形方格组成（3×3 网络），在垂直方向同样离散成 3 个方格（或 3 部分，对应 3 个单位的 Z 坐标值）。每一 Z 方向单位（或方格）代表网络中所有 $x-y$ 平面正方形方格内最大微裂纹数目的 1/3 条裂纹。

根据盒维数基本定义，该损伤区的分形维数可由下式估计：

$$D = \frac{\lg N(L)}{\lg(1/L)} \tag{4.9}$$

显然在材料损伤发展过程中的每一阶段我们都可以利用该方法获得损伤区的分形维数值。由此就能测得整个损伤演化过程中的分形维数变化规律。

陈忠辉等利用 RFPA^{2D} 对岩石在不同围压下损伤破坏演化过程进行了数值模拟，基于岩石损伤定义分形维数以描述试样在各种加载条件下微破裂的演化过程。损伤裂纹的分析过程如图 4.4 所示。

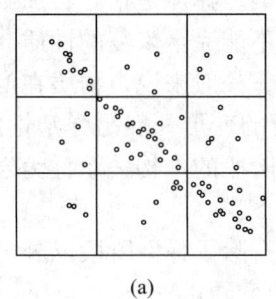 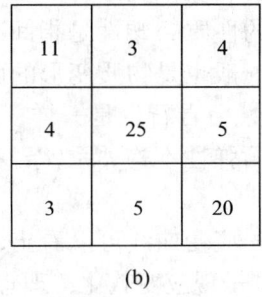 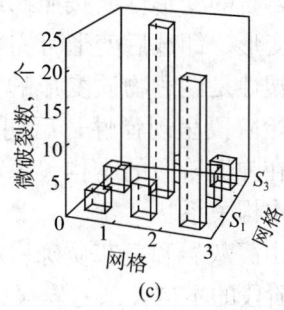

(a)　　　　　　　　(b)　　　　　　　　(c)

图 4.4　损伤裂缝的分形覆盖法分析示意图

利用上面讨论的分形几何方法考察了如图 4.2 和图 4.3 所示的损伤演化的实验结果，如图 4.5 所示，结果表明：$\lg(1/L)$ 和 $\lg N(L)$ 之间都具有很好的线性关系，它们的斜率恰好对应于不同载荷水平下损伤区的分形维数。这意味着损伤发展过程确实是一个分形且具有很好的统计自相似性（线性回归的判决系数大约都是 1.0）。

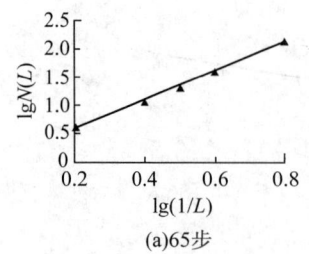 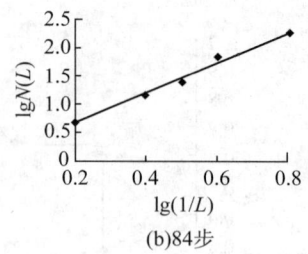

图 4.5　损伤区的 $\lg N(L)$ — $\lg(1/L)$ 图

计算结果表明，分形维数和损伤变量随着荷载的增加逐渐增大，岩石的起始损伤随着围压增加而被延迟，试样强度随着围压的增加而增加，其宏观破坏符合 Mohr-Coulomb 破坏准则。通过以上讨论可见，损伤演化过程是一个分形，分形维数可以描述损伤演化过程。

材料的损伤演化表现出统计自相似性特征。从微裂纹的分布，单一裂纹的扩展，到材料损伤的演化规律，处处都可发现分形损伤的特征和行为。分形维数是反映材料损伤程度的某一特征量。不同载荷阶段下脆性材料的损伤场和分形维数不同。

岩石类材料的分形损伤力学将作为分形—岩石力学的一个分支学科，其未来发展取决于分形与岩石力学的结合程度。分形与岩石力学相结合已广泛应用于岩石力学领域研究的诸多方面，取得了令人瞩目的研究成果。然而，岩石力学的分形研究和应用远不止这些内容。目前大多数研究主要集中于发现和描述岩石结构自然形貌和岩石力学行为的分形现象、性质和机理，较少涉及岩石力学分形研究的数学力学基础和工程应用。一个重要原因是分形理论本身不成熟，仍在发展当中，适用于分形—岩石力学分析和应用的基础理论框架远未形成，基础理论和应用研究的诸多方面仍然相当复杂和艰难。

4.3　储层弹塑性的分形本构关系

本构关系研究是岩石力学中基础性研究课题，本构关系反映材料的性质。所谓本构关系是指岩石的应力或应力速率与其应变或应变速率之间的关系。

岩石的变形性质按照卸载后是否可以恢复分为弹性和塑性两类。弹性是指岩石加载时产生变形，卸载后变形可完全恢复的性质；塑性是指卸载后变形不能完全恢复的性质。弹性和塑性是两种物质变形的性质，一般也是物质变形的两个阶段。一般来说，物质在变形的初始阶段呈现弹性，后期呈现塑性，岩石也是一样，所以岩石的变形一般是弹塑性的。岩石在弹性阶段的本构关系称为岩石弹性本构关系，岩石在塑性阶段的本构关系称为岩石塑性本构关系。

由凝灰岩和凝灰质砾岩的应力—应变曲线可以看出，该类岩石除了弹性阶段以外，在塑性阶段的本构关系差异很大，分别呈现应变软化、理想塑性及应变硬化特征。

4.3.1　应变软化性岩石的本构关系

凝灰质岩石是一种复杂的自然地质体，由于各种外界的载荷和环境的长期作用，其内部存在着各种各样的缺陷，各种缺陷的力学性质有很大差异，且它们是随机分布的，同时这些材料的损伤也以随机方式分布于凝灰质岩石材料中。从凝灰质岩石材料内部所含缺陷分布的随机性出发，将连续损伤机理和统计强度理论有机地结合起来，可以建立凝灰质岩石损伤软化的本构模型。

根据应变等价性假说，可得损伤本构的基本关系式为：

$$[\sigma]=[C][\varepsilon][I-Z] \tag{4.10}$$

式中：$[\sigma]$ 为应力矩阵；$[C]$ 为材料弹性矩阵；$[\varepsilon]$ 是应变矩阵；I 是单位矩阵；Z 是损伤变量。

在岩石中取一个微元体，并设微元的尺寸大到足以包含许多微观裂隙与微观孔洞，但同时又充分小，小到可以被视为连续介质力学的一个质点考虑，即假设岩石材料是均匀分布的，它的缺陷以它们的承载能力（即岩石的强度）的量度附加于均匀介质之上。这样缺陷的纯物理图像便不复存在了，考虑凝灰质岩石在加载过程的损伤是一个连续的过程，假设：

（1）岩石材料性质宏观上为各向同性；
（2）岩石微元破坏前服从胡克定律；
（3）各微元强度服从威布尔（Weibull）分布，其概率密度函数为：

$$P(F)=\frac{m}{F_0}\left(\frac{F}{F_0}\right)^{m-1}\cdot\exp\left[-\left(\frac{F}{F_0}\right)^m\right] \tag{4.11}$$

式中：F 为微元强度随机分布的分布变量；F_0 和 m 为威布尔分布参数，它们反映岩石材料的力学性质。

岩石的损伤就是由于这些微元的不断破坏引起的。设在某一级载荷作用下已破坏的微元体数目为 N_f，定义统计损伤变量为已破坏的数目与总微元数目 N_s 之比，即：

$$Z=\frac{N_f}{N_s} \tag{4.12}$$

这样，在任意区间 $[F, F+dF]$ 内已破坏的微元数目为 $NP(y)dy$，当加载到某一水平 F 时，已破坏的微元数目为：

$$N_f(F)=\int_0^F NP(y)dy=N\left(1-\exp\left[-\left(\frac{F}{F_0}\right)^m\right]\right) \tag{4.13}$$

将式（4.13）代入式（4.12）可得损伤变量 Z 为：

$$Z=\frac{N_f}{N_s}=1-\exp\left[-\left(\frac{F}{F_0}\right)^m\right] \tag{4.14}$$

上式就是所建立的损伤演化方程。

以前人们常采用单轴应变作为分布变量 F_0，它存在以下问题：（1）岩石单轴应变无法准确反映岩石微元破坏的分布；（2）由于岩石的损伤不仅受单轴应变影响，同时，更重要的是受其应力应变状态的影响；（3）由单轴应变得到的损伤本构方程无法全面描述凝灰质岩石的损伤软化三维本构关系。为此，我们采用下面的方法选取参量 F 作为微元强度随机分布的分布变量。

岩石的屈服（或破坏）准则可以表示为：

$$f(\sigma) - K_0 = 0 \tag{4.15}$$

式中：K_0 为常数。

如果 $f(\sigma) \geq K_0$，这说明岩石微元屈服或者破坏。由此可说明 $f(\sigma)$ 可说明岩石微元破坏的危险程度，因此，$f(\sigma)$ 可以作为岩石微元强度随机分布的分布变量，令：

$$F = f(\sigma) \tag{4.16}$$

式（4.16）代入式（4.14）可以得到岩石损伤的演化方程。

根据岩石材料中广泛应用的 Druck-Prager 准则，有：

$$F = f(\sigma) = \alpha I_1 + \sqrt{J_2} \tag{4.17}$$

式中：I_1 为应力张量的第一不变量；J_2 为应力偏量的第二不变量；α_0 为与岩石材料性质有关的参数。

将式（4.17）代入式（4.14）可得：

$$Z = 1 - \exp\left[-\left(\frac{F}{F_0}\right)^m\right] = 1 - \exp\left[-\left(\frac{\alpha_0 I_1 + \sqrt{J_2}}{F_0}\right)^m\right] \tag{4.18}$$

在岩石受压过程中，岩石微元破坏后还可以传递部分压应力和剪应力，岩石各个方向上的损伤变量都是 Z，则可假设在受压过程中有效应力为：

$$\sigma^* = \frac{\sigma}{1-Z} \tag{4.19}$$

在岩石三轴试验中能够测得名义应力 σ_1、σ_2 和 σ_3 及应变 ε_1，设有效应力分别为 σ_1^*、σ_2^* 和 σ_3^*，由式（4.12）和式（4.19）可得：

$$\begin{cases} \varepsilon_1 = \frac{1}{E}[\sigma_1^* - 2\nu\sigma_2^*] \\ \sigma_3^* = \sigma_2^* = \frac{\sigma_2}{1-Z} \\ \sigma_1^* = \frac{\sigma_1}{1-Z} \end{cases} \tag{4.20}$$

解式（4.20）可得：

$$I_1 = \frac{(\sigma_1 + 2\sigma_2)E\varepsilon_1}{\sigma_1 - 2\nu\sigma_2} \tag{4.21}$$

$$\sqrt{J_2} = \frac{(\sigma_1 - \sigma_2)E\varepsilon_1}{\sqrt{3}(\sigma_1 - 2\nu\sigma_2)} \tag{4.22}$$

由式（4.10）、式（4.21）及式（4.22），可得三轴全应力应变曲线的数学表达式，为：

$$\sigma_1 = E\varepsilon_1 \exp\left[-\left(\frac{\alpha_0 \boldsymbol{I}_1 + \sqrt{\boldsymbol{J}_2}}{F_0}\right)^m\right] + \nu(\sigma_2 + \sigma_3) \tag{4.23}$$

式（4.23）即是三维损伤软化统计本构方程。

在三轴应力试验时，首先加载围压，然后加载轴压直至与围压相等时才开始记录应力—应变数据，所以，需要对上述模型进行修正。

令：

$$\sigma_1' = \sigma_1 - \sigma_3$$

$$\varepsilon_1' = \varepsilon_1 - \varepsilon_0$$

式中：ε_0 为当轴压等于围压时岩心试样的初始应变。

由式（4.23），当轴压等于围压时，有：

$$\sigma_2 = E\varepsilon_0 \exp\left[-\left(\frac{\alpha_0 \boldsymbol{I}_1 + \sqrt{\boldsymbol{J}_2}}{F_0}\right)^m\right] + 2\nu\sigma_2$$

则可得：

$$\varepsilon_0 = \frac{1-2\nu}{E} \frac{\sigma_3}{\exp\left[-\left(\dfrac{\alpha_0 \boldsymbol{I}_1 + \sqrt{\boldsymbol{J}_2}}{F_0}\right)^m\right]}$$

则式（4.23）修正为：

$$\sigma_1' = E(\varepsilon_1' + \varepsilon_0) \exp\left[-\left(\frac{\alpha_0 \boldsymbol{I}_1 + \boldsymbol{J}_2^{1/2}}{F_0}\right)^m\right] + 2\nu\sigma_2 - \sigma_2 \tag{4.24}$$

式（4.24）就是三维损伤应变软化力学本构方程。

4.3.2 理想弹塑性岩石的本构关系

对于二次加载后呈现理想弹塑性关系的岩石，即在过屈服应力后，进入塑性流动状态，应力不变，应变始终增长。其数学公式可以表示为：

$$\sigma = \begin{cases} E\varepsilon & \varepsilon \leqslant \varepsilon_s \\ \sigma_s & \varepsilon \geqslant \varepsilon_s \end{cases} \tag{4.25}$$

式中：ε_s 为岩石开始屈服时对应的应变；σ_s 为岩石的屈服应力。

对于理想弹塑性材料，我们一般建立增量应力与增量应变之间的增量关系。材料进入弹塑性阶段，其总应变分量可以分解为弹性应变增量和塑性应变增量之和，即：

$$\mathrm{d}\varepsilon = \mathrm{d}\varepsilon^e + \mathrm{d}\varepsilon^p \tag{4.26}$$

弹性应变增量可由线弹性本构关系确定，塑性应变增量则应由流动法则确立，即：

$$d\varepsilon^e = [Z]^{-1} d\sigma$$

$$d\varepsilon^p = \lambda \frac{\partial G}{\partial \sigma} \tag{4.27}$$

将上面两式代入式（4.26）可得：

$$d\varepsilon = [Z]^{-1} d\sigma + \lambda \frac{\partial G}{\partial \sigma} \tag{4.28}$$

式中：λ 为流动参数；G 为塑性势函数。

根据 Druck–Prager 准则，其屈服条件为：

$$f = \alpha \boldsymbol{I}_1 + \sqrt{\boldsymbol{J}_2} - K = 0 \tag{4.29}$$

根据相关联流动法则，取塑性势函数：

$$G = \alpha \boldsymbol{I}_1 + \sqrt{\boldsymbol{J}_2} \tag{4.30}$$

将上式代入式（4.27），可得塑性应变增量为：

$$d\varepsilon_{ij}^p = \lambda \frac{\partial G}{\partial \sigma_{ij}} = \lambda \left[\alpha \delta_{ij} + \left(\frac{\sigma_{ij} - \sigma_m}{2\sqrt{\boldsymbol{J}_2}} \right) \right] \tag{4.31}$$

由式（4.28）及广义胡克定律可得：

$$d\varepsilon_{ij} = d\varepsilon^e + d\varepsilon_{ij}^p = \frac{1+\nu}{E} d\sigma_{ij} - \frac{3\nu}{E} d\sigma_m \delta_{ij} + \lambda \left[\alpha \delta_{ij} + \left(\frac{\sigma_{ij} - \sigma_m}{2\sqrt{\boldsymbol{J}_2}} \right) \right] \tag{4.32}$$

其中

$$\sigma_m = \frac{1}{3}(\sigma_x + \sigma_y + \sigma_z) = \frac{1}{3}\boldsymbol{I}_1$$

$$\delta_{ij} = \begin{cases} 0 & i \neq j \\ 1 & i = j \end{cases}$$

式中：σ_m 为平均应力；δ_{ij} 为克罗内克（Kronecker）符号。

式（4.32）即为岩石的理想弹性塑性本构关系。

4.3.3 应变硬化弹塑性岩石的本构关系

对于二次加载时，初期呈现很好的弹性关系，过屈服应力后，岩心试样呈现线性硬化规律，继续卸载、加载，仍然过屈服应力后呈现线性硬化规律。此时有：

$$\varepsilon = \begin{cases} \dfrac{\sigma}{E} & \sigma \leqslant \sigma_s \\ \dfrac{\sigma - \sigma_s}{E'} - \dfrac{\sigma_s}{E} & \sigma \geqslant \sigma_s \end{cases} \tag{4.33}$$

用全量理论表示，其本构关系为：

$$\varepsilon_{ij} = \begin{cases} \dfrac{1+\nu}{E}\sigma_{ij} - \dfrac{\nu}{E}\sigma_m\delta_{ij} & \sigma \leqslant \sigma_s \\ \dfrac{1+\nu}{E'}\sigma_{ij} - \dfrac{\nu}{E'}\sigma_m\delta_{ij} - \sigma_s\left(\dfrac{1}{E'} - \dfrac{1}{E}\right) & \sigma \geqslant \sigma_s \end{cases} \quad (4.34)$$

式中：σ_s 为岩石二次屈服应力，MPa；E' 是岩石屈服后应力—应变曲线的斜率。

式（4.34）就是线性硬化弹性塑性本构的全量关系。

4.3.4 Weibull 模量与材料强度的分形性质

众所周知，脆性材料的强度具有统计特性，即使试验条件严格控制，但结果仍呈现很大的分散性，这是材料本身结构中各种尺度缺陷随机分布和随机长大的必然结果，必须用概率的非确定性的方法来处理。早期，W. Weibull（1939）应用最弱环原理对强度的统计理论作了基础性的工作，后经 Gumbel（1958）、Bolotin（1965）、Batdorf（1974）、Jayatilaka 和 Trustrum（1977）、Provan（1987）等的发展，逐渐形成了统计断裂力学这一学科。

根据上两节的讨论，可以看到材料的损伤演化过程是个分形，具有较好的统计自相似性。本节应用统计力学原理，从理论上探讨 Weibull 模量和材料强度与微裂纹分布的分形维数之间的关系。

我们从最弱环原理入手，考虑由 N 个环组成的链，设每个环在应力为 σ 时的断裂概率为 $F(\sigma)$，假设最弱环的断裂导致整条链的断裂，则在应力 σ 时整条链的断裂概率为：

$$P_{f(a)} = 1 - [1 - F(\sigma)]^N \approx 1 - \exp[-NF(\sigma)] \quad \text{（如果 N 很大）} \quad (4.35)$$

将以上的环看成是裂纹，则 P_f 为含有 N 条裂纹体在应力 σ 时的断裂概率。

当假设：（1）材料是各向同性且统计均匀的，（2）最危险裂纹的失稳扩展导致整个试件的断裂，则裂纹的断裂强度分布可由三参数 Weibull 分布很好地近似，其概率密度函数 $f(\sigma)$ 为：

$$f(\sigma) = \begin{cases} \dfrac{m}{\sigma_0}\left(\dfrac{\sigma - \sigma_{th}}{\sigma_0}\right)^{m-1} \exp\left[-\left(\dfrac{\sigma - \sigma_{th}}{\sigma_0}\right)^m\right] & \sigma \geqslant \sigma_{th} \\ 0 & \sigma < \sigma_{th} \end{cases} \quad (4.36)$$

式中：σ_{th} 为应力的门槛值，对于脆性材料，一般可取为零；σ_0 为尺度参数；m 称为 Weibull 模量或形状因子，一般认为是经验材料常数。

一条裂纹引发的断裂概率为：

$$F(\sigma) = \int_{\sigma_{th}}^{\alpha} f(\sigma)\,\mathrm{d}\sigma = 1 - \exp\left[-\left(\dfrac{\sigma - \sigma_{th}}{\sigma_0}\right)^m\right] \quad (4.37)$$

由最弱环原理可知，含有 N 条裂纹的试件的断裂概率为：

$$P_{f(\sigma)} = 1 - \exp\left[-N\left(\frac{\sigma - \sigma_{th}}{\sigma_0}\right)^m\right] \tag{4.38}$$

考虑到 $N \sim V$，对于一般情况，上式可以推广为：

$$P_{f(\sigma)} = 1 - \exp\left[-\int_v \left(\frac{\sigma - \sigma_{th}}{\sigma_0}\right)^m \gamma_a dV\right] \tag{4.39}$$

式中：V 为特征区（$\sigma \geqslant \sigma_{th}$）体积；$\gamma_a$ 为裂纹的体密度。

对于脆性材料（如岩石类），可取 $\sigma_{th}=0$，则试件的断裂概率为：

$$P_{f(\sigma)} = 1 - \exp\left[-N\left(\frac{\sigma}{\sigma_0}\right)^m\right] = 1 - \exp\left[-\int_v \left(\frac{\sigma}{\sigma_0}\right)^m \gamma_a dV\right] \tag{4.40}$$

材料中存在着大量的不同尺度的缺陷，这里我们统称为微裂纹。材料的断裂可视为微裂纹不断地成核、生长、扩展、聚集和贯通的最终结果。由前两节的分析，这个从微观损伤发展到宏观断裂的过程是分形。因此可假设微裂纹分布具有分形特征，裂纹尺寸大于 a（a 为 Griffith 裂纹半长）的微裂纹数目为：

$$N = ca^{-D} \tag{4.41}$$

这里 c 是比例常数。

微裂纹尺寸的分布函数可写成：

$$F(a) = 1 - \left(\frac{a}{a_0}\right)^{-D} \tag{4.42}$$

则密度函数为：

$$f(a) = \frac{D}{a_0}\left(\frac{a}{a_0}\right)^{-(1+D)} \tag{4.43}$$

式中 a_0 为裂纹核的尺寸。

考虑两等同事件：$P\{\sigma \geqslant \sigma_c\} = P\{a \geqslant a_c\}$，得一条微裂纹在应力 σ 下引发断裂的概率为：

$$F(\sigma) = \int_{a_c}^{\infty} dF(\sigma) = \left(\frac{a_c}{a_0}\right)^{-D} \tag{4.44}$$

式中 a_c 为 σ 下的裂纹失稳扩展的临界尺寸。

由脆性断裂临界条件：

$$\sigma = \frac{\alpha K_{IC}}{\sqrt{\pi a_c}} \tag{4.45}$$

得到：

$$a_c = \frac{(\alpha K_{IC})^2}{\pi \sigma^2} \tag{4.46}$$

对于平面应力状态，$\alpha = 1$；平面应变状态，$\alpha = (1+\mu^2)^{-1/2}$，$\mu$ 为泊松比。
所以：

$$F(\sigma) = \left[\frac{(\alpha K_{IC})^2}{\pi a_0 \sigma^2}\right]^{-D} = \left[\frac{\pi a_0 \sigma^2}{(\alpha K_{IC})^2}\right]^{D} = \left[\frac{\pi a_0}{(\alpha K_{IC})^2}\right]^{D} \sigma^{2D} \tag{4.47}$$

这样试件在应力 σ 下的总断裂概率为：

$$P_{f(\sigma)} = 1 - \exp\left\{-N_s \left[\frac{\pi a_0}{(\alpha K_{IC})^2}\right]^{D} \sigma^{2D}\right\} \tag{4.48}$$

注意式（4.40）是由裂纹强度的 Weibull 分布导出的试件断裂概率，式（4.48）是由微裂纹尺寸的分形分布导出的试件断裂概率。

将式（4.40）改写为：

$$P_{f(\sigma)} = 1 - \exp(-N k_1 \sigma^m) \tag{4.49}$$

将式（4.48）改写为：

$$P_{f(\sigma)} = 1 - \exp(-N_s k_2 \sigma^{2D}) \tag{4.50}$$

注意到上两式中 N 和 N_s 均指试件中的微裂纹总数，k_1 和 k_2 均为仅依赖于材料的比例常数，与 σ 无关。比较上两式得：

$$m = 2D \tag{4.51}$$

由此可知，Weibull 模量 m 并非材料常数，同样材料的试件，微观结构不同，m 值不同。m 是材料结构中缺陷分布不规则程度的度量，可用分形维数来表征。以往材料的 Weibull 模量都是通过实验（如三点弯曲）来测定，我们这里讨论的结果表明，可以通过材料结构的分形分析，以及测定微裂纹分布的分形维数而得到 weibull 模量。

下面我们讨论材料内微裂纹分布的分形维数 D 与强度 σ_c 的关系。取材料断裂强度 σ_c 为强度的数学期望，由概率论可得：

$$\sigma_c = \int_0^1 \sigma \mathrm{d} P_f = \int_0^\infty (1 - P_f) \mathrm{d}\sigma \tag{4.52}$$

将式（4.48）代入上式得：

$$\sigma_c = \int_0^\infty \exp\left\{-N_s \left[\frac{\pi a_0}{(\alpha K_{IC})^2}\right]^{D} \sigma^{2D}\right\} \mathrm{d}\sigma \tag{4.53}$$

令 $x = N_s [\pi a_0/(\alpha K_{IC})^2]^D \sigma^{2D}$，利用 Gamma 函数 $\Gamma_{(m)} = \int_0^\infty e^{-x} x^{m-1} \mathrm{d}x$，并且考虑到：

$$m\Gamma(m) = \Gamma(1+m)$$

则有

$$\sigma_c = \frac{\alpha K_{IC}}{\sqrt{\pi a_0}} N_s^{-\frac{1}{2D}} \Gamma\left(1 + \frac{1}{2D}\right) \tag{4.54}$$

考虑到 N_s 为试件中微裂纹总数，可表示为：

$$N_s = c a_0^{-D} \tag{4.55}$$

将式（4.55）代入式（4.54）得：

$$\sigma_c = \frac{\alpha K_{IC}}{\sqrt{\pi}} c^{-\frac{1}{2D}} \Gamma\left(1 + \frac{1}{2D}\right) \tag{4.56}$$

由式（4.56）可见，材料的断裂强度依赖于分形维数 D，即材料内的微裂纹分布的方式。由下一章我们也将看到 K_{IC} 也与分形维数 D 相关，因此 σ_c 与 D 的确定关系尚待进一步研究。应当指出的是以上理论只适用于拉应力状态下的脆性断裂。

4.4 储层岩石损伤的实例分析

（1）凝灰质储层岩石三轴压缩试验：

地下的岩石实际上处于复杂的而不是单一的应力状态，三轴应力试验提供了定量测试岩石在复杂应力状态下机械性质的一种良好手段。

常规三轴试验是最为常用的一种三轴应力试验方法。它是将圆柱形的岩样置于一个高压容器中，首先用液压使其四周处于三向均匀压缩的应力状态，然后保持此压力不变，施加轴向载荷，直到使其破坏。

选取 8 块凝灰岩的岩心做三轴压缩试验，试验结果见表 4.2 所示。

表 4.2　B28 井凝灰岩三轴压缩试验

试件编号	直径 mm	高度 mm	围压 MPa	轴向破坏应力 MPa	弹性模量 10^4MPa
H1-1	25.0	50.0	10	64.50	0.83
H1-4	24.8	50.0	10	65.50	0.81
H2	24.9	49.1	10	72.70	0.79
平均值				67.57	0.81
H3	24.9	50.0	20	132.00*	1.21*
H4-1	25.0	50.4	20	109.3	0.78
H4-3	24.8	50.4	20	101.4	0.94
平均值				105.35	0.86
H5-1	25.0	49.7	40	118.3	1.06
H5-2	25.0	49.9	40	120.5	1.08
平均值				119.40	1.05

注：* 代表不参与运算。

从试验结果可以看出，随着围压的增大，岩石的抗压强度和弹性模量都随之增大。

回归零围压下的轴向破坏应力，计算公式为：

$$\sigma_1=\sigma_0+k\sigma_3 \tag{4.57}$$

将表中数据代入，可以回归出零围压下的凝灰岩的轴向破坏应力 σ_0 及 k 值，可以得出：σ_0=53.29MPa，k=2.839。

根据库仑－莫尔强度理论，由表4.2中数据，可以得出B28井凝灰岩的内聚力及内摩擦角，其值为 C=15.82MPa，φ=28.62°。凝灰岩的岩性复杂，在实验加载时呈现各异的特征，但是都具有明显的塑性特征。

选取9块凝灰质砾岩的岩心进行了三轴压缩试验，试验结果见表4.3。

表4.3 B28井凝灰质砾岩三轴压缩试验

试件编号	直径 mm	高度 mm	围压 MPa	轴向破坏应力 MPa	弹性模量 10^4MPa
L12-1	25.0	50.4	10	117.5	1.54
L12-4	25.1	50.0		123.4	1.45
L12-5	25.0	50.5		125.1	1.88
平均值				122.00	1.62
L16	25.1	45.9	20	74.8*	1.37*
L17	25.1	48.8		62.4*	1.20*
L18-3	25.2	49.5		144.9	1.70
平均值				144.90	1.70
L18-2	25.5	50.0	40	68.5	1.56
L19	25.2	49.2		188.3	1.93
L22				182.6	1.62
平均值				185.45	1.78

注：* 代表不参与运算。

将表中数据代入，可以回归出零围压下的凝灰岩的轴向破坏应力 σ_0 及 k 值，可以得出 σ_0=59.79MPa，k=4.50。

根据库仑－莫尔强度理论，由表4.3中数据，可以得出B28井凝灰质砾岩的内聚力及内摩擦角，其值为 C=14.09MPa，φ=39.52°。

将上述试验结果汇总为表4.4。

由凝灰岩及凝灰质砂岩的应力—应变曲线可知，当初始加载时，曲线都稍向上凹，呈现硬化特征，这反映了岩石试件内部的裂隙逐渐被压密；接着进入弹性变形阶段，此时应力和应变呈线性关系，其斜率为岩石的弹性模量；随着载荷的继续增大，应力和应变呈非线性关系，岩样开始屈服，此时进入塑性变形阶段，在岩石中引起不可逆变化；到最高点处达到强度极限。继续循环卸载加载，岩石试件有的性质比较稳定，有的呈现软化特征，有的呈现硬化特征，但是都呈现明显的塑性变形。这说明凝灰岩及凝灰质砂岩有一定的塑性，与常规的砂岩储层不同。

表 4.4 B28 井凝灰质岩石物理力学性质试验结果

试验项目	试验指标	凝灰岩	凝灰质砾岩
密度试验	密度 ρ,g/cm³	2.17	2.46
抗张强度	抗张强度 σ_t,MPa	3.14	4.38
单轴压缩试验	单轴抗压强度 σ_c,MPa	46.24	31.84
单轴压缩试验	弹性模量 E,10⁴MPa	0.82	1.19
单轴压缩试验	泊松比 μ	0.087	0.112
三轴压缩试验 $\sigma_3=10$MPa	轴向破坏应力 σ_1,MPa	77.57	132.00
三轴压缩试验 $\sigma_3=10$MPa	弹性模量 E,10⁴MPa	0.81	1.62
三轴压缩试验 $\sigma_3=20$MPa	轴向破坏应力 σ_1,MPa	125.35	164.90
三轴压缩试验 $\sigma_3=20$MPa	弹性模量 E,10⁴MPa	0.86	1.70
三轴压缩试验 $\sigma_3=40$MPa	轴向破坏应力 σ_1,MPa	159.40	225.45
三轴压缩试验 $\sigma_3=40$MPa	弹性模量 E,10⁴MPa	1.07	1.78
抗剪强度指标计算	零围压回归强度 σ_0,MPa	54-38	59.79
抗剪强度指标计算	拟合公式中 k 值	2.879	4.500
抗剪强度指标计算	内聚力 C,MPa	15.82	14.09
抗剪强度指标计算	内摩擦角 φ,(°)	28.62	39.52

(2) 计算结果：

根据岩石三轴试验对式（4.24）中的 F_0 和 m 进行回归计算，计算结果见表 4.5。

表 4.5 5 块岩心的 F_0 和 m 计算结果

岩心编号	H5-1	H1-4	H2	L17	L18-3
F_0	255.78	101.12	124.06	118.97	180.13
m	1.5178	2.5362	2.3344	4.4129	4.5023

将表 4.5 中各参数代入到式（4.24）中，就可以得到每个岩心试样对应的力学本构方程，根据模型可以绘出各个岩心试样对应的理论应力应变曲线，如图 4.6～图 4.10 所示。

对于 L17 岩心试样，保持其他参数不变调整 m 的值，绘制应力应变曲线如图 4.9 所示。

由图 4.9 可以看出，参数 m 反映岩石微元强度分布集中程度，m 值越大，微元强度分布越集中，材料的脆性度较高，随 m 的增大，峰后曲线越来越陡，材料的脆性增加；反之，若 m 值减小，材料的延性增大，由此说明 m 反映了岩石脆性度。

保持其他参数不变调整 F_0 的值，绘制应力—应变曲线如图 4.10 所示。

由图 4.10 可以看出，随 F_0 增大岩石峰值强度增大，F_0 反映了岩石宏观平均强度的大小。

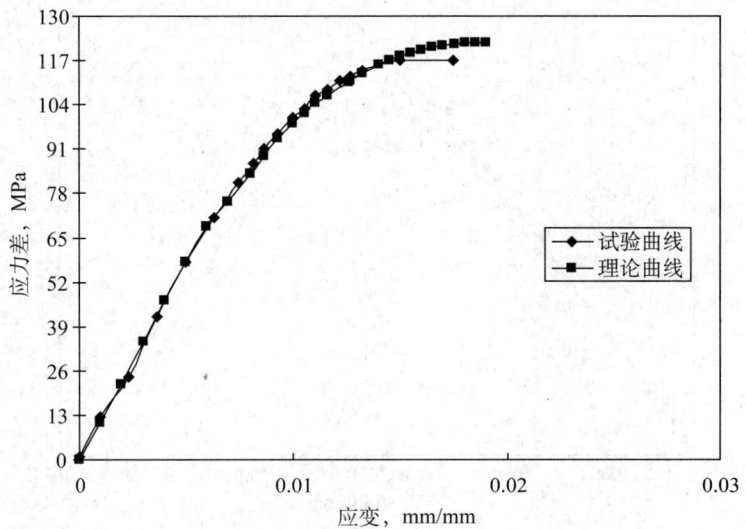

图 4.6 H5-1 岩心的理论曲线与试验曲线的对比

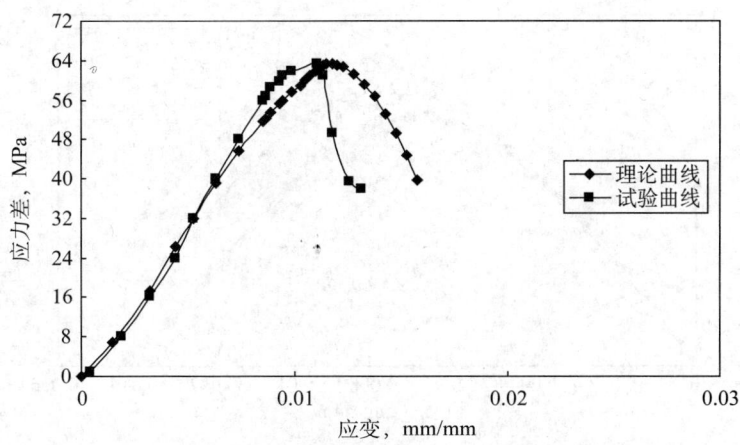

图 4.7 H2 岩心的理论曲线与试验曲线的对比

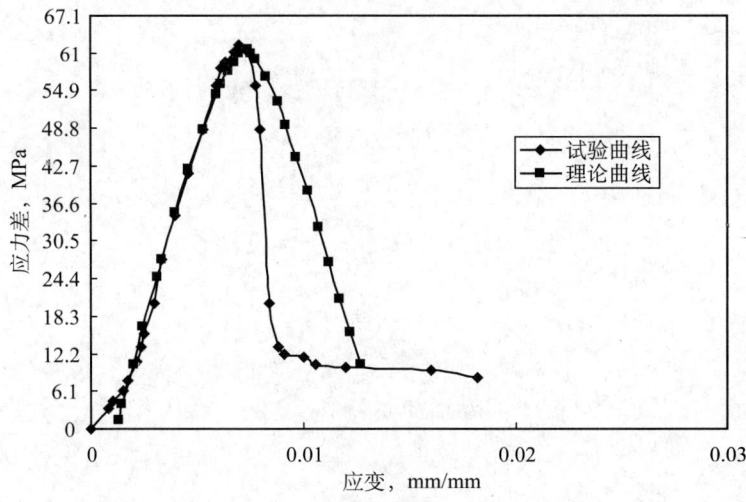

图 4.8 L17 岩心的理论曲线与试验曲线的对比

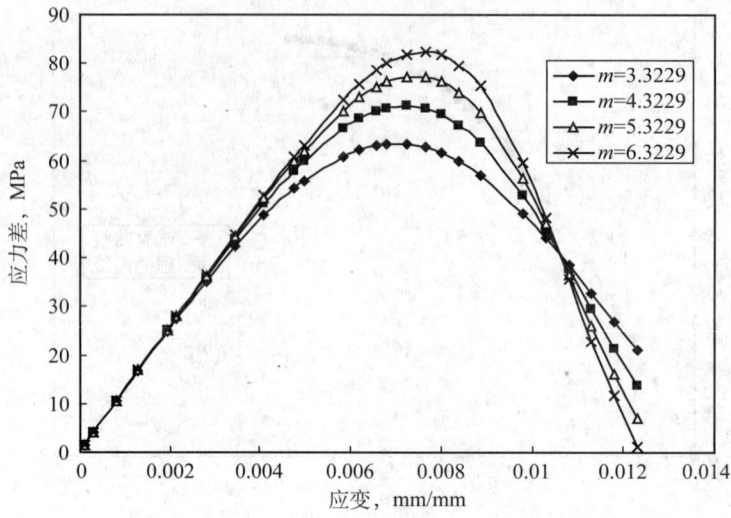

图 4.9 不同 m 值曲线的变化

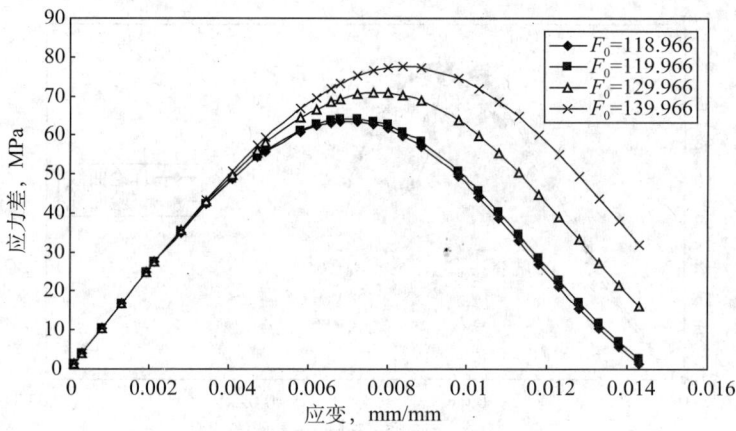

图 4.10 不同 F_0 值曲线的变化

5 储层岩石井壁稳定性的分形分析方法

井壁稳定性主要研究在各种应力、化学因素和施工工况作用下深部地层岩石井壁的稳定性问题。钻井过程中，不稳定的井壁将产生复杂的井下情况，将严重影响正常钻井工序。井壁围岩应力状态分析是从岩石力学角度研究井壁稳定的基础，也是计算水力压裂起裂压力的基本条件。

5.1 储层岩石井壁稳定性的分析方法

井壁稳定问题的研究，起因于井壁失稳问题。由于深部地层岩石表现出各异的性质，一部分井壁岩石在井眼形成后的一段时间内发生坍塌、缩径或破裂等井下复杂现象，打乱钻井进度和增加钻井成本，甚至造成井眼报废，因此国内外学者对井壁失稳问题展开了大量研究。从宏观方面可以将产生井壁稳定问题的因素分为客观因素和人为因素等两个方面。客观因素有：地质构造类型和就地应力、地层的孔隙压力、地层的岩性和产状、节理面的存在及其产状情况、地层的力学性质、孔隙度及渗透性等。人为因素方面包括：钻井液的成分及其性能、钻进过程中泥页岩化学作用的强弱、井壁钻井液侵入带的深度和范围、井眼裸露的时间以及钻柱对井壁的摩擦和碰撞等。

井壁岩石失稳问题，即井壁岩石所受的应力达到或超过当前岩石自身在井壁围岩应力状态下的极限强度。研究井壁岩石的失稳应该主要从力学角度入手。一些现场井壁失稳事故表明，一些符合力学原理不会坍塌的井壁发生坍塌现象。这促使学者们从钻井液角度对井壁失稳问题进行了进一步的探索。

井壁失稳问题包括脆性泥页岩的井壁坍塌，塑性泥页岩或盐岩等的井眼缩径，以及井眼的弹塑性变形和钻进过程中一些砂岩地层的水压破裂问题。造成井壁失稳的因素很多，其原因可归结为力学因素、化学因素和工程技术因素。后两者都影响井壁应力分布和岩石力学性能而造成井壁不稳定，所以井壁失稳其原因归根结底还是力学因素。

为了解决井壁不稳定问题，多年来中国广大工程技术人员在深部地层井壁稳定性方面做了许多研究工作，取得了可喜的成果，其发展水平已于国外研究同步，并在一些方面有所创新，形成了自己的特色。但因针对性强等原因，井壁稳定问题仍然没有根本解决。

井眼内的钻井液不仅具有平衡地层压力和保护井壁稳定的作用，同时钻井液的侵蚀作用也会减弱井壁岩石（尤其是泥页岩）的强度，产生的水化应力会改变泥页岩中的应力状态。对于井壁稳定问题的研究，只有从钻井液的化学角度和井壁围岩力学角度等方面入手，才能最终确定出保持当前井壁稳定的合理的钻井液体系和密度。近年来，国内外学者逐渐转向从力学或力学与化学的耦合作用角度去研究井壁失稳的机理，力求在解决井壁失稳问题上实现技术突破。

1987年莫里（V.M.Maury）和索泽（J.M.sauzay）从两个方面阐述了井壁稳定性的分析方法：(1) 从实例出发，指出了控制井壁稳定性的几个相互独立而又相互联系的因素（水平主应力的大小、水平主应力的均匀性、岩石的变形特性、起下钻影响、井眼周围应力、温度梯度)引起的极大井壁应力;(2)进行综合性理论分析,以得出井眼周围的应力分布,并集中讨论各种载荷作用下岩石的变形特征,从而可以解释由于热应力和渗透压力引起的大多数井壁滞后失稳问题。

近些年来,井壁力学稳定性研究取得了一定的进展,比如壳牌公司用致密的阿拉巴马石灰岩和印第安石灰岩进行空心筒试验,发现在井眼条件下,岩石的初始损坏应力与井眼直径成反比。首先用定量的方法证明了在纯力学条件下,井眼越大越容易失稳。挪威地质研究所研究了地应力对井眼稳定的影响,得出了三点结论:(1)轴向应力对井眼强度的影响很小;(2)当水平应力小于垂直应力时,斜井的稳定性随井斜角的增大而降低;(3)在平行于最大水平主应力方向钻进时,井眼稳定性最差,当在最大和最小水平主应力方向交叉钻井时,井眼稳定性最好。

此后许多研究者在多孔介质的本构关系方面进行了一系列研究,建立了弹塑性、黏弹性等本构方程,并将这些本构方程引入井壁稳定性研究当中。

井壁失稳问题,泥页岩地层表现尤为突出。泥页岩是由水敏性黏土矿物组成的力学性能较弱的岩石。当钻开页岩地层时,首先与地层接触的是钻井液。泥页岩水化膨胀不仅改变了井眼周围的应力分布,而且还会改变泥页岩的性能参数,如强度降低、弹性模量减小及泊松比增大等,这就使得泥页岩地层的井壁失稳问题更为严重。

学者总是寄期望于通过改进钻井液的化学性能来抑制泥页岩地层井壁稳定。近年来的研究表明,钻井液及其滤液与井壁页岩作用中的传递过程对泥页岩的稳定性有重要影响,即要弄清钻井液中水分子、溶质和离子向泥页岩中的传递扩散过程。

根据对钻井液井壁附近页岩中的传递过程研究,Eric Van Oort 把钻井液传递侵入带划分为三个区,参见图 5.1。

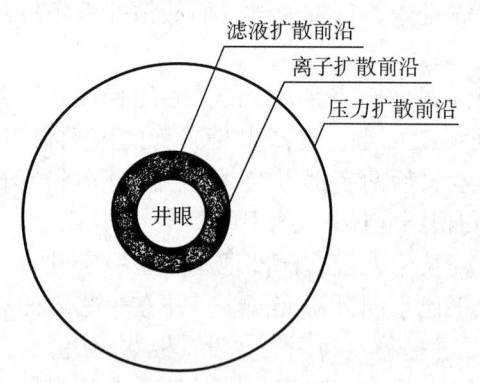

图 5.1 页岩地层井眼周围侵入带分区前沿

(1)滤液扩散区。

当井壁工作面上页岩被钻头破碎后,其所受井壁围岩应力将释放重组,钻井液将瞬间侵入到井壁工作面上页岩的微裂隙和孔隙的扩张处,并产生瞬时滤失的达西流动。这时新钻开井壁上页岩的含水量会迅速增大,泥页岩将产生水化膨胀。

但随着远离井壁应力集中区,达西流将逐渐消失,使滤液扩散区仅局限于一个较小的范围内。

(2)离子扩散区。

离子扩散是钻井液与页岩间的化学势梯度驱动的溶质扩散。化学家们常把页岩—流体体系视为能承受化学渗透的"可渗透"或"半渗透"的膜,因此离子扩散便取决于膜的膜效率。这时水会通过膜产生流动,即所谓的化学势驱动的耦合水流。当前,国内外许多学者在考虑应力与化学耦合的角度来研究井壁稳定问题。

结合所有的直接流和耦合流会引起泥浆水与页岩中溶质/离子间的交换,其结果将会改变(一般是增大)页岩中的膨胀压、含水量和孔隙压力。如果使用高矿化度的钻井液,则将部分抵消其滤液向地层的水力流动,激发页岩孔隙水朝着井眼方向反渗透,甚至使页岩去水化,这也是有可能的。

(3) 压力扩散区。

孔隙压力能够传递到的压力前沿,一般要超过离子扩散前沿的 1~2 个数量级,而钻井液达西流侵入前沿又滞后于离子扩散前沿。在低渗页岩中的离子扩散要比达西流更突出、更迅速。对于高刚度的页岩,理想不可压缩水的流入对其孔隙压力可以产生显著的影响,因为它的基础渗透率低,不可能驱使孔隙压力传递到更远处,从而使井眼周围延伸区的孔隙压力增大。

根据以上的分析,从钻井液方面来看,有三种不利于井壁稳定的基本机理:

(1) 由于钻井液压力的侵入,引起页岩孔隙压力增大,减小了页岩中的有效应力。

(2) 由于不利的黏土矿物阳离子交换等引起的水化作用使膨胀压增加,减小了有效应力。

(3) 化学变化和水的渗透侵入与含水量增大导致页岩的胶结强度减弱。

当然也存在相反的特殊情况,即当孔隙压力或水化应力降低时,或者化学变化增强了页岩稳定性,那么将出现十分有利于井壁稳定的情况。

因此,避免钻井液滤液侵入是稳定泥页岩的关键。可通过下述方法来改善泥页岩的稳定性:

(1) 使用合适的钻井液密度增加井壁的力学稳定性,尽量避免钻井液滤液侵入。

(2) 采取封堵等措施,进一步降低页岩渗透率。

(3) 增加钻井液中各种离子的浓度,增大钻井液化学势,从而诱发反渗透力侵入。

实践表明,深层孔隙介质的岩石具有分形特征,应用分形力学方法来研究更具实际意义。本章的研究,以分形有效应力模型为基础,建立基于分形参数的井壁围岩应力状态方程。根据不同完井情况,进一步给出裸眼完井和套管射孔完井下的井壁围岩应力状态方程。新井壁围岩应力模型的建立,为深入分析井壁围岩上应力对井壁的作用奠定基础。

5.2 储层岩石有效应力的分形分析

孔隙介质是一种由固体颗粒非均匀组成且具有复杂多变孔隙结构的复杂体。地层岩体在形成过程中经历了漫长的地质年代,其过程的非线性和非均匀性,造成了地下孔隙介质的颗粒和孔隙以一种随机分布的形式存在。由于孔隙介质在结构上表现出极强的非均匀性及各向异性,这为其结构特性的定量描述带来了困难。

为了降低解决问题的难度,人们常常将这种复杂结构进行简化,只在理想的情况下建立孔隙介质结构的有效应力模型,基本上都是基于浅层岩土而建立的。这些模型虽然取得了一定的应用效果,但存在着局限性。深层岩石孔隙介质材料与浅层岩土相比,存在以下特点:岩石组成结构严密,支撑颗粒胶结良好;岩石内的孔隙空间小,结构复杂,连通性差;深部岩石和岩石孔隙中流体所处压力环境复杂。由于深部岩石与浅层岩土之间在组成结构及所处环境上的差异,造成有效应力的计算存在着一定的差别。有效应力是描述孔隙介质中力学特征的基本参数。砂岩是孔隙介质中典型的例子,其结构是由相互连接在一起的固体颗粒(骨架)所组成的,孔隙中通常被一种或几种流体填充。通常情况下,孔隙介质同时受到外部应力和内部应力的共同作用。石油工程中近几年的研究表明,深层孔隙介质的岩石具有分形特征,应用分形力学方法来研究更具实际意义。

5.2.1 有效应力基本模型分析

1923年泰尔扎吉（Terzaghi）在研究浅层岩土孔隙介质时，首先引入了一维压实有效应力的概念，并给出如下关系：

$$\sigma_O = \sigma + p_p \tag{5.1}$$

式中：σ_O 为作用在整个孔隙介质上的应力，称为总应力，MPa；σ 为作用在固体颗粒上的应力，称为骨架应力，MPa；p_p 为孔隙流体压力，MPa。

这种一维的地层内部应力处理方法后来被毕奥特（Biot）所总结，并用相容性理论阐明了扩散与变形耦合作用的一体过程。目前式（5.1）已经广泛应用于地基处理、岩土工程、地质和石油工程等许多领域。

由式（5.1）的结构可知，σ 和 p_p 两个量均衡地分担总应力的作用，这就忽略了岩石本体结构特征在 σ 和 p_p 之间协调所起的作用。由此学者们对上式进行多次修正，1963年汉丁（Handin）等在式（5.1）中引入了校正因子，将式（5.1）改进为：

$$\sigma_O = \alpha\sigma + (1-\alpha)p_p \tag{5.2}$$

式中：α 为有效应力系数，或毕奥特系数，$\alpha = 1 - C_r/C_B$。其中，C_r 为骨架压缩率；C_B 为容积压缩率。

对比以上两式，若考虑 α 非常小情况，$\alpha\sigma$ 趋向于有限的极限 σ，$(1-\alpha)$ 近似为1，则式（5.2）将变为式（5.1），即泰尔扎吉方程。说明式（5.1）是式（5.2）中 α 很小的一种特殊情况。然而，这种"α 非常小"的假设是基本不存在的，因为对于许多胶结良好的孔隙介质（如基质胶结岩石），颗粒接触面积远大于孔隙面积。式中有效应力系数的引入意味着在颗粒间存在着胶结作用抑制了孔隙压力的大小以平衡施加的载荷。

在石油工程中，哈尔波特（Habbert）和鲁比（Rubey）借鉴了泰尔扎吉方程原理。认为上覆岩层总体重力所形成的压力 σ_V 即为总应力 σ_O，它由沉积物颗粒之间接触点上的应力 σ（基岩应力）与孔隙流体压力 p_p 共同支撑，即：

$$\sigma_V = \sigma + p_p \tag{5.3}$$

式中 σ_V 为上覆岩层压力，MPa。

在简单修改变量的概念后，式（5.3）通过形式上照搬式（5.1），方程中只有一个未知量，由此式（5.3）在石油工程中得到了广泛的应用。

20世纪90年代末，李传亮等对孔隙介质展开了系统而深入的研究，进一步发展了有效应力理论。他从本体有效应力和结构有效应力两个方面阐述了孔隙介质所受的应力关系，并得出了本体有效应力的有效应力表达式：

$$\sigma_V = \phi p_p + (1-\phi)\sigma \tag{5.4}$$

式（5.4）引入了反映孔隙介质特性的宏观参数孔隙度，从孔隙结构特性上分析了孔隙介质对各应力的响应关系。该公式的提出对孔隙介质有效应力的研究产生了积极的影响。上述各式代表了有效应力研究在不同时期所取得的成果，对有效应力理论的发展起到了推动作用。

5.2.2 储层岩石有效应力的分形模型

在孔隙介质中任取一单元截面 OO'（图5.2），其截面边长为 L，孔隙和颗粒的总截面

面积为 A，$A=L^2$。

在该截面上对介质施加一总应力 σ_O，若 σ 为介质固体颗粒上的平均应力，则根据受力平衡有：

$$A\sigma_O = A_1\sigma + A_2 p_p \qquad (5.5)$$

其中

$$A = A_1 + A_2$$

式中：A_1 为岩石颗粒接触面积；A_2 为截面上孔隙的面积。

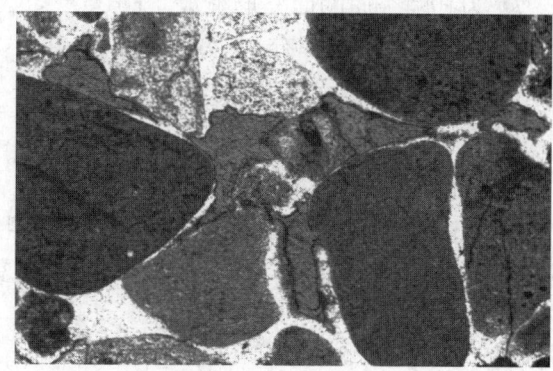

图 5.2　砂岩中二维平面上各应力的关系图

根据前面章节的分析，对于图 5.2 中的砂岩孔隙介质结构，单元平面上孔隙面积应满足分形关系：

$$A_2 = C_1 L^2 \left(\frac{L}{r}\right)^{D_L-2}$$

$$A_1 = A - A_2 = L^2 \left[1 - C_1\left(\frac{L}{r}\right)^{D_L-2}\right]$$

式中：C_1 为表征二维岩石孔隙结构性质的常数；D_L 为孔隙介质的面分形维数，$1 < D_L < 2$。

则由式（5.5）得：

$$\sigma_O = C_1\left(\frac{L}{r}\right)^{D_L-2} p_p + \left[1 - C_1\left(\frac{L}{r}\right)^{D_L-2}\right]\sigma \qquad (5.6)$$

式（5.6）为孔隙介质平面上的有效应力微观分形模型。由此看出影响岩石有效应力的因素除了总应力，还有孔隙介质的孔隙尺寸及孔隙结构的分形维数。

同理可以分析孔隙介质三维情况下有效应力模型。设孔隙介质孔隙结构体的分形维数为 D_S，如图 5.3 中取一长度为 L 的单元体，其总体积为：

$$V = L^3$$

根据分形几何原理，在三维时总体积中的分形孔隙体积为：

$$V_2 = C_2 L^3 \left(\frac{L}{r}\right)^{D_S-3}$$

孔隙介质骨架的体积为：

$$V_1 = V - V_2 = L^3\left[1 - C_2\left(\frac{L}{r}\right)^{D_L-3}\right]$$

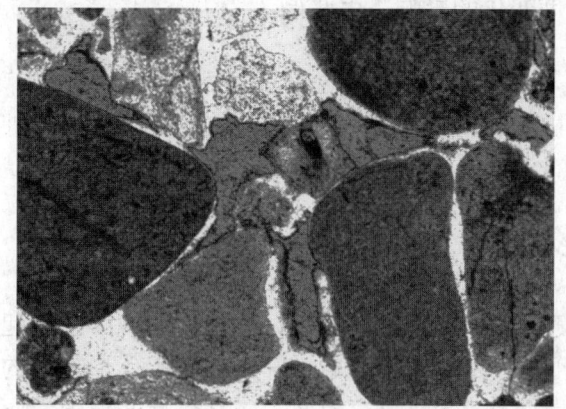

图 5.3　砂岩中三维体上各应力的关系图

式中：C_2 为三维时岩石孔隙结构性质的常

数；D_S 为孔隙介质的面分形维数，$1 < D_S < 2$。

根据力学平衡原理有：

$$\sigma_O = C_2 \left(\frac{L}{r}\right)^{D_S-3} p_p + \left[1 - C_2 \left(\frac{L}{r}\right)^{D_S-3}\right]\sigma \tag{5.7}$$

式（5.7）就是应用分形方法推得的三维孔隙介质下的有效应力分形计算模型。根据式（5.6）和式（5.7）的基本形式，可以得出维数更高的数学归纳公式：

$$\begin{cases} \sigma_O = C \left(\frac{L}{r}\right)^{D-D_T} p_p + \left[1 - C \left(\frac{L}{r}\right)^{D-D_T}\right]\sigma \\ D_T - D < 1 \end{cases} \tag{5.8}$$

式中 D_T 为几何体对应的拓扑维数。

式（5.8）不是一个用归纳法严格证明后给出的关系式，而对于现实中的几何体，给出 D 大于 3 时有效应力表达式，其现实意义也是不大的。

从有效应力模型的内在意义上分析，有效应力模型主要体现了骨架和孔隙内流体对总应力的分配关系。对于式（5.7）中的 $C(L/r)^{D_S-3}$ 的引入，主要是从孔隙结构特性上反应孔隙压力对总应力的贡献。而式（5.1）中有效应力的引入主要从颗粒间组成及结构反应颗粒支撑应力对总应力的反应。

式（5.6）和式（5.7）的有效应力分形计算模型是一个能精确表述各应力关系的方程。该方程通过引入孔隙介质结构特征参数来协调主应力在 p_p 和 σ 上的分配比例，从孔隙结构变化的角度阐明孔隙介质中流体和固体之间的作用关系。现令：

$$\beta = 1 - C_2 \left(\frac{L}{r}\right)^{D_S-3}$$

则式（5.7）变为：

$$\sigma_O = \beta\sigma + (1-\beta)p_p \tag{5.9}$$

对比式（5.9）和式（5.1），二者在形式上基本相同，但内涵不同。考虑特殊情况分形维数 D_S 为 3 时，式（5.9）消除了介质孔隙尺度变化的影响，由此得：

$$\beta = 1 - C_2$$

则在 β 的变化范围中存在一个与 α 相同的值，可以认为式（5.2）是式（5.9）的一种特殊形式，所以，这两式在孔隙介质结构本质上存在着一定联系。

5.3 储层井壁围岩应力状态的分形分析

井壁围岩应力状态分析是从岩石力学角度研究井壁稳定的基础，也是计算水力压裂起裂压力的基本条件。本节将从分形角度分析孔隙介质的结构特征，并建立基于分形方法的有效应力计算模型。进而根据有效应力分形模型，结合双重有效应力概念推导井壁围岩应力状态方程。

5.3.1 储层岩石孔隙介质的双重有效应力

在研究储层孔隙介质的变形机制时，李传亮博士提出了储层孔隙介质的两种变形机制：一是因骨架颗粒本身的变形而导致的介质整体变形，称之为本体变形；二是因为介质微观结构上的变化即骨架颗粒之间的相对位移而导致介质的整体变形，称之为结构变形。孔隙介质的总变形量就是这两种变形量的代数和。储层孔隙介质变形机制的不同，说明对应的有效应力也具有不同的类型。因此，李传亮博士根据上述变形机制提出了双重有效应力的概念，即本体有效应力和结构有效应力。

5.3.1.1 本体有效应力

根据前面的受力分析知道，作用于孔隙介质上的三个基本应力是：作用于整个介质上的总应力，作用在孔隙中的孔隙压力，作用在固体骨架上的骨架应力。本体应变就是由固体骨架的性质所决定的，它的大小与骨架应力的大小有关，总应力和孔隙压力是通过骨架应力使孔隙介质产生本体变形的。因此将作用在整个孔隙介质上并能使孔隙介质产生本体变形的应力称为本体有效应力。

由于孔隙介质的本体变形由本体有效应力所致，总应力和孔隙压力是通过骨架应力使固体骨架产生变形，进而导致整个介质产生本体变形的。本体有效应力使孔隙介质产生的本体变形量与总应力和孔隙压力共同作用使孔隙介质产生的本体变形量是完全相等的。因此，本体有效应力与骨架应力之间存在某种对应关系。本体有效应力是一个等效应力，可以通过间接的方法计算得到。

对孔隙介质中的任一截面进行受力分析，可以得式（5.6）。在总应力、孔隙压力和骨架应力中，骨架应力是唯一能使孔隙介质产生本体变形的应力，因此把骨架应力折算到整个介质横截面积上，就可以得到孔隙介质的本体有效应力 $\left(\sigma_{\text{eff}}^{\text{p}}\right)$ 为：

$$\sigma_{\text{eff}}^{\text{p}} = \left[1 - C_1 \left(\frac{L}{r}\right)^{D_L-2}\right] \frac{S}{S} \sigma = \left[1 - C_1 \left(\frac{L}{r}\right)^{D_L-2}\right] \sigma$$

把上式代入式（5.6），就可以得到二维情况下的本体有效应力公式：

$$\sigma_{\text{O}} = \sigma_{\text{eff}}^{\text{p}} + C_1 \left(\frac{L}{r}\right)^{D_L-2} p_{\text{p}} \tag{5.10}$$

同理，由式（5.7）也可以得到三维情况下的本体有效应力公式：

$$\sigma_{\text{O}} = \sigma_{\text{eff}}^{\text{p}} + C_2 \left(\frac{L}{r}\right)^{D_S-2} p_{\text{p}} \tag{5.11}$$

5.3.1.2 结构有效应力

孔隙介质是由分散的固体颗粒所构成的，在应力作用下，颗粒之间可以产生不可恢复的相对位移，称之为介质的流动，且其流动过程中表现黏性特征。孔隙介质的黏性流动常常表现为物体的蠕变或应变的时变性质。如地表的缓慢下沉和介质的破坏与断裂都是介质的流动行为。孔隙介质的压实作用，即颗粒的重新排序，是介质的微观破坏，也是介质的一种流动行为。孔隙介质的流动，就是指颗粒之间的永久性相对位移，都是因为骨架颗粒之间结构的改变所致，它的结果就是使整个孔隙介质产生一定的结构变形。

结构变形的产生取决于颗粒之间的接触点应力，而与颗粒内部的应力状态没有关系。根据应力平衡原理，存在以下关系：

$$S\sigma_O = \sum \sigma_i S_i + \left(S - \sum S_i\right)p_p$$

令：$\sigma_{eff}^p = \sum\left(\sigma_i \dfrac{S_i}{S}\right)$，$\phi_c = 1 - \sum \dfrac{S_i}{S} = 1 - R_c$。

式中：σ_i 为第 i 个接触点应力的垂向分量；S_i 为 σ_i 作用面积的垂向投影面积；σ_{eff}^e 为结构有效应力；R_c 为孔隙介质胶结程度的度量参数；ϕ_c 为接触点孔隙面积占整个介质横截面积的百分数，$\phi_c = \phi + \alpha(1-\phi)$，$\alpha$ 在 $0 \sim 1$ 之间取值。

$$\sigma_O = \sigma_{eff}^e + \phi_c p_p$$

将分形参数引入到触点孔隙度中，可得二维、三维情况下的触点孔隙度表达式：

$$\phi_c = C_1\left(\dfrac{L}{r}\right)^{D_L-2} + \alpha\left[1 - C_1\left(\dfrac{L}{r}\right)^{D_L-2}\right] \tag{5.12}$$

$$\phi_c = C_2\left(\dfrac{L}{r}\right)^{D_S-3} + \alpha\left[1 - C_2\left(\dfrac{L}{r}\right)^{D_S-3}\right] \tag{5.13}$$

结构有效应力为所有接触点应力在孔隙介质横截面上的折算应力之和，它的大小决定着孔隙介质骨架颗粒之间空间结构的变化，因而也决定着介质的结构变形。

5.3.2 储层井壁围岩应力状态的分形模型

地层中因井筒的存在，地应力及其分布将产生一些变化。这些变化会影响到裂缝的起裂压力及方位。为分析井筒围岩的应力状态，需要对井壁围岩的应力场进行分析。为了简化，将地层中的三维应力问题用二维方法来处理，并近似地直接采用弹性力学中双向受力的无限大平板中钻一个圆孔时的应力计算公式来分析井壁应力，如图5.4所示。

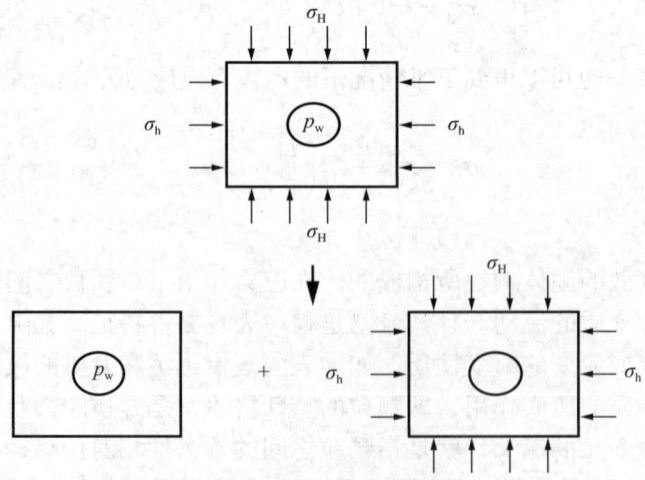

图 5.4　井眼围岩受力状态

通常井壁岩石的应力状态可用径向应力 σ_r，周向应力 σ_θ，垂向应力 σ_z 和剪应力 $\tau_{\theta z}$ 来表示。本章主要分析垂直井情况，并把井眼简化为平面应变问题来分析。设压应力为正号，拉应力为负号。根据线性弹性理论，在井壁为可渗透的情况下，可以将井壁围岩应力分为水平地应力、井内液柱压力及流体径向渗入地层产生的附加应力等共三个部分。

5.3.2.1 水平地应力引起的应力分布

井眼围岩受均布水平地应力 σ_h 和 σ_H 的作用，根据弹性力学可得 σ_h 和 σ_H 产生的应力分量：

$$\begin{cases} \sigma_r = \dfrac{\sigma_H + \sigma_h}{2}\left(1-\dfrac{r_0^2}{r^2}\right) + \dfrac{(\sigma_H - \sigma_h)}{2}\left(1-\dfrac{r_0^2}{r^2}\right)\left(1-3\dfrac{r_0^2}{r^2}\right)\cos 2\theta \\ \sigma_\theta = \dfrac{\sigma_H + \sigma_h}{2}\left(1+\dfrac{r_0^2}{r^2}\right) - \dfrac{(\sigma_H - \sigma_h)}{2}\left(1+3\dfrac{r_0^4}{r^4}\right)\cos 2\theta \\ \tau_{r\theta} = \dfrac{(\sigma_H - \sigma_h)}{2}\left(1-\dfrac{r_0^2}{r^2}\right)\left(1+3\dfrac{r_0^2}{r^2}\right)\sin 2\theta \end{cases} \quad (5.14)$$

5.3.2.2 水平地应力引起的应力分布

当只考虑井内泥浆柱压力时，井壁应力状态同样可以简化为平面弹性问题。由井内液柱压力引起的井壁上的应力分布为：

$$\begin{cases} \sigma_r = \dfrac{r_0^2}{r^2} p_w \\ \sigma_\theta = -\dfrac{r_0^2}{r^2} p_w \end{cases} \quad (5.15)$$

5.3.2.3 井内液体径向流动引起的附加应力

由于井筒内的液压大于地层流体孔隙压力，所以井筒内的液体将自井眼向地层径向滤失，而流体流经孔隙介质将引起岩石中的应力增大，形成一个附加应力区，即增大了井壁围岩的应力。

根据双重有效应力概念，在流体渗流到井壁孔隙中时会引起岩石结构的本体变形。将本体有效应力[式（5.11）所描述部分]作为基本输入式，代入到广义胡克定律，可得因井筒内液体渗滤引起的本体有效应力分布为：

$$\begin{cases} \sigma_r^p = \dfrac{C_2 (L/r)^{D_s-3}}{2} \dfrac{(1-2\nu)}{(1-\nu)} \dfrac{(r^2 - r_0^2)}{r^2} \left[p(r) - p_p\right] \\ \sigma_\theta^p = \dfrac{C_2 (L/r)^{D_s-3}}{2} \dfrac{(1-2\nu)}{(1-\nu)} \dfrac{(r^2 - r_0^2)}{r^2} \left[p(r) - p_p\right] \\ \sigma_z^p = -C_2 (L/r)^{D_s-3} \dfrac{(1-2\nu)}{(1-\nu)} \left[p(r) - p_p\right] \end{cases} \quad (5.16)$$

根据本体有效应力概念，即式（5.11）可知：

$$\begin{cases} \sigma_r^p = \left(1 - C_2 (L/r)^{D_s-3}\right)\sigma_r \\ \sigma_\theta^p = \left(1 - C_2 (L/r)^{D_s-3}\right)\sigma_\theta \\ \sigma_z^p = \left(1 - C_2 (L/r)^{D_s-3}\right)\sigma_z \end{cases}$$

将上式代入到式（5.16），整理得：

$$\begin{cases} \sigma_r = \dfrac{C_2(L/r)^{D_s-3}}{2\left(1-C_2(L/r)^{D_s-3}\right)} \dfrac{(1-2\nu)}{(1-\nu)} \dfrac{(r^2-r_0^2)}{r^2}\left[p(r)-p_p\right] \\ \sigma_\theta = \dfrac{C_2(L/r)^{D_s-3}}{2\left(1-C_2(L/r)^{D_s-3}\right)} \dfrac{(1-2\nu)}{(1-\nu)} \dfrac{(r^2-r_0^2)}{r^2}\left[p(r)-p_p\right] \\ \sigma_z = \dfrac{C_2(L/r)^{D_s-3}}{1-C_2(L/r)^{D_s-3}} \dfrac{(1-2\nu)}{(1-\nu)}\left[p(r)-p_p\right] \end{cases} \quad (5.17)$$

5.3.2.4 直井井筒围岩应力状态

将（5.14）、（5.15）和（5.17）三式合并，可求得图5.4所示的井眼计算模型中距离井轴 r 处的各项应力为：

$$\begin{cases} \sigma_r = \dfrac{\sigma_H+\sigma_h}{2}\left(1-\dfrac{r_0^2}{r^2}\right)+\dfrac{(\sigma_H-\sigma_h)}{2}\left(1-\dfrac{r_0^2}{r^2}\right)\left(1-3\dfrac{r_0^2}{r^2}\right)\cos 2\theta + \eta\left(1-\dfrac{r_0^2}{r^2}\right)\left[p(r)-p_p\right]+\dfrac{r_0^2}{r^2}p_w \\ \sigma_\theta = \dfrac{\sigma_H+\sigma_h}{2}\left(1+\dfrac{r_0^2}{r^2}\right)-\dfrac{(\sigma_H-\sigma_h)}{2}\left(1+3\dfrac{r_0^4}{r^4}\right)\cos 2\theta + \eta\left(1-\dfrac{r_0^2}{r^2}\right)\left[p(r)-p_p\right]+\dfrac{r_0^2}{r^2}p_w \\ \sigma_z = \sigma_V + 2\eta\left[p(r)-p_p\right] \\ \tau_{r\theta} = \dfrac{(\sigma_H-\sigma_h)}{2}\left(1-\dfrac{r_0^2}{r^2}\right)\left(1+3\dfrac{r_0^2}{r^2}\right)\sin 2\theta \end{cases} \quad (5.18)$$

其中

$$\eta = \dfrac{C_2(L/r)^{D_s-3}}{2\left[1-C_2(L/r)^{D_s-3}\right]} \dfrac{1-2\nu}{1-\nu}$$

式中 η 为描述地层岩石性质的参数。

当 $r=r_0$ 时，$p(r)=p_w$，可得井壁处的应力场为：

$$\begin{cases} \sigma_r = p_w \\ \sigma_\theta = \sigma_H + \sigma_h - 2(\sigma_H-\sigma_h)\cos 2\theta + 2\eta(p_w-p) - p_w \\ \sigma_z = \sigma_v + 2\eta(p_w-p_p) \\ \tau_{r\theta} = 0 \end{cases} \quad (5.19)$$

根据结构有效应力概念，由式（5.13）和式（5.19）推导 $r=r_0$ 时上式各项的结构有效应力：

$$\begin{cases} \sigma_{r1}^S = p_w - \phi_c p_w \\ \sigma_{\theta 1}^S = \sigma_H + \sigma_h - 2(\sigma_H - \sigma_h)\cos 2\theta + 2\eta(p_w - p_p) - p_w - \phi_c p_w \\ \sigma_{z1}^S = \sigma_v + 2\eta(p_w - p_p) - \phi_c p_w \\ \tau_{r\theta} = 0 \end{cases} \quad (5.20)$$

式（5.20）是基于双重有效应力概念推导的直井裸眼井壁围岩应力状态方程，根据该方程可以分析直井裸眼井壁围岩的应力变化关系。

5.3.2.5 射孔完井孔眼围岩应力状态

对于射孔完井，情况则完全不同。由于油层段下了套管，地层是通过射孔孔眼与井筒进行联系的。高压液体首先从井筒流入射孔孔眼，然后通过孔眼把地层岩石压开。每个孔眼就相当于裸眼完井条件下的一个井眼。在所有的孔眼中，与最小水平主应力垂直或与最大水平主应力平行的孔眼中最容易产生垂直裂缝。

假设射孔的孔壁为圆柱体，射孔孔眼轴线与井筒轴线相交。井筒与射孔孔眼之间存在良好的连通，井筒和孔眼通道有相同的流体压力。同样可以利用和裸眼井相似的分析方法将其所受的力分成几部分进行求解，类似的可以得到射孔孔眼周围的周向应力表达式。

在 $\sigma_v > \sigma_H > \sigma_h$ 时压裂产生垂直裂缝，射孔完井孔眼周向结构有效应力状态表达式为：

$$\begin{cases} \sigma_{r2}^S = p_w - \phi_c p_w \\ \sigma_{\theta 2}^S = \sigma_v(1 - 2\cos 2\theta) + \sigma_h(1 + 2\cos 2\theta) + 2\eta(p_w - p_p) - p_w - \phi_c p_w \\ \sigma_{z2}^S = \sigma_h + 2\eta(p_w - p_p) - \phi_c p_w \\ \tau_{r\theta} = 0 \end{cases} \quad (5.21)$$

在 $\sigma_H > \sigma_h > \sigma_v$ 时压裂产生水平裂缝，射孔完井孔眼周向结构有效应力状态表达式为：

$$\begin{cases} \sigma_{r2}^S = p_w - \phi_c p_w \\ \sigma_{\theta 2}^S = \sigma_H(1 - 2\cos 2\theta) + \sigma_v(1 + 2\cos 2\theta) + 2\eta(p_w - p_p) - p_w - \phi_c p_w \\ \sigma_{z2}^S = \sigma_H + 2\eta(p_w - p_p) - \phi_c p_w \\ \tau_{r\theta} = 0 \end{cases} \quad (5.22)$$

式（5.21）和（5.22）是基于双重有效应力概念推导的直井套管射孔完井井壁围岩应力状态方程。两式分别描述了 $\sigma_v > \sigma_H > \sigma_h$ 和 $\sigma_H > \sigma_h > \sigma_v$ 两种情况，其中后一种情况并不常用。

5.4 储层围岩应力分形模型的实用形式及计算

由于建立的分形模型中存在各参数求取相对比较麻烦，存在不可测量等问题，为了现场应用的方便，对模型进行简化得到分形模型的实用形式，应用实用形式对 S 区块 1700～2300m 层位灰色细质砂岩、杂色含凝灰质砂砾岩及灰黑色砂砾岩进行了实例计算。

5.4.1 井壁围岩应力分形模型的实用形式

式（5.6）和式（5.7）的有效应力分形计算模型可以计算任意深度下和任意孔隙结构下的孔隙介质有效应力，但是模型中各参数求取相对比较麻烦。鉴于式（5.6）中 $C(L/r)^{D_L-2}$ 的大小等于孔隙介质的面孔隙度大小，所以孔隙介质的面孔隙度 ϕ_S 为：

$$\phi_S = \frac{S_2}{S} = C_1 \left(\frac{L}{r}\right)^{D_L-2} \tag{5.23}$$

由此，式（5.6）简化为：

$$\sigma_O = \phi_S p_p + (1-\phi_S)\sigma \tag{5.24}$$

同理，式（5.7）简化为：

$$\sigma_O = \phi_V p_p + (1-\phi_V)\sigma \tag{5.25}$$

式中 ϕ_V 为孔隙介质的体孔隙度。

对于严格的孔隙介质分形模型，会有 $C_1=C_2=C$，$D_L-2=D_S-3$。所以有：

$$\phi_S = \phi_V = \phi$$

由此，式（5.24）和式（5.25）可简化为统一式：

$$\sigma_O = \phi p_p + (1-\phi)\sigma \tag{5.26}$$

式（5.26）为孔隙介质有效应力分形模型的简化式。式中的 ϕ 为孔隙介质的宏观孔隙度，其值可以是分形方法测定的，也可以是常规方法测定的。

对式（5.26）虽然进行了简化，但是在公式中依然存在着两个不可测量的量 σ_O 和 σ。由于深部地层的应力环境复杂，总应力的组成并不只是来源于上覆岩层压力，构造应力也是总应力的重要组成部分。这样使得总应力的计算显得十分困难，有效应力的计算也就变得困难。为了现场应用的方便，认为垂向的总应力近似等于上覆岩层的压力，式（5.26）变为：

$$\sigma_V = \phi p_p + (1-\phi)\sigma \tag{5.27}$$

其中

$$\sigma_V = \int_0^H \rho_b(h)g\mathrm{d}h$$

$$\rho_b = (1-\phi)\rho_{ma} + \phi\rho_f$$

式中：H 为沉积物的埋藏深度，m；h 为深度积分变量；ρ_b 为岩石中骨架和流体的混合密度，g/cm^3；ρ_{ma} 岩石骨架的密度，一般为 2.0～3.4g/cm^3；ρ_f 为地层孔隙中的流体密度，g/cm^3。

在式（5.7）和式（5.27）的基础上分析一下模型中各参数对模型的影响。为了便于分析，我们令 T 代表孔隙尺寸上、下限比值。分别给出了 T 为 2、10、100 和 1000 时孔隙介质分形孔隙度与孔隙结构分形维数的变化关系。

如图 5.5 所示。在 T 值比较小时，孔隙度随分形维数变化呈近似直线关系，当 T 为 1 时呈直线关系。随着 T 值增大，曲线的指数关系逐渐明显；在相同的分形维数下，T 值越小其孔隙介质的孔隙度越大。

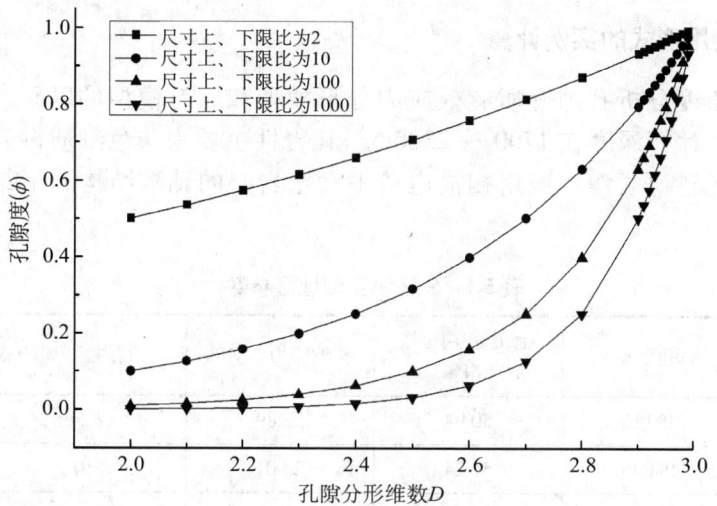

图 5.5 孔隙介质孔隙度 ϕ 随孔隙分形维数 D 的变化关系

在基岩应力和孔隙压力不变情况下，上覆岩层总应力随孔隙介质的孔隙结构分形维数增大而增大，并表现出指数关系。

根据式（5.7）及式（5.13）的变形，可以进一步得：

$$\sigma = \frac{\int_0^H \rho_b(h) g \mathrm{d}H - C_2 (L/r)^{D_S-3} p_p}{1 - C_2 (L/r)^{D_S-3}}$$

对于 $D_S=3$ 时，

$$\sigma = \frac{\int_0^H \rho_b(H) g \mathrm{d}H - C_2 p_p}{1 - C_2} \tag{5.28}$$

式中 C_2 为 $D_S=3$ 时的孔隙结构性质常数。

式（5.14）就是孔隙介质有效应力分形模型在三维下的另一种实用计算式。

有效应力的简化式（5.27）对井壁围岩应力状态方程中系数 η 进行简化，可得：

$$\eta = \frac{\phi}{2(1-\phi)} \frac{1-2\mu}{1-\mu} \tag{5.29}$$

常量 η 是由岩石的物性参数孔隙度 ϕ 和机械力学参数泊松比 μ 组成，它们共同描述了应力作用下岩石的响应情况。根据 5.2 节的研究成果，岩石的宏观统计孔隙度 ϕ 可以应用分形模型描述，由此可以将分形参数引入到井壁围岩应力状态分析中。

对于常量 η 中孔隙度的取值，在不同情况下代表了模型描述岩石渗滤类型不同。其取值范围为 $0 \leqslant \phi < 1$。当 $\phi = 0$ 时，上述模型描述了岩石为非渗透情况下的井壁应力状态；

$\phi \neq 0$ 时，模型描述岩石具有渗透性时的井壁应力状态。对于触点孔隙度其取值范围为 $\phi < \phi_c < 1$。孔隙度和触点孔隙度分别描述井内液柱压力在本体有效应力和结构有效应力上的贡献。

5.4.2 分形模型实用形式的实例计算

为了从微观角度分析孔隙介质有效应力分形模型和原有模型的区别，对 S 区块层位进行了对比计算。计算深度在 1700～2300m，其岩性主要为灰色细质砂岩、杂色含凝灰质砂砾岩及灰黑色砂砾岩等。应用扫描电镜来确定岩心的孔隙结构分形维数，所得数据见表 5.1。

表 5.1 S 区块实测地层参数

岩心号	深度，m	上覆岩层压力 MPa	孔隙压力，MPa	孔隙度，%	分形维数
1	2180.42	50.94	22.89	17.24	2.75
2	2191.45	51.24	23.01	8.10	2.37
3	2181.29	50.97	22.90	17.45	2.70
4	2288.29	53.84	24.03	7.45	2.44
5	1758.74	39.98	18.47	9.30	2.56
6	1749.19	39.74	18.37	15.84	2.65
7	1758.64	39.98	18.47	19.50	2.77
8	2168.47	50.63	22.77	16.63	2.72

分别应用泰尔扎吉模型式 (5.1)、李传亮模型式 (5.4) 和本文模型式 (5.7) 计算了有效应力，结果和误差列于表 5.2。

表 5.2 S 区块有效应力及误差对比表

岩心号	深度，m	区块有效应力，MPa			数据偏差①，%	
		式 (5.1)	式 (5.4)	式 (5.7)	式 (5.1) 与式 (5.7)	式 (5.4) 与式 (5.7)
1	2180.42	28.05	56.79	57.52	51.24	1.28
2	2191.45	28.23	53.73	53.69	47.43	0.06
3	2181.29	28.06	56.90	55.54	49.47	2.46
4	2288.29	29.81	56.23	56.78	47.51	0.97
5	1758.74	21.51	42.19	41.60	48.28	1.41
6	1749.19	21.37	43.76	43.22	50.55	1.26
7	1758.64	21.51	45.19	44.07	51.19	2.53
8	2168.47	27.86	56.18	55.54	49.84	1.15

注：①数据偏差算法是以式 (5.7) 为底的绝对值的百分数。

由表 5.2 可以看出，如果以李传亮模型式（5.4）为基准，式（5.1）与式（5.4）的平均偏差为 41.55%，而式（5.4）与式（5.7）的平均偏差为 0.97%。因此可以说应用本文模型在考虑分形条件下计算的有效应力是合适的。计算中使用的是扫描电镜测定的分形维数，若使用常规方法测定孔隙度，那么得到有效压力数据将和式（5.4）相等。

由于式（5.7）中各项参数的获取相对困难，造成使用困难。表 5.3 是应用简化式（5.57）和式（5.27）与原分形模型的计算结果对比，表中的 C 值是由 S 区块某井在分形维数为 2.4542 时计算得到的，即用 D_S=2.4542 时 C 值来代替 D_S=3 时的 C_1。

由表 5.3 看出，应用式（5.57）得到的计算结果与分形模型式（5.7）误差在 3% 以内，而式（5.27）得到的计算结果与分形模型式（5.7）误差在 5% 以内。

表 5.3 S 区块有效应力简化式的精度分析

岩心号	深度，m	C 值	区块有效应力，MPa			数据偏差，%	
			分形模型	式（5.57）	式（5.27）	分形模型与式（5.57）	分型模型与式（5.27）
1	2180.42	0.135	57.52	56.79	1.28	55.32	3.83
2	2191.45	0.135	53.69	53.73	0.06	55.64	3.63
3	2181.29	0.135	55.54	56.90	2.46	55.35	0.34
4	2288.29	0.135	56.78	56.23	0.97	58.49	3.00
5	1758.74	0.135	41.60	42.19	1.41	43.34	4.18
6	1749.19	0.135	43.22	43.76	1.26	43.07	0.33
7	1758.64	0.135	44.07	45.19	2.53	43.33	1.68
8	2168.47	0.135	55.54	56.18	1.15	54.97	1.02

在工程应用中，完全可以应用简化式来计算有效应力。此外简化式中的各项参数可以通过测井曲线来确定，因此可以依此建立有效应力随深度的变化剖面，这在工程应用中是十分方便的。

上面根据本书中公式对 S 区块各井不同深度的数据进行处理，下面应用有效应力模型来分析 S 区块某口井的有效应力随深度的变化剖面，具体计算步骤如下：

首先，用密度测井数据确定塔木察格盆地上覆岩层应力。本研究取得了 S 区块多井密度测井数据。将这些数据点进行回归分析，得到井深与密度的函数关系，回归的可决系数 R^2=0.8765。回归的井深和密度关系式如下：

$$\rho(h)=0.0003h+2.0094$$

将上式代入下式中：

$$\sigma_V = \int_0^H \rho(h)g\mathrm{d}h$$

对其进行积分，可以得到不同井深的上覆岩层压力的计算公式：

$$\sigma_v = \int_0^H 0.001\rho(h)g\mathrm{d}h = 0.001\int_0^H (0.0002h + 2.0012)g\mathrm{d}h$$
$$= 0.01 \times (2.0094H + 0.00015H^2)$$

其次，统计 S 区块的实测地层压力数据。实测数据分布在井深 1600～2600m，地层压力分布在 15～26MPa，区孔隙压力系数在 0.94～1.06 范围内，详见表 5.4。对表 5.4 的实测数据进行深度—地层压力的线性回归，回归的可决系数 $R^2=0.9197$。回归的井深和地层压力关系式如下：

$$y = 0.0101x - 1.5934$$

式中：y 为地层压力，MPa；x 为深度，m。

表 5.4 邻井试油压力数据表

序号	测压深度 m	静压 MPa
1	1988.75	18.49
	2314.81	21.08
	1815.86	16.09
	1801.09	16.97
	2477.19	22.86
2	2595.17	23.20
	2064.12	18.98
3	2257.97	20.81
	1879.31	17.69
	1689.07	15.76
4	2578.78	26.83
5	2094.72	19.32
	2042.27	18.64
6	2103.88	19.77

以上面计算的上覆岩层压力和地层孔隙压力作为数据源，根据式（5.8）和表 5.3 中的 C 值计算有效应力，具体如图 5.6。从图中可知：地层压力、上覆岩层压力和有效应力三个量随着深度的增加而增加，曲线形态符合三个应力随深度的分布规律。从大小顺序角度上，有效应力最大，上覆岩层压力居中，而地层压力最小。这与泰尔扎吉有效应力模型描述的上覆岩层压力为有效应力和地层压力之和的结论不符。从式（5.12）不难得出，地层压力和有效应力都可以是有效应力方程中数值最大的一个，也都可以是最小的量，但上覆岩层压力的数值一定在它们之间，所以会有 $p_p < \sigma_0 < \sigma$ 和 $\sigma < \sigma_0 < p_p$ 两种情况。$p_p < \sigma_0 < \sigma$ 属于正常的地层情况，如图 5.6 所示。而 $\sigma < \sigma_0 < p_p$ 为一些特殊情况，如异常高压地层或水力压裂等。

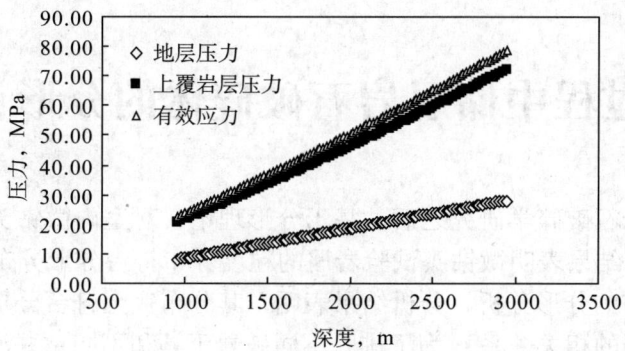

图 5.6 各应力随深度的变化剖面

6 钻进过程中储层岩石破碎体的分形计算方法

本章在对分形岩石破碎学研究之后,基于分形理论,对室内微钻头岩石可钻性岩屑的粒度分布进行分析,结果表明微钻头试验岩屑的粒度分布符合分形分布;同时进行了钻井上返岩屑的块度分布的分形分析,分析结果表明,其分布完全符合分形分布,其分形维数与钻屑深度具有很强的相关关系;为了排除不同破岩工具和不同钻井液条件等对上返岩屑块度分布的影响,对石油钻井井底上返岩屑进行标准化处理,即在相同条件下对上返岩屑进行二次破碎,岩石碎屑块度分形维数线性回归分析表明,其破碎粒度符合分形特征。

6.1 储层岩石破碎体的分形理论

岩石是一种具有严重初始损伤的复杂的地质材料,岩石结构中缺陷杂乱无章、随机分布。在载荷等外部因素作用下,它们不断萌生、扩展、聚集和贯通,最终导致岩石的宏观破碎。

由于岩石的各向异性,造成岩石在破碎过程中,在破碎形态上表现的千差万别,即使同一类岩石,在硬度和强度上也会有很大的差异。我们知道没有哪块岩石在组成上是均质的,没有哪两块破碎碎屑形态上是相同的,每一块岩石都在组成上和形态上表现着自己独特的一面,所以造成它们的千差万别,各具特色。尽管如此,破碎岩屑还是存在着内在的统一性。分形几何就是揭示这种统一性的方法体系。

分形理论是一门描述自然界中许多不规则和无序的现象及事物不规则程度的科学。分形维数是描述分形的一个最重要的参量,自相似性是分形的一个最重要的特征。自然界中遇到的许多图形,它们的自相似性是近似的或者是在统计意义上成立的。我们所研究的岩心破碎碎屑的分形也是在统计意义上进行的。虽然岩石在破碎形式上是不同的,在所得破碎形态上是各异的,我们通过分形方法还是可以得到岩心碎屑内部规律,如:破碎产物的分形维数,破碎产物的块度分布等。

6.1.1 岩石结构分形维数和破碎分形维数

经研究发现岩石结构要素,如粒度和孔隙度均具有自相似性,这表明可以使用分形几何学的理论和方法来研究。它们的分形维数称为粒度分形维数和孔隙度分形维数。岩石的粒度分形维数和孔隙度分形维数与岩石的单轴压缩强度之间具有良好的关系。

当岩石破碎后,产生许多大小不一的碎块,收集所有碎块,应用分级筛网称其不同尺寸下的累积质量分布,然后用质量统计法求得岩石碎块尺度分布的分形维数称之为破碎分形维数。

岩石结构分形维数和破碎分形维数之间的相关性对于评价岩石的可破碎性和岩石破碎效果及了解岩石破碎机理提供了新的视角。

图 6.1 为任意选取的一组砂岩岩样结构分形维数 D_0 与破碎分维 D_S 之间关系,从图中可以发现砂岩结构分维与破碎分维之间存在近似反比的关系,这表明岩石初始损伤程度对岩石

最终破碎效果有重要影响。影响岩石破碎的效果除了有加载方式、应力状态和岩性等因素外，岩石初始裂缝分布情况也具有同样重要的地位。

试验中发现，当砂岩初始损伤较严重时，即砂岩结构分维较大时，砂岩在较小的载荷下就已经发生裂隙交汇而导致破碎，强度较低时，岩样破碎时出现若干较大主断裂面，砂岩平均尺度较大，而碎块数目相对较少，因此碎块破碎分维较小；对于初始损伤分维较小的岩样，岩样强度较高，岩样从加载至破碎经历一个相对较长的损伤演化过程，岩样中裂隙生长充分，岩石破碎呈崩裂状态，甚至产生一些粉尘颗粒，碎块多且小，因此破碎分维较大，从而导致二者之间呈现反比关系。

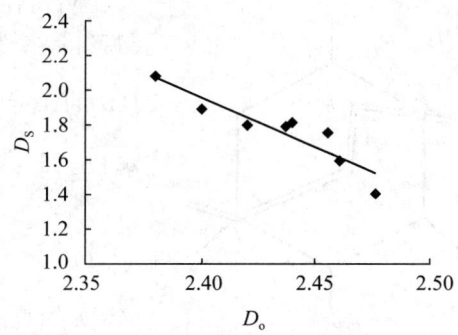

图 6.1 孔隙分布分维与块度分布分维的关系

6.1.2 岩石裂缝的分形形式

绝大多数岩石为晶体结构，其断裂表现为脆性断裂。从微观上看，断裂形式有沿晶脆断、穿晶脆断和耦合脆断。这几种断裂形式的裂纹扩展都是不规则的。大体上可视为沿 Z 字形扩展，大 Z 字形套小 Z 字形，存在统计自相似性，具有分形性质。岩石断裂形成的裂纹扩展的长度是随机的，也是极细致微妙的，其结果是断裂面必然产生随机的 Z 形嵌套分形结构，同时在断裂面存在无数已扩展过的分岔裂纹。其影响因素不仅有先天的微观原因，还取决于外力情况。

沿晶脆性断裂时，裂纹沿晶粒边界传播，假定晶体为正六边形，则裂纹有两种情况，如图 6.2。第一种情况 [图 6.2（a）] 中，折线 abc 为生成元，夹角 120°，$N=2$，$r=1/1.732$，故：

$$D_S = \frac{\ln 2}{\ln \sqrt{3}} = 1.262 \tag{6.1}$$

在第二种情况 [图 6.2（b）] 中，折线 abcd 为裂纹发展方向，$N=4$，$r=1/3$，所以有：

$$D_S = \frac{\ln 4}{\ln 3} = 1.262 \tag{6.2}$$

可见沿晶断裂的两种情况的分维是一致的。

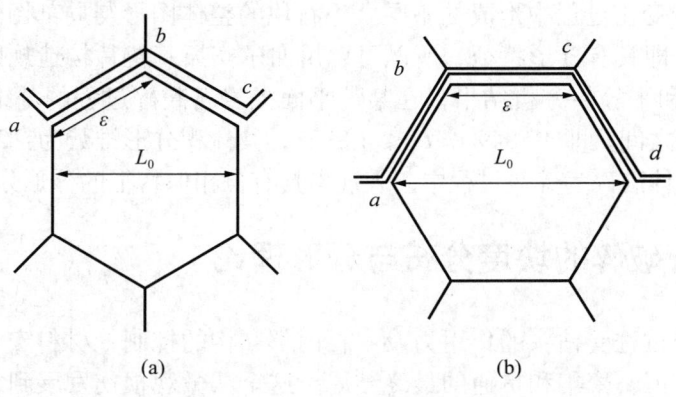

图 6.2 沿晶断裂分形模型

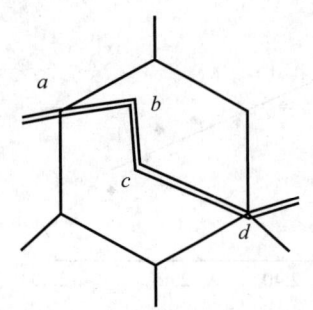

图 6.3 穿晶断裂分形模型

当岩石受到过大应力时，常发生穿晶断裂，如图 6.3。其主要特征是裂纹穿过晶粒，在晶粒平面内形成一个台阶。生成元 $abcd$ 的直线长度 $L_0=2\left(\sqrt{\varepsilon^2+(\varepsilon/2)^2}\right)=\sqrt{5}\varepsilon$，$N=3$，相似比 $\beta=\varepsilon/L_0=1/\sqrt{5}$，故分维：

$$D_S=\frac{\ln 3}{\ln \sqrt{3}}=1.365 \tag{6.3}$$

实际观测发现，在岩石断裂表面总能找到沿晶和穿晶断裂同时存在的断裂花样，其原因是除应力大小外，还因晶粒中的微裂纹、微孔隙和夹杂物的存在，引起两者耦合型断裂。

表 6.1 是不同断裂形式的分形维数及其断裂难易程度。

表 6.1 不同断裂形式的分维与断裂难易

断裂形式	分维理论值	分维实测值	断裂难易
沿晶（a）	1.262	1.18	容易
沿晶（b）	1.262	1.18	稍难
穿晶	1.365	1.31	难

可见，在同一晶粒尺寸下的岩石中，沿晶断裂容易，穿晶断裂困难，而从断裂分形维数来看，分形维数越大，越难断裂。

6.1.3 岩石破碎的三角形效应

岩石在爆破或机械作用下，虽然块度不同，形状各异，但从宏观来看，至少存在一个近似的三角形面。从物理学和力学角度分析，岩石在爆破冲击力或其他机械破碎力作用下破碎，三角形只需在三个方向上产生贯穿就可破碎，故三角形是最容易形成的形态，它耗能最小。如果从几何角度的三角形的变化来模拟岩石的破碎过程，则可看到，岩石在受爆破或冲击等外力作用下，由一个大三角石块破碎成几个近似的小三角形石块，部分石块再进一步破碎成更小的三角形石块。如此反复在外力作用下，依此类推，将得到更小和更多的破碎块。在这个变化过程中形成的不同大小石块的整体图形与局部图形具有相似性，局部是整体的缩影，即具有分形特征。所以可以用谢尔宾斯基垫片构造规则来模拟，其分维为 1.585。根据谢和平等的分析结果，在某一平面上岩石破碎过程的分维 D 可能介于谢尔宾斯基垫片和地毯之间，即 $1.5849 \leq D \leq 1.8928$，其体积分形维数为：$2.0 \leq D \leq 2.7268$。很显然，岩石由整体破碎为碎块过程中，表现出具有自相似特征的分形分布。

6.2 储层岩石破碎的块度分布与分形理论

钻井岩石破碎过程受钻头的作用力及岩石内部结构的控制，材料宏观破碎是其内部微裂纹不断发育、扩展、聚集和贯通的最终结果。这个从微观损伤发展到宏观破碎的过程是能量耗散过程，并具有分形性质，岩石材料的宏观破碎是由小破裂群体集中而成的，小破裂又是由更微小的裂隙演化和集聚而来，这种自相似的行为必然导致破碎后碎块块度分布也具有自相似的特征。因此可以根据分型理论建立岩石破碎的块度分布模型，并根据建立的模型计算岩石破碎的块度分形维数。

6.2.1 储层岩石破碎的块度分布模型

由分形的基本定义可得：

$$N=cr^{-D} \tag{6.4}$$

式中：r 是岩石碎屑的特征尺度；N 是特征尺度为 r 的碎块数目；c 是比例常数；D 为块度分布的分形维数。

令 r 为岩石碎屑的特征尺度，N 为特征尺度大于等于 r 的碎块数目，则分形定义被推广到连续的情况：

$$N=cr^{-D} \tag{6.5}$$

因此可以写成：

$$\frac{N}{N_0} = \left(\frac{r}{r_{\max}}\right)^{-D} \tag{6.6}$$

式中 r_0 为具有最大特征尺度 $r_{\max}$ 的碎块数目。

在对上返岩屑进行实际分析时，对特定尺度以上的碎块数进行计量是不方便的，为方便起见，可以将岩石碎块的尺度—频率关系转化成质量—频率分布的关系。

由于质量与块度尺寸的相关性为 $M \propto r^3$，碎块的质量—频率关系为：

$$\frac{N}{N_0} = \left(\frac{r}{r_{\max}}\right)^{-D} = \left(\frac{M}{M_{\max}}\right)^{-\frac{D}{3}} = \left(\frac{M}{M_{\max}}\right)^{-b}$$

由此可得：

$$D=3b \tag{6.7}$$

从式（6.7）可以看出，由质量—频率关系同样可以确定岩石块度分布的分形维数，下面就具体根据破碎岩石碎块的分布规律确定分形维数。

设有一系列不同孔径为 r 的"筛子"对上返岩屑颗粒进行筛选，直径小于 r 的碎屑颗粒漏下去，直径大于 r 的碎屑颗粒留在上面，颗粒总数 $N(r)$，$M(r)$ 为直径小于 r 的碎屑颗粒的估计质量，M 为碎屑颗粒的总质量，假设碎屑颗粒遵循式（6.8）的频率分布，即：

$$\frac{M(r)}{M} = 1 - \exp\left[-\left(\frac{r}{r_0}\right)^b\right] \tag{6.8}$$

r_0 为平均尺寸，当 $r/r_0 \ll 1$ 时，对式（6.8）按级数展开舍去第二项，上式可变为：

$$\frac{M(r)}{M} = \left(\frac{r}{r_0}\right)^b \tag{6.9}$$

比较式 (6.8) 和式 (6.9)，表明在 r 较小的部分，两式的结果相同。
对式 (6.9) 求导，有：

$$dM \propto r^{b-1}dr \tag{6.10}$$

由分形的概念知：

$$N(r) \propto \lambda^{-D} \tag{6.11}$$

考虑到 $dM \propto r^3 dN$，有：

$$r^{b-1}dr \propto r^3 \cdot r^{-D-1}dr$$

由上式关系知：

$$D = 3 - b \tag{6.12}$$

D 即为分维数，b 为 $M(r)/M$—r 在双对数坐标下的斜率值，$M(r)/M$ 为直径小于 r 的碎屑颗粒的累计百分含量。

上式推导中，$r/r_0 \ll 1$ 的假设在很大程度上限制了推导结果的适用性，为此，可以从分形维数的定义基础上进行推导。

设 $N(r)$ 为尺寸大于 r 的碎块总数，$N(r_0)$ 为总的碎块数，r_0 与平均块度有关，由分形维数的定义可得：

$$N(r) = Cr^{-D} \tag{6.13}$$

$$N(r_0) = Cr_0^{-D} \tag{6.14}$$

因此下式存在：

$$\frac{N(r)}{N(r_0)} = \left(\frac{r}{r_0}\right)^{-D} \tag{6.15}$$

以 $N(r)$ 代替 $N(r_0) - N(r)$，将式 (6.15) 变形为：

$$\frac{N(r)}{N(r_0)} = 1 - \left(\frac{r}{r_0}\right)^{-D} \tag{6.16}$$

令 $N(r_0) = N_0$，则重量百分比可表示为：

$$\frac{M(r)}{M(r_0)} = \frac{\int_0^r \frac{4}{3}\pi\rho x^3 d(N/N_0)}{\int_0^{r_{max}} \frac{4}{3}\pi\rho x^3 d(N/N_0)} = \frac{\int_0^r x^3 d(N/N_0)}{\int_0^{r_{max}} x^3 d(N/N_0)} = \left(\frac{r}{r_{max}}\right)^{3-D} \tag{6.17}$$

式中：$M(r)$ 为尺寸小于 r 的碎块质量；$M(r_0)$ 为总质量；r_{max} 为碎块最大线性尺寸。

式 (6.17) 可以描述整个尺寸范围，并达到相当的精度。由式 (6.17) 可得到关于 D 的一个关系式。这是由实测得到的。

6.2.2 储层岩石破碎的块度分形维数计算方法研究

根据上节可知：$M(r)/M(r_0) = (r/r_{max})^{3-D}$，我们可以建立 $M(r)/M(r_0)$—r 的双对数坐标

系，这里：$M(r)/M(r_0)$ 是直径小于 r 的岩块的质量筛下百分含量，双对数坐标系下回归直线的斜率即为 b 值。再利用式 $D=3-b$，可求出各上返岩屑分布的分形维数。

双对数坐标上的上返岩屑块度分布直线斜率即为 b，其求法是典型的一元线性回归问题，变量为：$\lg[M(r)/M(r_0)]$ 和 $\lg r$。

6.3 储层岩石破碎体的分形特征

室内微钻头破碎岩石试验产生的岩屑，其粒度分布与实际钻井过程中上返岩屑的粒度分布应该具有一致性，为了说明岩石破碎后的分形维数与岩石可钻性的关系，在室内对大庆油田 C144 井岩心进行微钻头可钻性试验，逐一测定岩样的牙轮钻头可钻性级值、压入强度和分形维数。为检验上返岩屑是否遵循分形规律，其精确程度如何，在模型实际应用之前，在实验室进行了上返岩屑粒度的筛分试验。为了排除不同破岩工具和不同钻井液条件等对上返岩屑块度分布的影响，对石油钻井井底上返岩屑进行标准化处理。

6.3.1 微钻头破碎岩屑的块度分布与分形维数研究

6.3.1.1 实验方法

对微钻头破碎岩屑的块度分布与分形维数研究时由于存在下面原因进行微牙轮钻头室内岩石可钻性试验，同时对这些岩心进行了硬度试验，以便于进行分析和比较。

（1）钻井过程中的上返岩屑与微钻头可钻性试验的岩屑虽然破碎机理相同，粒度分布与分形关系具有一致性，但在研究过程中，用上返岩屑计算的分形维数只能与其在同一构造同一层位已经取过岩心的井进行比较，也就是说，室内测量得到的岩石可钻性级值与用钻井上返岩屑测量的分形维数不可能统一。

（2）只有室内微钻头岩石可钻性试验才可能使岩石可钻性级值与岩屑一一对应，这一点在研究用上返岩屑进行可钻性评定的可行性时非常重要。

以大庆油田 C144 井岩心为试验对象，取心深度在 1800～2000m。把记录深度和岩性的岩心制成试验岩样，逐一测定岩样的牙轮钻头可钻性级值、压入强度和分形维数。

6.3.1.2 试验结果分析

牙轮钻头可钻性级值试验条件：微钻头直径 31.75mm，钻压 91kg，转速 55r/min，钻深 2.4mm。每块岩样做 6 组微钻头试验取平均值，将牙轮微钻头破碎岩样获得碎屑选用 6 个不同孔径筛子称其筛下百分含量。筛孔是方形，孔径分级为 0.3mm、0.6mm、0.8mm、1mm、1.25mm、1.6mm、2mm。对每组数据用本章 6.2 节的方法进行处理，便可计算出上返岩屑块度分布的分形维数。表 6.2 是微钻头岩石可钻性试验后岩屑的筛分情况。

表 6.2 微钻头岩石可钻性试验后岩屑的筛分组成

岩样号	不同尺寸筛网筛上累计百分比，%						
	0.6mm	0.8mm	1mm	1.25mm	1.6mm	2mm	5mm
1	24.63235	39.33824	49.81618	63.87868	81.15809	90.53309	100
2	26.4214	39.79933	49.83278	60.20067	80.93645	89.29766	100
3	26.4214	39.79933	49.83278	60.20067	80.93645	89.29766	100

续表

岩样号	不同尺寸筛网筛上累计百分比，%						
	0.6mm	0.8mm	1mm	1.25mm	1.6mm	2mm	5mm
4	31.66227	49.60422	67.81003	89.18206	100	100	100
5	23.45416	35.18124	43.92324	55.86354	74.62687	82.94243	100
6	22.04526	35.62448	44.09053	55.90947	76.36211	81.47527	100
7	20.19893	31.21653	39.09717	51.33894	66.41163	74.06274	100
8	27.69231	44.69231	55.46154	69.23077	86.23077	95.30769	100
9	24.49265	32.82015	40.51784	48.91533	64.31071	71.30861	100
10	19.59038	30.54319	38.73553	48.53072	64.38112	70.61443	100
11	36.4486	52.1028	61.56542	71.84579	83.8785	88.5514	100
12	12.77502	21.36267	27.96309	36.69269	51.0291	59.54578	100
13	13.82615	23.40862	30.93771	41.06776	55.16769	62.35455	100
14	40.81633	57.14286	67.17687	77.04082	87.58503	91.15646	100
15	30.65327	44.72362	53.09883	63.31658	78.05695	82.57956	100

将上述分析结果按上一节的方法建立 $M(r)/M(r_0)$—r 的双对数坐标系，画出分布曲线图，图 6.4 是不同岩石可钻性测量之后，其岩屑的分形曲线图。

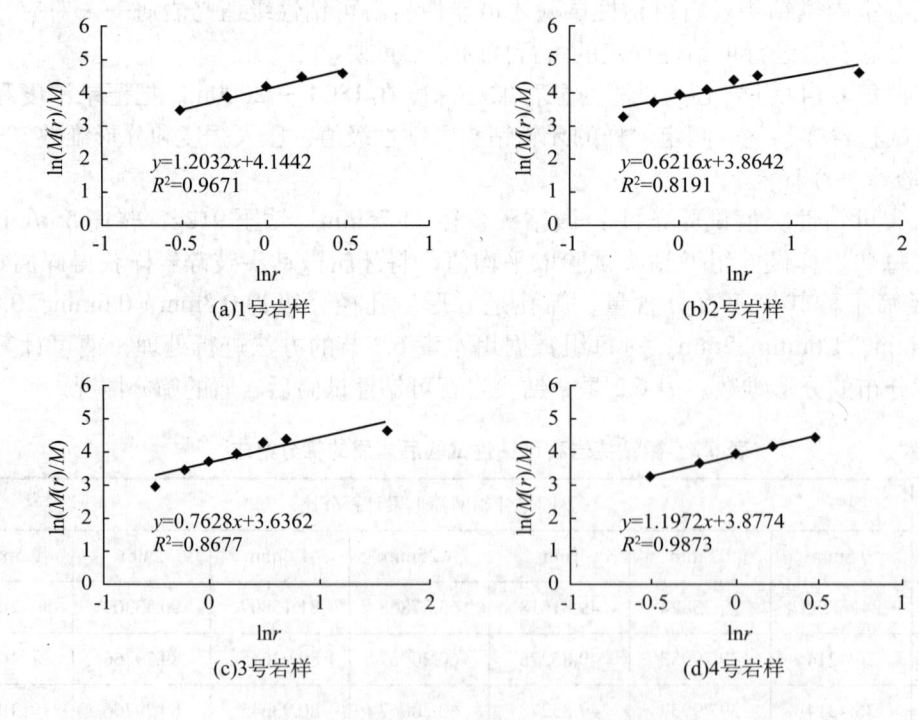

(a)1号岩样　　(b)2号岩样　　(c)3号岩样　　(d)4号岩样

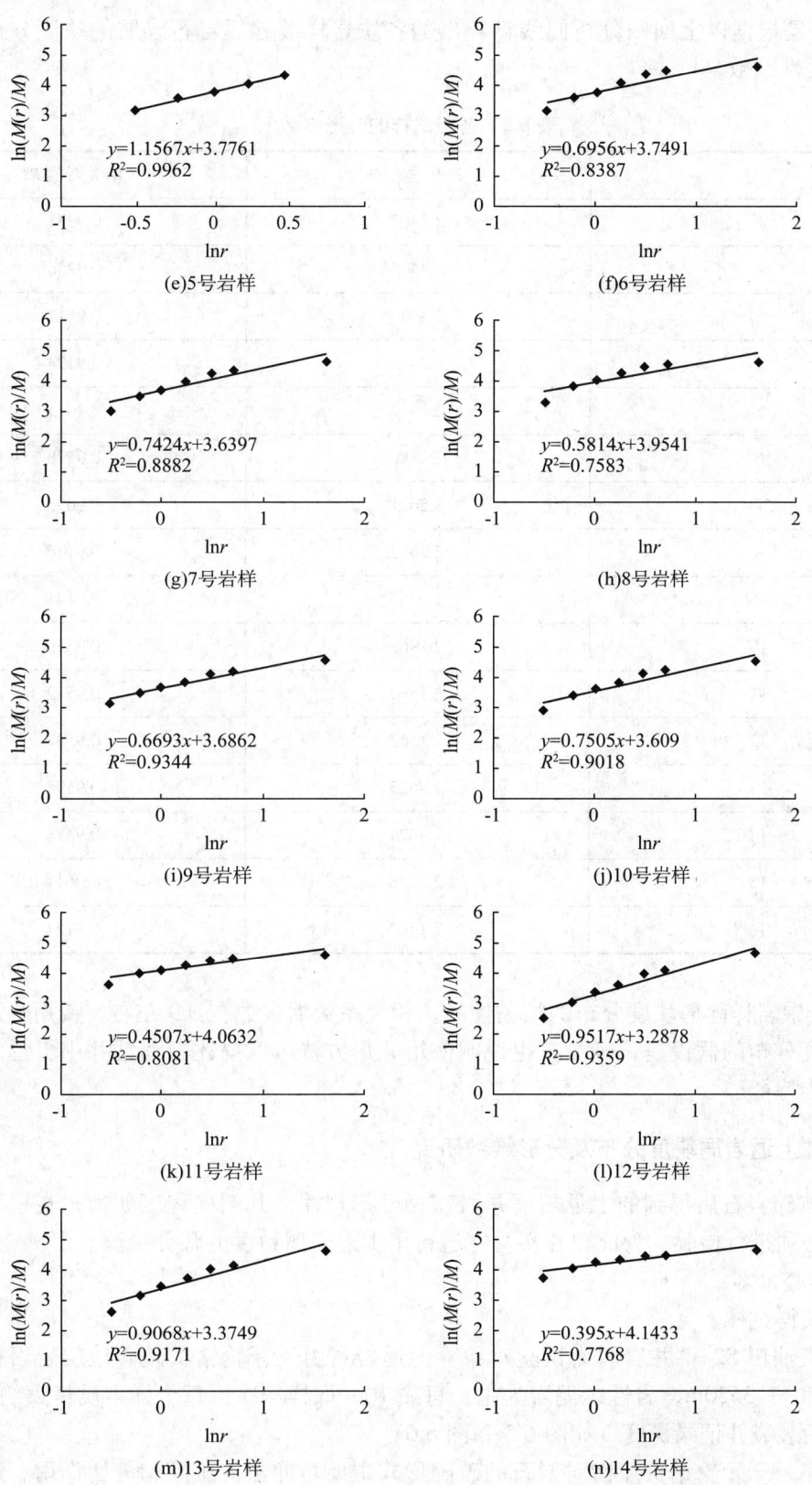

图 6.4 各组微钻头试验岩屑的分形曲线

表 6.3 是根据以上回归分析曲线计算出的各块岩样破碎后岩石碎屑的块度分布分形维数及其相关性系数。

表 6.3 各组试样的分形维数

序号	分形维数 D	相关系数 R^2
1	2.2307	0.9281
2	2.4495	0.9256
3	2.3493	0.9611
4	2.0483	0.9124
5	2.1932	0.9075
6	2.305	0.9228
7	2.2631	0.9693
8	2.2372	0.9176
9	2.0784	0.9141
10	2.1968	0.9359
11	2.1563	0.9572
12	2.1563	0.9587
13	1.8625	0.9594
14	1.9624	0.9478
15	2.5186	0.9611
16	2.1307	0.9124

表 6.3 中岩样碎屑块度分布的相关性高，相关系数大多数在 0.9 左右。使用分形分析岩样碎屑块度分布的假设是正确的，也说明使用分形方法可以描述石油钻井中上返岩屑块度分布的分形特征。

6.3.2 钻井上返岩屑块度分布及分形维数研究

钻头破碎岩石后得到的上返岩屑是否遵循分形规律，其精确程度如何，在模型实际应用之前，必须进行检验。为此，在实验室进行了上返岩屑粒度的筛分试验。

6.3.2.1 实验准备

（1）获得试样。

以大庆油田 S2-7 井岩屑为试验对象。上返岩屑由三牙轮钻头破碎地层岩石得到，层位取自 3270～3520m，岩性以泥岩为主。每隔 10m 取样一次。每个样本质量大约在 200g，自然干燥后装袋并记录深度（如图 6.5 和图 6.6）。

在井底，三牙轮钻头牙齿对岩石的破碎形式主要是冲击、压碎和剪切作用。适用于软和中硬地层的剪切作用是通过牙轮锥顶的超顶、复锥和移轴产生滑移来实现，破岩产物多以片状岩屑为主。图中 S2-7 井上返岩屑虽然大小不一，形状各异，但是多为片状多棱角碎屑，符合三牙轮钻头破岩特性。

图 6.5　S2-7 井深度 3415m 的上返岩屑　　　　图 6.6　S2-7 井深度 3475m 的上返岩屑

为了保证岩样的适用性，取样应该注意以下几点：

①取样要保证岩样岩性的一致性。即在一定的深度范围内，保证所取岩样岩性是一致的，即保证岩石是泥岩或砂岩。这样可以验证上返岩屑粒度分布模型的准确性和精确度。

②在全井段取样要保证岩样岩性的多样性。即保证在多个井段既有泥岩段，也要取到砂岩及其他岩性段。这样可以验证上返岩屑粒度分布模型对各种岩性岩石的适用性。

③岩样的质量。每个样本的总重量应在 100g 以上，以 200g 为宜。这样各个级别都可以覆盖到一定数量的碎屑颗粒，可保证测量结果的准确性，而且筛分工作量不致于过大。

④取样深度。取样深度要有一定的范围，不同范围岩屑所受地应力状态不一样，形成岩屑也会有所区别，进而可以分析同一岩性岩屑随深度变化的关系。

（2）实验设备。

实验设备有：试样筛，天平。

试样筛筛孔是方形，孔径分级为 0、1.0mm、1.6mm、2.0mm、5.0mm、10.0mm。天平主要是称量每级筛上上返岩屑质量。

（3）实验步骤。

①称量试样总质量；

②对每份上返岩屑进行筛分，把各个级别的上返岩样从中分离出来；

③分别对上返岩屑各个级别的岩块进行称重，求出各个级别岩屑的质量并记录；

④数据处理。

对下一组试样重复上述①~④步。

6.3.2.2　实验结果及分析

表 6.4 是上返岩屑试样按照实验步骤进行筛分和称量的结果，图 6.7 和图 6.8 是 3410m 深的岩屑 4mm 筛上和 2mm 筛上的岩屑，从图中可以看出，虽然大小不同，但形状相似。

将表 6.4 中的块度累计相对量和岩屑尺寸在对数坐标中做相关性图，然后用最小二乘法对图中的点进行回归，得出各组试样的分形维数及其相关系数，图 6.9~图 6.43 是不同深度 $M(r)/M(r_0)$—r 相关关系图。

表 6.4 岩屑筛分组成表

筛网尺寸, mm 取样本深度, m	筛下累计百分含量, %					
	0	1.0	1.6	2.0	5.0	10.0
3270	0	3.524752	20.0396	27.76238	73.42574	95.52475
3280	0	2.810304	20.37471	32.9274	72.27166	95.7377
3290	0	3.181596	18.55115	28.73226	64.51297	95.7905
3300	0	4.252577	32.98969	47.07904	85.0945	97.42268
3310	0	4.593875	33.4221	46.40479	82.8229	94.80692
3320	0	2.708444	23.20765	32.97929	74.24323	92.8837
3330	0	5.116059	25.62766	35.05448	71.24586	96.49455
3340	0	9.275136	27.51364	39.75058	76.69525	100
3350	0	8.461948	30.9207	44.65141	80.20224	96.80681
3360	0	7.609669	37.64548	49.86571	89.07789	100
3370	0	7.752877	32.04119	47.78922	82.55603	100
3380	0	8.470226	34.85626	48.61396	84.39425	100
3390	0	1.99398	15.31226	26.37321	63.92024	93.49135
3400	0	5.227181	27.02051	35.06232	72.69803	95.577
3410	0	4.864208	24.84799	37.13012	75.43575	97.20308
3420	0	9.140461	32.20126	43.68973	80.33543	100

图 6.7 深度 3415m 上返岩屑 4mm 筛上筛分

图 6.8 深度 3415m 上返岩屑 2mm 筛上筛分

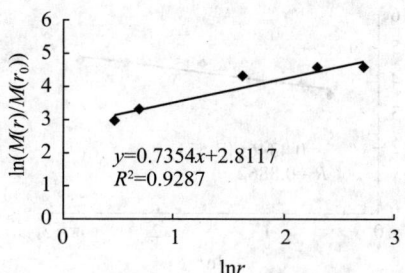

图6.9 3275m岩屑样本分形曲线

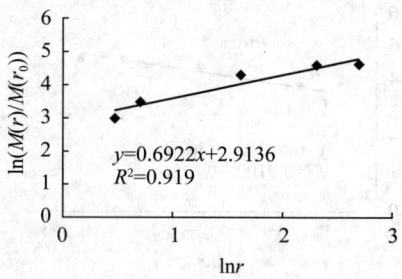

图6.10 3285m岩屑样本分形曲线

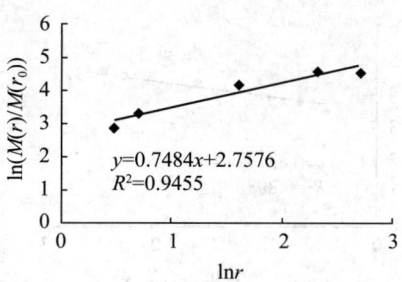

图6.11 3295m岩屑样本分形曲线

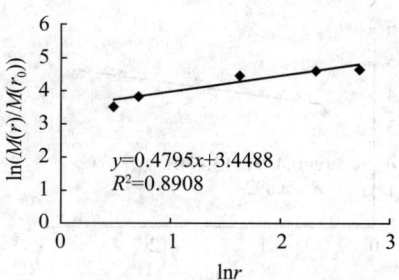

图6.12 3305m岩屑样本分形曲线

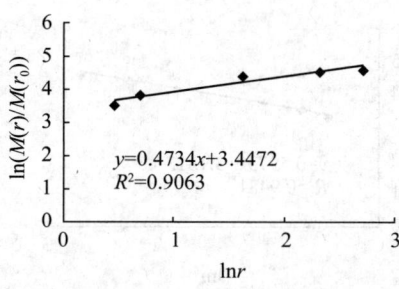

图6.13 3315m岩屑样本分形曲线

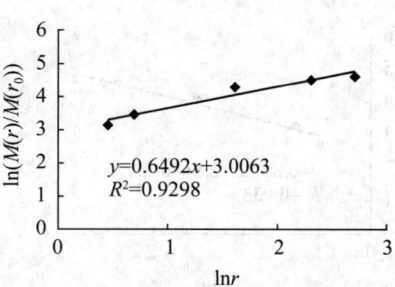

图6.14 3325m岩屑样本分形曲线

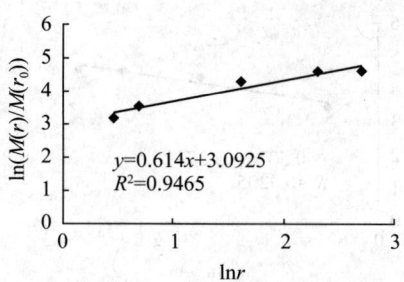

图6.15 3335m岩屑样本分形曲线

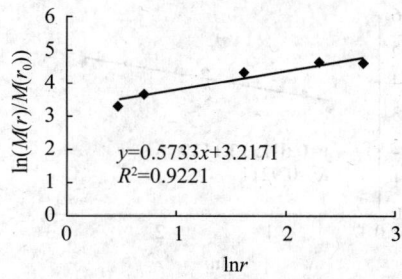

图6.16 3345m岩屑样本分形曲线

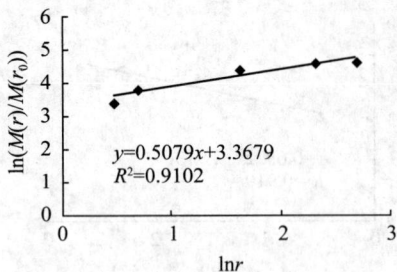
图 6.17　3355m 岩屑样本分形曲线

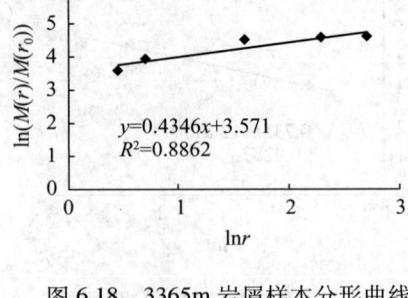
图 6.18　3365m 岩屑样本分形曲线

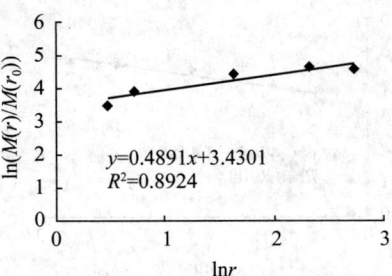
图 6.19　3375m 岩屑样本分形曲线

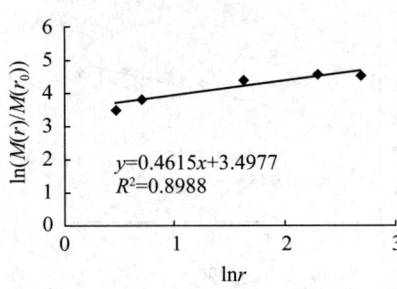
图 6.20　3385m 岩屑样本分形曲线

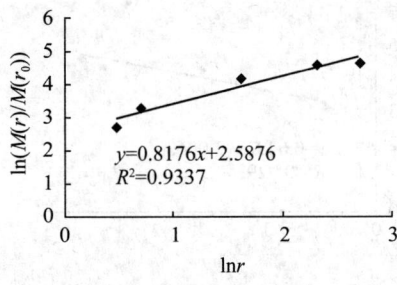
图 6.21　3395m 岩屑样本分形曲线

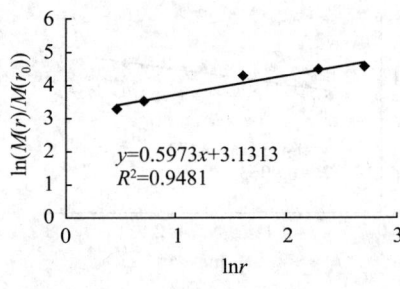
图 6.22　3405m 岩屑样本分形曲线

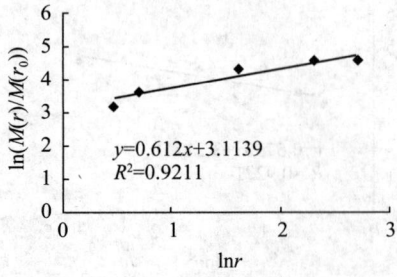
图 6.23　3415m 岩屑样本分形曲线

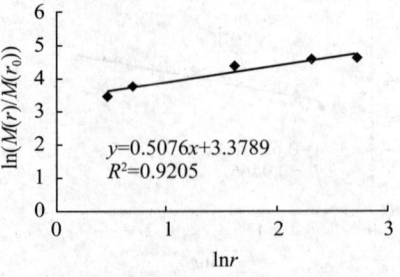
图 6.24　3425m 岩屑样本分形曲线

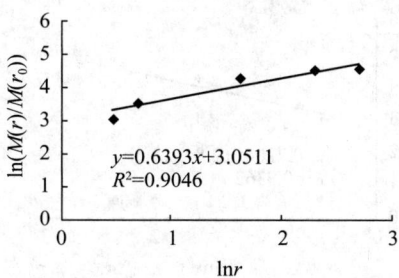

图 6.25　3435m 岩屑样本分形曲线

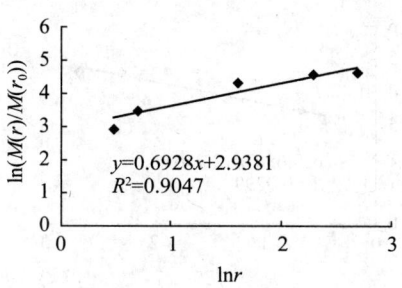

图 6.26　3445m 岩屑样本分形曲线

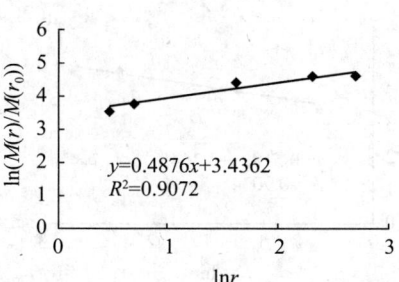

图 6.27　3455m 岩屑样本分形曲线

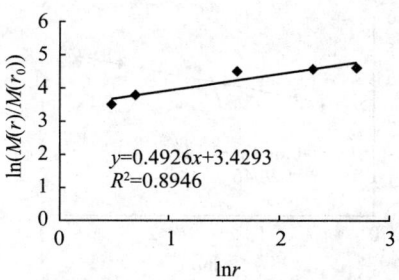

图 6.28　3465m 岩屑样本分形曲线

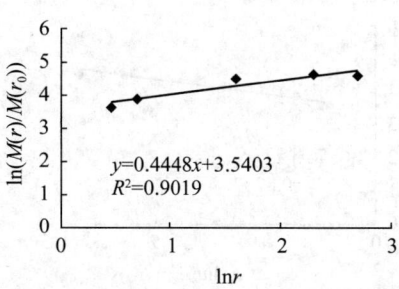

图 6.29　3475m 岩屑样本分形曲线

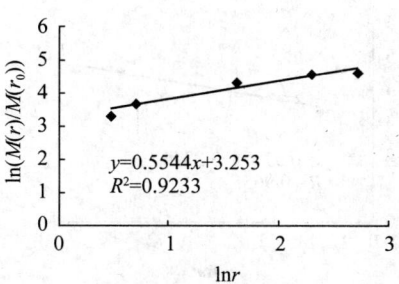

图 6.30　3485m 岩屑样本分形曲线

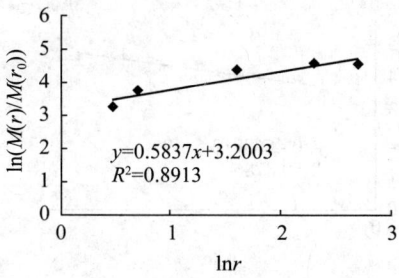

图 6.31　3495m 岩屑样本分形曲线

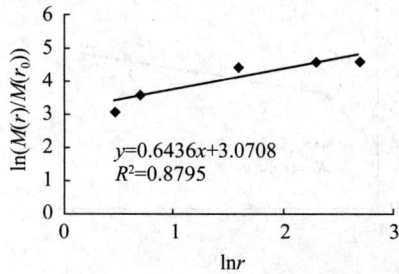

图 6.32　3505m 岩屑样本分形曲线

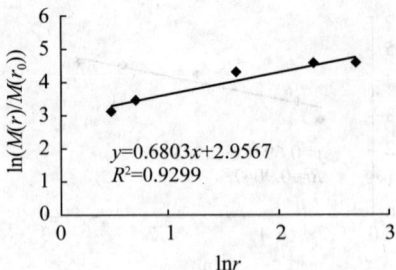

图 6.33　3515m 岩屑样本分形曲线

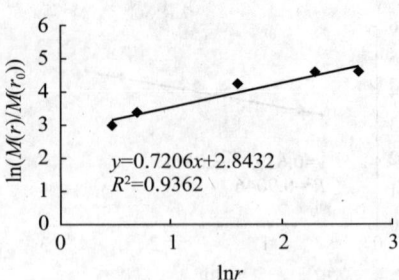

图 6.34　3525m 岩屑样本分形曲线

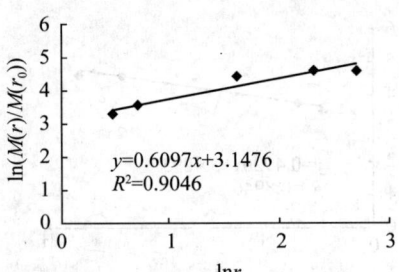

图 6.35　3535m 岩屑样本分形曲线

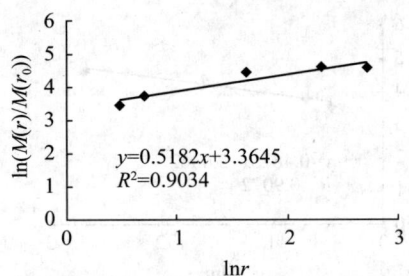

图 6.36　3545m 岩屑样本分形曲线

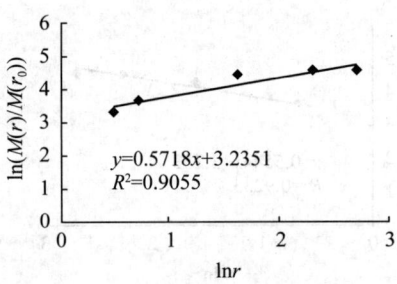

图 6.37　3555m 岩屑样本分形曲线

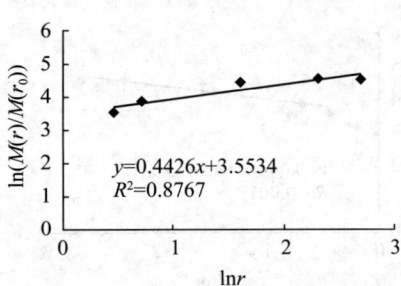

图 6.38　3565m 岩屑样本分形曲线

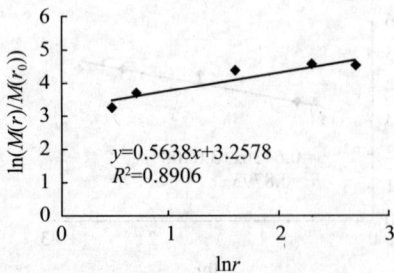

图 6.39　3575m 岩屑样本分形曲线

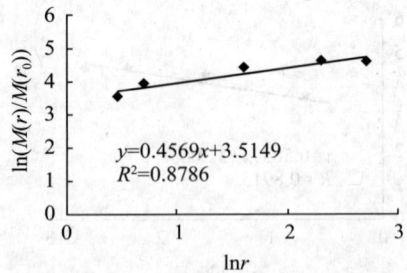

图 6.40　3585m 岩屑样本分形曲线

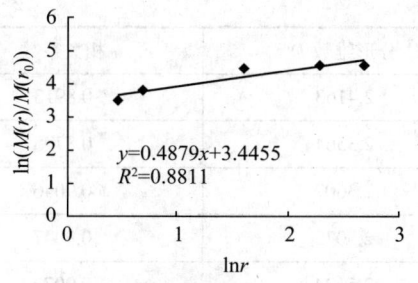
图 6.41 3595m 岩屑样本分形曲线

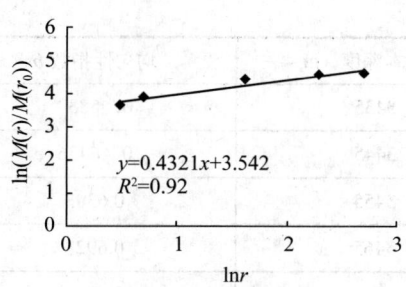
图 6.42 3605m 岩屑样本分形曲线

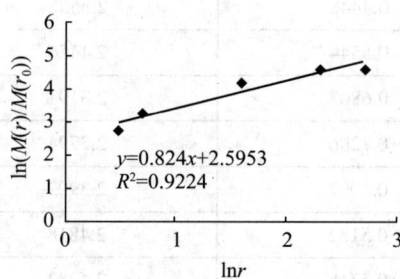
图 6.43 3615m 岩屑样本分形曲线

将各组岩样筛分结果进行统计分析，得出分形维数及其相关性系数见表 6.5。

表 6.5 各组样本的分形维数

取样本深度, m	均匀性指数 b	分形维数 D	相关系数
3275	0.735	2.265	9287
3285	0.6922	2.3078	0.919
3295	0.7484	2.2516	0.9455
3305	0.4795	2.5205	0.8908
3315	0.4734	2.5266	0.9063
3325	0.6492	2.3508	0.9298
3335	0.614	2.386	0.9465
3345	0.5733	2.4267	0.9221
3355	0.5079	2.4921	0.9102
3365	0.4346	2.5654	0.8862
3375	0.4891	2.5109	0.8924
3385	0.4615	2.5385	0.8988
3395	0.8178	2.1822	0.9337
3405	0.5973	2.4027	0.9481
3415	0.612	2.388	0.9211
3425	0.5076	2.4924	0.9205

续表

取样本深度, m	均匀性指数 b	分形维数 D	相关系数
3435	0.5837	2.4163	0.8913
3445	0.6436	2.3564	0.8795
3455	0.6393	2.3607	0.9046
3465	0.6928	2.3072	0.9047
3475	0.4876	2.5124	0.9072
3485	0.4926	2.5074	0.8946
3495	0.4448	2.5552	0.9019
3505	0.5544	2.4456	0.9233
3515	0.6803	2.3197	0.9299
3525	0.7206	2.2794	0.9362
3535	0.6097	2.3902	0.9046
3545	0.5182	2.4818	0.9034
3555	0.5718	2.4282	0.9055
3565	0.4426	2.5574	0.8767
3575	0.5638	2.4362	0.8906
3585	0.4569	2.5431	0.8786
3595	0.4879	2.5121	0.8811
3605	0.4321	2.5679	0.92
3615	0.824	2.176	0.9224

分析表 6.5 数据，可以看出，尽管所取岩屑深度不同，但这些样本的块度具有较好的分形结构，统计的相关性系数在 0.9 左右，分形维数在 2.10～2.60 变化，从分析结果看，小块度所占的百分值越大，维数越大。另外，本岩屑样本是从钻井过程中的振动筛以上取得的，由于振动筛以下还有一小部分，取样和分离比较困难，如果考虑这部分，统计的相关性系数还要高。

6.3.3 地面岩屑标准化之后的块度分布及分形维数研究

6.3.3.1 试验方案

为了能够直接反映出重新破碎的岩石碎屑的分形维数与岩石力学性质可钻性的关系，本文以大庆油田深井岩心为试验对象，将在室内已经测量过力学性质和可钻性的岩石进行初步加工，初步加工后的岩石碎屑与上返岩屑相似，颗粒尺寸在 2～5cm，使用锤式破碎机（其性能参数见表 6.6）再次破碎 3min，得到岩心碎屑颗粒后进行筛分称量。

6.3.3.2 岩屑块度分布的分形计算

将破碎后的岩样进行筛分，选用 8 个不同孔径的筛子，筛孔是方形，孔径分别为 0、0.06cm、0.1cm、0.5cm、1cm、1.4cm、1.8cm 及 2.5cm，表 6.7 是实验得到的部分筛分数据结果。

表 6.6　锤式破碎机性能参数

转子工作直径/长度 mm	转子转速 r/min	进料口尺寸 mm	进料尺寸 mm	出料粒度 mm	处理能力 t/h	电动机功率 kW	重量 t
400/175	1000	145×270	0～50	0～30	0.5	5.5	0.5

表 6.7　岩石碎屑筛分组成

筛网尺寸，cm	0	0.06	0.1	0.5	0.8	1.2	1.6	2	2.5
试样 1，%	0	8.23	17.46	30.23	42.56	58.65	72.45	84.12	100
试样 2，%	0	12.56	20.15	38.45	51.25	65.25	79.52	91.25	100
试样 3，%	0	4.89	12.25	25.68	37.41	49.18	65.48	78.42	100
试样 4，%	0	5.26	15.64	30.88	45.68	61.89	72.45	87.25	100

将表 6.7 中的块度累计相对量和岩屑尺寸在对数坐标中做相关性图，然后用最小二乘法对图中的点进行回归，得出各组试样的分形维数及其相关系数，图 6.44 是相关关系图，表 6.8 是各组岩样分形维数及其相关性系数。

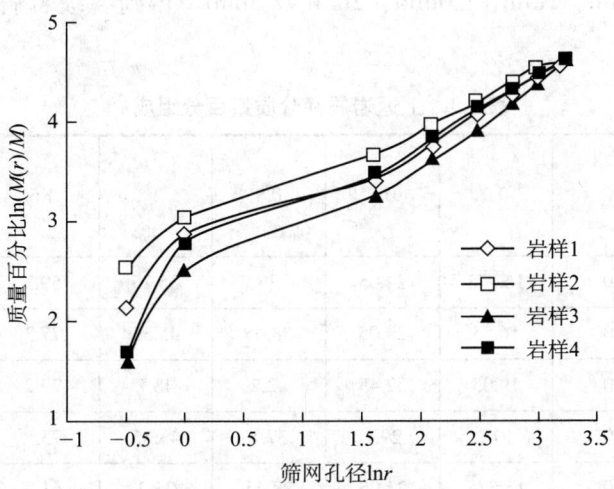

图 6.44　各组试样的分形曲线

表 6.8　各组试样的分布回归数据

岩样	均匀性指数 n	分形维数 D	相关系数
试样 1	0.92496	2.3894	0.98292
试样 2	0.53649	2.4635	0.99554
试样 3	0.7281	2.2719	0.98678
试样 4	0.69107	2.3089	0.96456

经过对比分析认为，高丁－舒曼（Gaudin-Schuhmann）分布函数与实测结果最接近。而从各组试样的相关性系数来看，其相关性系数均在 0.95 以上，这表明岩石在这种破碎方式下符合分形特征。

由上述拟合直线结果我们可以看出，破碎岩石颗粒分布分形维数的相关系数达到了 0.96 以上，可以说明，岩石碎屑标准化后的块度分布完全符合分形分布。

6.3.4　钻井上返岩屑标准化之后的块度分布及分形维数研究

6.3.4.1　试验方案

在室内进行了岩石可钻性试验并对这些样本进行破碎标准化后，其块度分布完全满足分形分布，但是本研究的最终目的是用上返岩屑进行岩石可钻性预测，因此，必须对上返岩屑进行初选，然后进行标准化处理，以此来判断上返岩屑标准化处理后是否符合分形分布。

本实验仍以前面分析过的大庆油田升深 2-7 井岩屑为试验对象。并对这些岩屑进行初选，初选的岩屑尺寸在 5~10mm，用前面提到的破碎设备进行二次破碎。得到岩心碎屑颗粒后进行筛分称量。

6.3.4.2　岩屑块度分布的分形计算

将破碎后的岩样进行筛分，选用 8 个不同孔径的筛子，筛孔是方形，孔径分别为 0、0.3mm、0.6mm、0.8mm、1mm、1.6mm、2mm 及 5mm，得到各级岩屑粒度筛分质量百分比，见表 6.9。

表 6.9　上返岩屑筛分质量百分组成

筛网尺寸，mm 取样深度，m	0	0.3	0.6	0.8	1	1.6	2	5
3275	0	16.175	24.05	30	35.25	59.3	65.8	94.05
3285	0	16.55	29.05	38.05	45.55	77.3	87.5	100
3295	0	19.05	32.45	42.2	48.7	79.2	89.7	100
3305	0	19.1	29.1	37.1	43.35	73.5	80.85	98
3315	0	15.575	22.95	28.45	33.2	61.2	68.375	95.25
3325	0	18.425	26.175	32.175	37.05	63.05	70.8	94.75
3335	0	19.75	32.75	41.75	48.75	76.25	84.75	100
3345	0	14.75	25.75	33.75	39.5	69	80	100
3355	0	20.875	31.625	39.625	45.75	70.75	78.25	95.75
3365	0	18.6	31.35	39.85	46.85	74.35	84.6	100
3375	0	21.18	34.18	43.18	50.93	77.5	85.5	100
3385	0	19.475	28.725	35.725	41.225	66.475	73.85	96.5
3395	0	16.05	25.05	32.1	37.85	67.35	74.475	96.85

续表

取样深度, m \ 筛网尺寸, mm	0	0.3	0.6	0.8	1	1.6	2	5
3405	0	25.55	39.55	48.15	54.65	79.9	88	100
3415	0	32.35	46.35	55.15	62.4	83.4	89.5	100
3425	0	26.05	35.6	42.35	47.6	69.65	75.4	94.25
3435	0	28.15	44.65	54.95	62.7	90.6	96.1	100
3445	0	38.14	56.71	67.71	76.28	94.5	98.45	100

将表 6.9 中上返岩屑的各级筛分数据进行分形维数回归计算,得到各组岩屑块度分布的分形维数和相关系数数据于表 6.10。

表 6.10 上返岩屑块度分布回归数据表

井深, m	相关系数	分形维数 D
3275	0.9281	2.3275
3285	0.9256	2.3101
3295	0.9611	2.3659
3305	0.8796	2.3645
3315	0.8462	2.2959
3325	0.9228	2.3641
3335	0.9693	2.3853
3345	0.9176	2.2707
3355	0.9141	2.4181
3365	0.9359	2.3615
3375	0.9572	2.4106
3385	0.9587	2.3864
3395	0.9306	2.3049
3405	0.9425	2.483
3415	0.9463	2.5739
3425	0.9331	2.5081
3435	0.929	2.5177
3445	0.9594	2.6426

从计算结果中我们可以看到，各组试样的相关系数都十分接近1，说明上返岩屑标准化后块度的分形分布相关程度很高，完全符合分形分布。

6.4 储层岩石破碎体的有限尺度和等概率破碎分析

6.4.1 储层岩石有限尺度破碎体分析

按照分形维数的数学定义，D 应为式 (6.5) $r=0$ 的极限，即：

$$D = \lim_{r \to \infty} \frac{\lg C - \lg N}{\lg r} \tag{6.18}$$

但是，任何实际分形都只能在被称为无标度区的有限尺度范围内考虑，数学上的分形理论依赖于 $r=0$ 的极限，在实际中是不可能的，也是无意义的。对钻井岩石破碎来说，能提供的有效破碎功总是有限的，并且岩屑随着钻井液被带出井外，在钻井液出口处用振动筛将岩屑和钻井液进行分离，取样过程中，实际取得的岩屑是在振动筛上面的岩屑，因此破碎体有下限尺度是显而易见的。另一种尺度有限情况则可能是我们关心的尺度范围不充分，即在钻井上返岩屑中，在不同井段可能取到不同的尺度范围，有些井段取得的岩屑的尺度范围可能较小等。在这些有限尺度情况下，分形破碎体是否能满足统计的要求呢？

(1) 下限外细粒的可丢性。设破碎体尺度的下限为 a，上限为 b，且 $b \gg a$，若 $a < e < b$，取 $[e, b]$ 部分考虑，从定义知，无论理论破碎体分形，还是实际破碎体分形，都仍然成立。但若要求两种分形一致，由它们的近似条件知，b 必须比 e 足够大。

本书所研究的钻井上返岩屑，正是丢下了下限外的细粒，由于下限外的细粒是由振动筛的筛网过滤出去的，因此上限颗粒尺寸 b 与下限颗粒尺寸 a 相比足够大，完全满足下限外细粒的可丢性条件，对实际的分形分布不产生很大影响。

(2) 上限外粗粒可丢的局限性。若 $e < f < b$，取 $[e, f]$ 部分考虑，对理论破碎分形仍然成立；但实际分形，因为 r 尺度以上颗粒数 N_{ef} 有：

$$N_{ef} = C\left(r^{-D} - f^{-D}\right) \quad (e \leqslant r < f) \tag{6.19}$$

仅当 $f \gg e$ 时才能近似成立。

本文的钻井上返岩屑粒度分布，没有丢弃上限，因此不存在上限外粗粒可丢的局限性。

(3) 粒级粗细与维数的相关性。破碎体的粗细量度，有粒径的算术平均、对数平均及几何平均等多种，但都依赖于粒径的上下限和粒度分布。尺度范围不定的分形粒组是无法单纯由维数决定粗细的。若维数 D 一定，粗细将随尺度范围变化，但尺度范围一定时，粒级粗细将仅与维数 D 有关。

6.4.2 岩屑分布特征的等概率破碎模型

前面所阐述的钻井岩屑块度分形理论对破碎体的尺寸没有严格的规定，只是定义了一种分形形式。在实际的钻井过程中，若要完全定量地描述破碎体的粒度分布，光用这些公式进行统计和计算就不完善了。那么在什么尺寸情况下岩石破碎体满足分形理论呢？以及岩石破碎过程的具体情况应该是怎样的呢？下面用理论证明钻井岩石破碎体符合分形规律。

牙轮钻头牙齿作用在岩石的表面，在力作用下使岩石发生破碎，从上述试验中可以看出，破碎岩屑颗粒大于 r 的颗粒数量 N 与 r 成幂律关系，即：

$$N=cr^{-D} \tag{6.20}$$

式中：D 为分形维数；c 是反映取样大小的常数。

从几何角度出发，用若干个单元来表示钻头牙齿尖端与岩石接触点岩块的破碎过程。按分形分解来模拟岩石的破碎过程，则有：在钻头牙齿的作用下，破碎坑内的岩石由初始裂纹逐渐发展到多个裂纹，直到破坏，由于破碎碎屑颗粒间相互摩擦、挤压或与钻头碰撞而发生再次破碎，假设边长为 h 的立方体母体单元可破碎为 $h/2$ 的 8 个子单元。其中，能以同样方式进行下级破碎的概率为 P_c，且各级破碎概率相同，由第 m 次破碎后，未破碎单元总数 N_m 有：

$$N_m = 8(1-P_c)\left[1+8P_c+(8P_c)^2+(8P_c)^3+\cdots+(8P_c)^{m-1}\right] \tag{6.21}$$

得：

$$\frac{N_{m+1}}{N_m} \approx 8P_c \tag{6.22}$$

又由式（6.20），有：

$$\frac{N_{m+1}}{N_m} = 2^D \tag{6.23}$$

得：

$$D = \frac{\ln 8P_c}{\ln 2} \tag{6.24}$$

假设立方体单元破碎基数为 B，有研究表明，一次一个单元破碎为 B^3 个子单元。若将它们分为可进一步破碎的易破单元 N_f 和不破碎的坚固单元 A，则：

$$D = \frac{\lg N_f}{\lg B} \tag{6.25}$$

其中，$N_f=P_c B^3$，式（6.24）实际是式（6.25）$B=2$ 的特例。

但是，若用幂律形式表达这种模型的破碎体分布：

$$N_1 = c_1 r_m^{-D} \tag{6.26}$$

由式（6.26）的形式可以看出，与式（6.20）完全相同，因此，将满足式（6.26）和式（6.20）的粒度分布分别称为理论破碎体分形和实际破碎体分形。所以，服从实际分形的破碎体分形也服从理论破碎体分形，且维数相同。

6.5 储层岩石破碎能耗的分形表示模型

岩石体积功密度是破碎单位体积岩石所消耗的能量，它是岩石抗破碎能力大小的表现。钻头破碎岩石的过程也就是钻头在动力的作用下对岩石做功的过程。岩石在钻头牙齿的作用下，产生局部应力集中，在应力的作用下，岩石开始损伤逐渐形成微裂纹，并融会贯通最后形成宏观断裂，也就产生了不同尺寸的岩屑。因此可以说岩石破碎过程就是一个能量耗散过程。本文通过分形理论将钻井参数、岩石破碎程度与钻井能耗相结合，建立的旋转钻井钻头破岩的破碎比功模型，这与以往钻井上只用钻井参数分析钻头破碎岩石的模型有着本质区别。

6.5.1 能耗模型的建立

根据假设，在 dt 时间内破碎岩石所需的功为：

$$\mathrm{d}W = a\mathrm{d}V = aAv\mathrm{d}t \tag{6.27}$$

式中 A 为钻头面积。

而钻头在单位时间内破碎岩石所需功的功率 P_w 表达式为：

$$\mathrm{d}W = P_w \mathrm{d}t \tag{6.28}$$

P_w 为 dt 时间内钻头破碎岩石时所耗费的功率 $P_w \approx C_2 P n D_h$，C_2 为一常数。则上式可写成：

$$\mathrm{d}W \approx C_2 P n D_h \mathrm{d}t \tag{6.29}$$

得：

$$\mathrm{d}W = C' P n D_h \mathrm{d}t \tag{6.30}$$

C' 为包含岩石类型和钻头类型影响的一个常数。联立式（6.27）和式（6.30）得：

$$aAv\mathrm{d}t = C' P n D_h \mathrm{d}t \tag{6.31}$$

也可以写成：

$$a\rho Av\mathrm{d}t = C' \rho P n D_h \mathrm{d}t \tag{6.32}$$

式中：ρ 为岩石密度；ρAv 为钻头破碎岩石的质量单元，即体积为 dV 时的岩石质量，用 M_t 表示。

式（6.31）可写成：

$$aM_t = C' \rho P n D_h \tag{6.33}$$

dV 体积岩石破碎后也就形成了 $M(x,t) = C_1 x^b$ 中的 $M(x, t)$ 的整个分布。可以从式中的 C_1 中提取 ρ 来，所以 $M(x, t)$ 可写为：

$$M(x,t) = \frac{C_1 \rho x^{3-D}}{\rho} = C_3 \rho x^{3-D} \tag{6.34}$$

式中：$C_3 = C_1/\rho$，为一常数。

所以质量单元 M_t 为：

$$M_t = \int_0^{x_t} M(x,t) \mathrm{d}x \tag{6.35}$$

式中 x_t 为破碎的岩石质量单元中岩屑粒度分布中尺寸最大的岩屑。

将上式积分结果代入到式（6.33）可以得：

$$a = K\frac{(4-D)PnD_\text{h}}{x_\text{t}^{4-D}} \tag{6.36}$$

式中：K 为常系数，是一个包含钻头类型和岩石性质等方面多种影响因素的一个常数，其数值可通过室内微钻头模拟实验或现场实钻来反求确定。

式（6.36）就是应用分形理论建立的钻井过程中岩石破碎的能耗模型，根据量纲分析知 a 为单位体积上的功。其物理意义就是在当前钻井参数钻压和转数一定条件下，该钻头破碎岩石所需的最低能量。该模型的最大特点是通过分形岩石理论将钻井参数、岩石破碎程度与钻井能耗联系起来，只需通过确定钻井过程中岩石破碎的分形维数就可以得到钻头在一定条件下所需破碎岩石的能量。应用该模型可以确定钻井过程中破碎岩石所需的能量；同时还可以反演计算，根据所需岩石的破碎能量优选钻进参数（钻压和转数）。因此该模型的建立为石油钻井过程中优选钻井参数，提高钻进效率，降低钻井成本提供了一种新的理论与方法。

6.5.2 能耗模型的讨论

破碎的地层岩石处在地应力场的作用下，高地应力对岩石的机械力学性质有显著的影响。对破碎岩石而言，随着地应力的增大，岩性相同的岩石表现出更强的抗破碎能力。对于式（6.36）在 P、n 和 D_h 不变时，高应力情况下破碎产物的最大尺寸变小，分形维数变大，所以岩石破碎能耗增大。

式（6.36）是一个理想条件下的理论公式。它单纯考虑了在钻头机械功下的岩石抵抗破碎表现出的比功，没考虑具体钻井条件下水力净化系数 C_H、压差影响系数 C_p、钻头破岩过程中牙齿的磨损量 h 等因素对岩石破碎过程的影响。可以将式（6.36）修正为：

$$a = K\frac{(4-D)PnD_\text{h}}{x_\text{t}^{4-D}} \cdot \frac{1-C_2 h}{C_\text{H} C_\text{p}} \tag{6.37}$$

式中 C_2 为牙齿磨损系数。

通过式（6.37）可以计算具体钻井条件下的岩石破碎能耗大小。

设 P、D、n 和 D_h 等参数在数值上为一个固定常数，由式（6.36）可以得到岩屑分形模型破碎能耗 U 的微分表达式：

$$\text{d}U = a\text{d}x_\text{t} = K'\frac{\text{d}x_\text{t}}{x_\text{t}^{4-D}} \tag{6.38}$$

式中 K' 为常数。

式（6.38）概括了所有 D 取值的粒度分布与破碎能耗的关系。当 D 取值为 2、2.5 和 3 时，对式（6.38）积分就可得岩石破碎比功三大学说里丁格（Rittinger）新表面学说、邦德（Bond）裂纹学说和凯克（Kick）相似学说中的比功表达式。

虽然该模型是根据旋转钻井破岩模型建立的能耗方程，但是其在形式上却和岩石破碎比功三大学说表达式相统一，也就可以通过岩石破碎比功三大学说的物理意义来分析旋转破岩在不同 D 下的岩石破碎机理。从模型中得知破碎体积的影响因素不仅仅是钻压和转速等钻井参数，还有地层岩石破碎体的尺度和粒度分布及钻头类型等因素。该模型体现出的重要意义在于它考虑旋转钻井破岩过程的三个方面：钻头、岩石和钻井参数，并将破岩参数和破碎效果（岩屑的大小和粒度分布）紧密地结合起来。该模型使用简单，只需在地面记录钻压和转速两个钻井参数和收集上返岩屑即可完成岩石对钻头的抗破碎能力的评价，即具有实时评价钻头破碎岩石能耗的能力。

6.5.3 岩石破碎能耗模型的影响因素分析

钻进过程即是岩石破碎的过程，在钻头与岩石相互作用过程中，岩石表现出来的抗破碎能力是钻井岩石破碎机理研究的重点。从破碎能耗公式来看，其影响因素主要有岩屑的粒度分布分形维数和最大尺寸、钻压及转速等。由此笔者对岩石破碎能耗模型的影响因素进行了单因素分析。

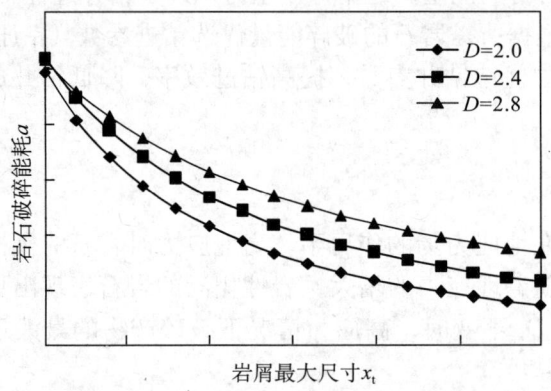

图 6.45 不同 D 下岩石 a 随岩屑 x_t 的变化关系

如图 6.45 分析了在钻压和转速等因素不变的情况下岩石破碎能耗随岩屑最大尺寸变化规律。由图 6.45 看出，在分形维数固定的情况下，破碎能耗随岩屑最大尺寸的增大而降低；在岩屑最大尺寸不变的情况下，破碎能耗随分形维数的增大而增大。

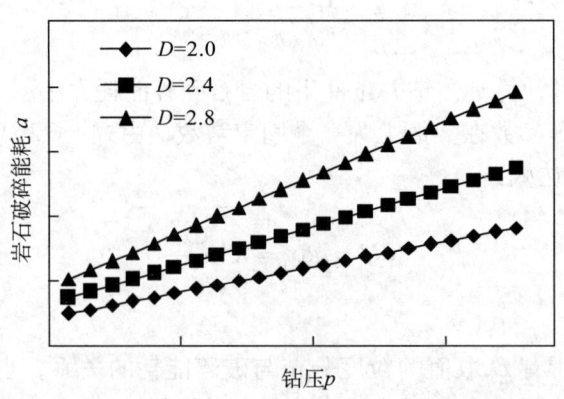

图 6.46 不同 D 下岩石 a 随钻头钻压的变化关系

图 6.46 是破碎能耗在岩屑最大尺寸及转速等因素不变情况下钻压的变化规律。由图 6.46 看出，在分形维数固定的情况下，破碎能耗随钻压的增大而增大；在钻压不变的情况下，岩石破碎能耗随分形维数的增大而增大。

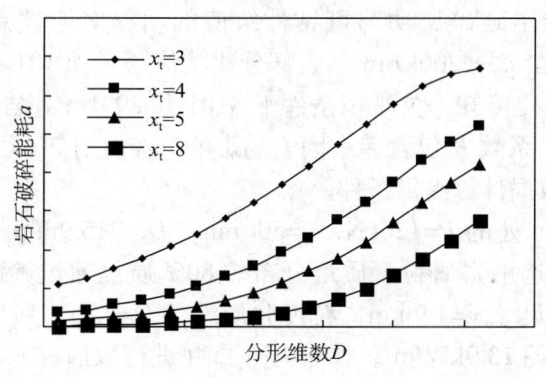

图 6.47　不同岩屑 x_t 下岩石 a 随 D 变化关系

图 6.47 是破碎能耗在不同岩屑 x_t 下随 D 的增大而增大的关系，各曲线变化规律不尽相同。随着岩屑 x_t 的减小曲线形状越接近半个开口向下的抛物线，而随岩屑 x_t 增大曲线形状越接近半个开口向上的抛物线。

6.5.4　岩石破碎比功模型的现场实例分析

为了检验岩石破碎比功模型，参照经典微钻头可钻性实验，进行室内实验。为简化计算，以钻孔深度为定值（即 2.4mm 深度），将钻时简写为 T。这样地层可钻性就简单地同基本测量值联系在一起，可以以钻时大小来表示地层被破碎时的难易程度。应用该模型对徐家围子营城组平衡钻井和欠平衡钻井进行对比分析，徐深 502 井的钻井参数对模型的检验结果表明，模型既可以计算任意深度的破碎比功大小，也可以很好的反映岩石破碎比功随深度的变化关系。

(1) 实例 1：

表 6.11　微钻头级值和比功换算表

井深 m	钻时 s	级别	比功 kJ/m³	井深 m	钻时 s	级别	比功 kJ/m³
3501.36	393	8.62	59.91	4615.76	221.3	7.79	33.74
3500.21	377.4	8.56	57.54	4474.47	442.6	8.79	67.48
3370.41	584	9.19	89.03	4980.71	132.5	7.05	20.20
3878.24	173	7.44	26.37	4972.88	600.5	9.23	91.55
3671.9	576	9.17	87.81	5088.45	84.4	6.4	12.87
3982.31	50.9	5.67	7.76	5099.76	1097	10.1	167.24
3981.3	491.1	8.94	74.87	2711.33	320	8.32	48.78
2854.51	129	7.01	19.67	2575.76	92.4	6.53	14.09

实验参数：钻压 W=889.7N，转速 N=55r/min，钻头直径 D=31.75mm。实测记录钻孔深度 H 为 2.4mm 所需的时间，钻速由 v_{pc}=2.44/T 计算并换算单位得到，其他参数可以直接用于计算。共做实验 20 组，数据见表 6.11。

从表 6.11 中不难看出破碎比功与可钻性级值的明显对应关系。可钻性级值分布在 4～11，破碎比功分布在 7～200kJ/m³，大部分比功值与宋深 101 井 2991m 处的破碎比功（a=67.8kJ/m³）接近。对比可知，欠平衡条件下 S101 井 2991m 处岩石的可钻性级值接近微钻头钻时分级的 8.8 级。系数 K 包含多个因素的影响，经过对 20 组数据进行计算求平均得出 K=0.035，这为现场数据计算提供条件。

对于 S2-7 井 3410m 处的 P=120kN，n=50r/min，D_h=215.9mm。其中岩屑最大尺寸的随机变化性很大，所以选用岩屑粒度质量分布的 80% 质量通过筛网时的筛网尺寸作为岩屑最大尺寸，岩屑最大尺寸 x_t=1.9mm，粒度分形维数 D=2.45。所以求得对于升深 2-7 井 3410m 处的钻头破岩能耗 13.9kW/m³。如果对一口井进行取屑和录取钻井参数即可建立该井破岩能耗随深度变化的剖面。

对 X502 井的钻井参数数据进行提取，其中包括钻压、转速、钻头直径及岩屑最大尺寸等参数。数据共 400 组，部分数据见表 6.12。

表 6.12　X502 井钻井参数数据

井深 m	分形维数	最大岩屑尺寸 mm	钻压 kN	转速 r/min	钻头尺寸 m	破碎比功 kJ/m³
3016	2.42	8.28	160	65	0.2159	28.3376
3026	2.41	12.92	160	65	0.2159	18.0266
3035	2.44	12.41	160	65	0.2159	19.2635
3045	2.45	12.6	160	65	0.2159	43.6869
3047	2.52	11.26	160	65	0.2159	33.948
3055	2.34	10.72	160	65	0.2159	43.5734
3064	2.44	7.4	160	65	0.2159	57.9942
3074	2.41	14.04	160	65	0.2159	21.6645
3082	2.44	13.23	160	65	0.2159	24.1402
3084	2.41	8.89	160	65	0.2159	31.5148
3094	2.3	10.21	160	65	0.2159	16.6704
3103	2.44	10.99	160	65	0.2159	18.994
3113	2.4	12.09	160	65	0.2159	19.9889
3122	2.41	9.03	160	65	0.2159	19.9541
3132	2.44	12.87	160	65	0.2159	47.7322
3142	2.45	8.8	160	65	0.2159	23.2748
3149	2.42	8.38	160	65	0.2159	19.9988
3152	2.39	7.39	160	65	0.2159	35.2121
3161	2.42	11.63	160	65	0.2159	19.0417

续表

井深 m	分形维数	最大岩屑尺寸 mm	钻压 kN	转速 r/min	钻头尺寸 m	破碎比功 kJ/m³
3171	2.45	14.63	160	65	0.2159	27.8315
3180	2.4	12.66	160	65	0.2159	38.3336
3182	2.44	12.46	160	65	0.2159	29.3502
3190	2.42	12.86	160	65	0.2159	18.458
3197	2.46	13.75	160	65	0.2159	19.3858
3200	2.52	14.41	160	65	0.2159	27.4213
3209	2.41	9.96	160	65	0.2159	22.9025
3219	2.48	14.57	160	65	0.2159	27.034
3228	2.48	10.91	160	65	0.2159	26.4991
3235	2.5	12.6	160	65	0.2159	34.4496
3238	2.54	7.37	160	65	0.2159	31.5553
3248	2.49	12.64	160	65	0.2159	59.226
3254	2.52	9.71	160	65	0.2159	48.063
3258	2.57	7.68	160	65	0.2159	41.6341
3263	2.51	8.34	160	65	0.2159	56.1503
3267	2.5	9.06	160	65	0.2159	55.3864
3277	2.5	8.14	160	65	0.2159	28.2871
3285	2.59	7.53	160	65	0.2159	31.5436
3292	2.56	10.28	160	65	0.2159	33.5979
3299	2.55	12.44	160	65	0.2159	40.1983
3302	2.51	12.56	160	65	0.2159	35.6894
3308	2.54	9.55	160	65	0.2159	28.0643
3312	2.54	12.52	160	65	0.2159	34.3419
3321	2.64	10.03	160	65	0.2159	33.9613
3324	2.6	12.48	160	65	0.2159	65.7688
3331	2.62	8.76	160	65	0.2159	49.4575
3337	2.55	10.09	160	65	0.2159	32.5623

将上述数据绘制成破碎比功随深度变化剖面图（如图 6.48）。

从图 6.48 中可以看出，虽然破碎比功计算值分布散点很多，单纯从某几个数据很难反映出破碎比功的变化规律，但是当从整口井的角度上看，岩石破碎比功随深度变化是逐渐增大的趋势。从地层压实规律的角度上，岩石可钻性剖面符合压实规律。随深度增加，上覆岩层压力变大，岩石压实程度变大，岩石硬度也变大，而岩石越难钻。所以说图 6.48 的岩石破碎比功描述了岩石可钻性随深度的分布规律。

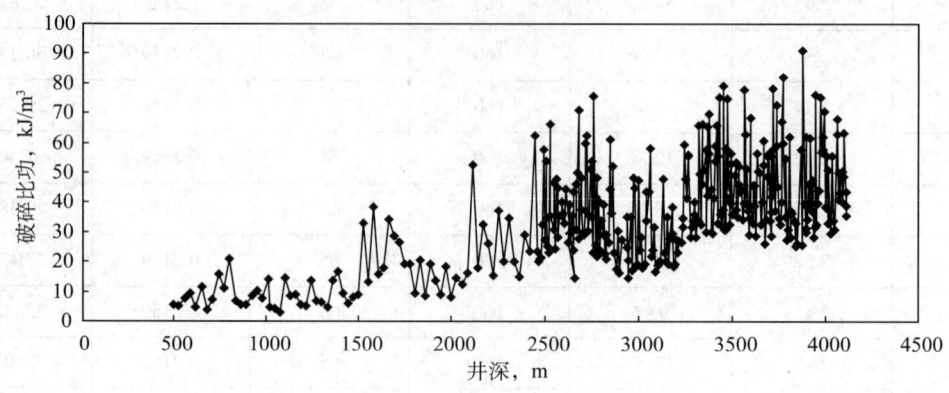

图 6.48　X502 井破碎比功随深度变化剖面

（2）实例 2：

大庆徐家围油田是大庆主要深井钻探区，所钻井深大都在 4000m 左右。硬度分布在 704～4648.1MPa，可钻性级值分布在 5.21～9.88，从 2589.04～5343.65m 的平均硬度为 2460.27MPa，平均可钻性级值为 7.41。总体上该段地层属硬到极硬地层，地层抗钻能力高，可钻性差。这大大降低徐家围地层钻井的机械钻速。

徐家围子地层的分层情况及抗钻特性见表 6.13 所示。徐家围子火山岩储层，深度分布在 3500～4500m，温度 130～170℃。储层岩性致密，岩性类型多，地应力高。从整个徐家围子地区来看，在纵向上看主要发育在营城组和火石岭组。以营城组顶部分布最广，火石岭组集中分布于杏山—四站以北地区。

表 6.13　徐家围子地层特征表

井深，m	地层	岩性描述	平均可钻性级值	平均硬度，MPa
2728.00～2880.00	泉一段	泥岩、砂岩等	7.05	2064.87
2880.00～2968.00	登四段	泥岩、砂岩等	7.34	2037.6
2968.00～3254.00	登三段	泥岩、砂岩等	6.58	1927.47
3254.00～3550.00	登二段	泥岩、砂岩等	7.58	2942.78
3550.00～4078.00	营城组	凝灰岩、火山角砾岩、凝灰岩等	7.37	2299.41
4078.00～4206.00	沙河子组	泥岩等	8.92	3772.07
4206.00～4430.00	火石岭组	安山岩、玄武安山岩、玄武岩	7.12	2467.01

对徐家围子营城组火山岩地层而言，地层抗钻特性参数总体变化比较平稳，平均可钻性级值为 7.37，平均硬度为 2299.41MPa。以 X31 井和 X43 井为例，应用破碎能耗模型分析该井所在地层岩石随深度变化的抗钻能力。徐深 31 井位于松辽盆地东南断陷区徐家围子断陷兴城东断阶，实际井深 4430m，其中在 2600～3281.87m 的泉二段至登二段使用空气

及雾化钻井,平均钻井速度达 4.93m/h,是常规钻的 5 倍。徐深 43 井位于松辽盆地东南断陷区徐家围子断陷徐东斜坡带,实际井深 3963m。其中在 2870～3635m 的泉一段至营城组使用空气及雾化钻井顺利地完成气体钻井试验,机械钻速提高 3.5 倍,累计进尺 765m。两口井的整井钻时随深度变化如图 6.15 和图 6.16 所示。

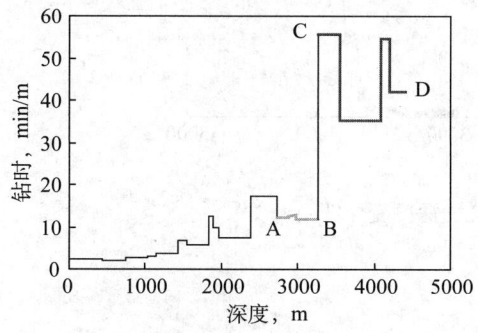

图 6.49　X31 井钻时随深度变化图

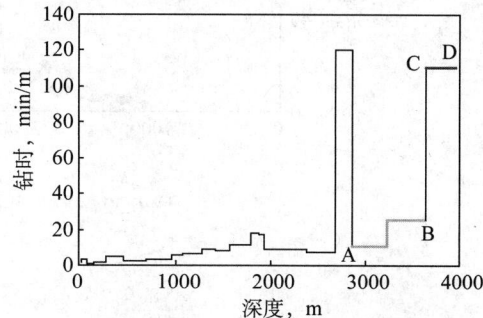

图 6.50　X43 井钻时随深度变化图

两图中 AB 为使用欠平衡钻进井段,CD 为火山岩地层。从图中可以看出,随着深度的增加所用钻时也在逐渐增加,而实际钻速随着深度增加而减小。这说明,深度增加后,岩石抗钻能力变大,在相同的钻井条件下,岩石越来越难以破碎。尤其是在深度达到 2728m 的泉一段以后,钻时明显增大。为提高钻井速度,采用欠平衡钻井方式。在使用欠平衡钻进井段,钻时比相近深度其他层位要小一倍甚至几倍,说明欠平衡钻井能明显提高钻速。

图 6.51 和图 6.52 为徐深两口井的破碎能耗随深度变化图。如图所示,在过平衡钻进井段上,地层岩石的破碎能耗随深度的变化呈现逐渐上升的趋势。这符合地层的压实程度随深度的分布规律,也与钻时分布曲线形态接近。但是在欠平衡钻进井段,地层岩石破碎能耗陡然下降,其破碎能耗值与浅部地层岩石破碎能耗值接近。这说明,虽然深部地层岩石的自身硬度和可钻性级值比较高,但在欠平衡条件下岩石抵抗钻头破碎时表现出来的抗钻能力并不会很高。也就是说,深部地层岩石的较高硬度和可钻性级值能够降低钻速,但是不会大幅度降低钻速。当使用过平衡钻进时,岩石破碎能耗跳跃式增大,与欠平衡井段的低破碎能耗形成明显的区别。这说明,过平衡钻进的压井工艺能大幅度限制实际钻速。对比两种钻井条件下的岩石破碎能耗可知,深部地层岩石的较高硬度和可钻性级值能够降低钻速,但是不会大幅度降低钻速,真正才大幅降低钻速的原因是井底的压力环境。

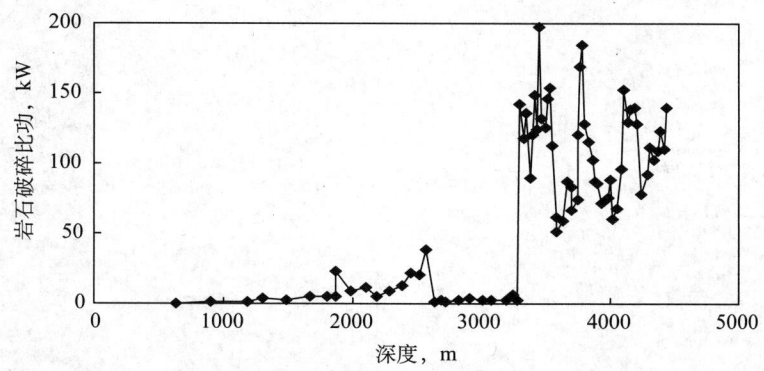

图 6.51　X31 井破碎能耗随深度变化图

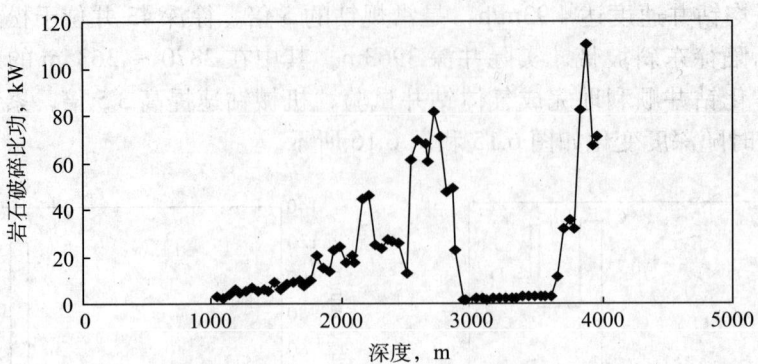

图 6.52 X43 井破碎能耗随深度变化图

7 储层岩石水力压裂造缝规律的分形分析

在储层中造缝时，井底附近的地应力及其分布、储层存储介质类型、井壁围岩应力状态及井眼与储层的接触状态是裂缝的开启及控制裂缝几何形态的主要因素。本章在前面研究的基础上应用分形方法，将通过理论分析研究不同情况下水力压裂的造缝机理。并在水力压裂模拟装置的基础上，通过实验分析水力压裂的造缝过程。

7.1 影响水力压裂造缝的因素

水力压裂造缝是指压裂层位人工裂缝在压裂液作用的起裂及延伸的过程。在裂缝形成的过程中，井底附近的地应力及其分布、井壁围岩应力状态、储层类型和完井方式是影响裂缝起裂延伸的主要因素。

7.1.1 地应力及其分布

地应力是指作用在地壳内岩体上的各种相互平衡的外力使岩体内部产生的附加内力，它的效应是引起岩体的形变。从宏观上来看，岩体是由许多岩石块组成的。从微观上来讲，岩石块（或岩石）又是由许多颗粒或质点组成的。作用在这些质点上的力可分为两类：一类是质点之间把它们连接在一起的相互作用力；另一类是其他颗粒或质点作用在该质点上的力。前者是颗粒或质点之间的相互作用力，处于大小相等，方向相反，并作用在同一条直线上，因而使其保持静止或动平衡状态。这些力指的是质点间的相互吸引力和排斥力的合成达到平衡时的力，它们使各质点之间保持一定的相对位置。

地应力以作用在单位面积上的力来量度。地应力是张量，地应力张量一般称为地应力状态。地应力基本特点之一是有三向主应力。其中一个主应力处于垂直（或接近垂直）的位置称为垂向主应力 σ_z。另外两个主应力在水平（或接近水平）方向，而且与地质科学中构造应力的两个主应力方向一致，通常命名为最大水平主应力 σ_H 和最小水平主应力 σ_h。绝大多数情况下地应力的三个主应力都是压应力，其数值可能很大，只有在极少数情况下可能一个主应力是张应力。

7.1.1.1 应力的构成

地应力主要由上覆岩层压力和构造应力等组成。作用在单元体上的垂向应力来自上覆岩层的重量，其数值为：

$$\sigma_v = \sigma_z = hg[(1-\phi)\rho_{ma} + \phi\rho_f] \tag{7.1}$$

如果储层岩石处于弹性应力状态，假设水平应变为零且由上覆岩层应力产出两向水平应力相等（即 $\sigma_x^1 = \sigma_y^1$），根据广义胡克定律则可求出岩石的水平应力与上覆岩层应力的关系为：

$$\sigma_x^1 = \sigma_y^1 = \frac{\mu}{1-\mu}\sigma_v$$

由于地质构造、板块运动、地震活动等地壳动力学方面的原因所附加的应力分量称为构造应力。构造应力存在明显的各向异性，因此实际的地应力分量也是各向异性的。若用上覆岩层应力来表示水平构造应力的大小有：

$$\sigma_x^2 = \omega_x \sigma_v$$

$$\sigma_y^2 = \omega_y \sigma_v$$

式中：ω_x 和 ω_y 分别为水平 x 方向和 y 方向的构造应力系数；σ_x^2 和 σ_y^2 分别为构造应力在水平 x 方向和 y 方向引起的构造应力。

假设处于三轴应力作用的深部地层，其3个方向的主应力分别为垂向应力、最大水平主应力和最小水平主应力。

$$\begin{cases} \sigma_z = \sigma_v \\ \sigma_H = \sigma_x^1 + \sigma_x^2 \\ \sigma_h = \sigma_y^1 + \sigma_y^2 \end{cases} \tag{7.2}$$

式（7.2）中水平最小和最大主应力的组成包括了岩体自身重量和构造应力。很多情况下，由于各种原因造成油层温度升高，多数岩石随着温度的升高而膨胀，膨胀的岩石受到围岩的限制，转而产生应力。所以最大水平主应力和最小水平主应力中常含有温度升高产生的附加应力。

7.1.1.2 应力对裂缝产状的影响

地应力分布直接控制着油气层压裂改造时裂缝的延伸方向。如果岩石单元体是各向同性材料，岩石破裂时的裂缝方向总是垂直于最小主应力。大量地应力测量结果表明，地应力值与地层埋藏深度有一定关系，即3个主应力值的大小随地层埋藏深度增加而增大。在接近地表处水平应力比垂直应力高；一般在400～600m深处，垂直应力超过最小水平应力，成为中间主应力；1000～10000m以下深处，垂向主应力为最大主应力。

当已知地层中各应力的大小时，裂缝的形态或裂缝方向是可以初步确定的，如图7.1所示。对直井，水力裂缝的延伸方向与地应力方向及大小存在如下关系：

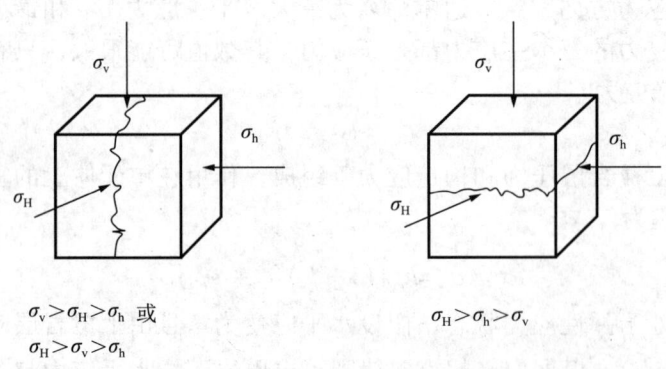

$\sigma_v > \sigma_H > \sigma_h$ 或
$\sigma_H > \sigma_v > \sigma_h$

$\sigma_H > \sigma_h > \sigma_v$

图 7.1 水力压裂裂缝产状与地应力的关系

（1）当 $\sigma_v > \sigma_H > \sigma_h$ 时，水力压裂将在地层中形成垂直裂缝，且裂缝面垂直于 σ_h 而平行于 σ_H 的方向。

(2) 当 $\sigma_H > \sigma_v > \sigma_h$ 时，水力压裂将在地层中形成垂直裂缝，且裂缝面垂直于 σ_h 而平行于 σ_H 的方向。

(3) 当 $\sigma_H > \sigma_h > \sigma_v$ 时，水力压裂将在地层中形成水平裂缝。

上述 3 个判断，参考依据是 Hubbert-Willis 的研究成果，即水力压裂裂缝总是趋向于垂直最小主应力。由于孔隙储层的均质性较好，压裂裂缝一般是遵循上述情况。在存在天然裂缝的储层中，由于天然裂缝系统的方位、走向及其尺寸分布极为复杂，造成压裂裂缝的走向复杂多变，宏观规律性差。对于小尺寸的天然裂缝，由于其空间尺寸较小，所以其对宏观裂缝走向的影响较小。当宏观压裂裂缝遭遇小尺寸裂缝时，裂缝走向方位遵循上述情况。而当天然裂缝尺寸较大时，宏观压裂裂缝的走向会受到很大的影响，使得压裂裂缝变成多裂缝，裂缝走向方位也变得错综复杂。

在有些复杂情况下，射孔井压裂时还会出现多裂缝情况。压裂起初，沿井筒的同一纵向的多个射孔处产生多个小裂缝，这些小裂缝如果不能在随后的延伸过程中连接成大裂缝，则可能形成多个独立发展的大裂缝。

在压裂施工过程中，地层剖面上地应力的差异也影响着裂缝高的变化。当裂缝中的压力值大于某一层段的最小水平主应力值时，裂缝将穿透这一层段；当裂缝中的压力值小于某一层段的最小水平主应力值时，这一层段将起到遮挡层的作用，裂缝不能穿透这一层。由此可见，压裂目的层和隔层的最小水平主应力在垂向剖面上的大小变化，直接影响着裂缝的垂向延伸。压裂目的层和隔层的最小水平主应力在垂向剖面上的大小变化主要有 4 种情况：

(1) 压裂目的层处于低应力区，隔层处在高应力区。在这种情况下，裂缝高度通常将受隔层的遮挡作用，限制在低应力区。

(2) 压裂目的层处于较高应力区。裂缝高度将穿过低应力区。

(3) 压裂目的层处在高低应力交界处。当地应力的区域应力差异较大时，压裂裂缝将在低应力区内。压裂目的层在低应力区部分容易压开，而在高应力区部分则不容易压开。

(4) 压裂目的层处于高应力区。在没有进行封隔的情况下，很容易压穿隔层，而使压裂目的层难以压开。在这种情况下，裂缝的缝高很难控制。

7.1.2 井壁围岩应力状态

在地层中钻成井筒之后，原有的地应力平衡被打破。在井壁内钻井液、地层中地应力和地层中流通的作用下，在井壁附近一个较小区域内地层岩石会重新形成受力平衡。这个井壁附近的新应力平衡一般称为井壁围岩应力状态。井壁上的稳定性很大程度上决定于井壁围岩应力状态。即井壁上的张性破坏（井漏）和剪切垮塌（井塌）决定于井壁围岩应力状态。

井壁围岩应力状态也影响着水力压裂裂缝的形成过程。水力压裂裂缝的形成过程主要分为起裂和延伸两个部分。井壁围岩应力状态影响的区域主要是近井范围。近井范围一般是指 6 倍井眼直径所描述圆柱形范围。而在远井区域原有地应力场起主要作用。水力压裂裂缝的起裂是分布在近井区域，而裂缝的延伸是在远井区域。所以，井壁围岩应力状态是影响水力压裂裂缝起裂的主要影响因素。

根据井的类型，井壁围岩应力状态分为直井和斜井两种情况。根据完井情况，又分为裸眼完井和射孔完井两种情况。当前国内外学者对井壁围岩应力状态描述方程的研究十分深入，基于不同的建设先后建立了多个井壁围岩应力状态方程。根据方程简化形式推导了不同情况水力压裂起裂准则，为水力压裂起裂判定提供了依据。

7.1.2.1 周向有效应力状态

下面分析直井裸眼情况下，井壁围岩应力状态对水力压裂起裂的影响。下面以石油大学（北京）提出的，并广泛使用的井壁围岩应力状态方程为例。对于相对均值的孔隙性储层，影响水力压裂起裂的应力是周向有效应力 σ_θ'。在井壁为可渗透的情况下，距离井轴 r 处的周向有效应力为：

$$\sigma_\theta' = \frac{\sigma_H + \sigma_h}{2}\left(1 + \frac{r_0^2}{r^2}\right) - \frac{(\sigma_H - \sigma_h)}{2}\left(1 + 3\frac{r_0^4}{r^4}\right)\cos 2\theta - \frac{r_0^2}{r^2}p_w - 2p(r) + \phi\left[\frac{\zeta}{2}\left(1 + \frac{r_0^2}{r^2}\right) - \phi\right](p_w - p_p) \tag{7.3}$$

其中

$$p(r) = p_w - (p_w - p_p)\lg(r/r_0)$$

$$\zeta = \alpha\frac{1 - 2\mu}{1 - \mu}$$

式中：σ_θ' 为周向有效正应力；ϕ 为系数，当井壁有渗透率时 $\phi=1$，否则 $\phi=0$；$p(r)$ 为距离 r 处的孔隙压力；ζ 为系数。

7.1.2.2 井壁上起裂判断准则

式（7.3）是一个描述井眼围岩应力状态的通式。该式子根据不同的地层是否为渗透情况可简化为两种形式。对于井壁岩石为非渗透情况时，即式（7.3）中 $\phi=0$。当 $r=r_0$ 时，井壁上的周向有效应力为：

$$\sigma_\theta' = \sigma_H(1 - 2\cos 2\theta) + \sigma_h(1 + 2\cos 2\theta) - p_w - \alpha p_p \tag{7.4}$$

对于井壁岩石为渗透情况时，即式（7.3）中 $\phi=1$，当 $r=r_0$ 时，井壁上的周向有效应力为：

$$\sigma_\theta' = \sigma_H(1 - 2\cos 2\theta) + \sigma_h(1 + 2\cos 2\theta) + \phi(\zeta - \phi)(p_w - p_p) - p_w - \alpha p(r_0) \tag{7.5}$$

应用上面的井壁上周向应力状态，分析一下裸眼完井水力压裂起裂情况。在 $\sigma_v > \sigma_H > \sigma_h$，或者 $\sigma_H > \sigma_v > \sigma_h$ 情况下，最小主应力为水平主应力时，此时产生的是垂直裂缝。目前在水力压裂设计中多采用最大拉应力理论即张性破裂准则预测裂缝起裂。

井壁上最危险点的位置是在 $\theta=0°$ 及 $180°$ 处，根据式（7.4）可得，当井壁为不可渗流时，根据有效应力原理知井壁上的周向有效应力：

$$\sigma_\theta' = 3\sigma_h - \sigma_H - p_w - \alpha p_p \tag{7.6}$$

井壁为可渗透时，根据式（7.5）可得周向有效应力：

$$\sigma_\theta' = 3\sigma_h - \sigma_H - p_w + (\zeta - \phi)(p_w - p_p) - \alpha p_p \tag{7.7}$$

随着井底压力的增大，井壁上周向有效应力达到或者超过岩石的抗张强度时，在垂直于水平周向应力的方向产生垂直裂缝。即：

$$\sigma'_\theta \gtreqless -\sigma_T \tag{7.8}$$

当破裂时，井底的注入压力是地层的破裂压力。式（7.6）、式（7.7）与式（7.8）三式联立，可得破裂压力判断准则。

当井壁为不可渗透井壁时，破裂压力判断准则为：

$$p_f = p_w = 3\sigma_h - \sigma_H - p_p + \sigma_T \tag{7.9}$$

同理，可推的井壁为渗透井壁时，破裂压力判断准则为：

$$p_f = p_w = \frac{3\sigma_h - \sigma_H - (\zeta - \phi)p_p + \sigma_T}{1 + \alpha - \phi + \zeta} \tag{7.10}$$

从上面的推导中，可知井壁围岩应力状态主要影响水力压裂裂缝的起裂方位和起裂压力大小。起裂方位可以根据地应力方位和井壁上最危险点的方位来确定，起裂压力大小可以根据式（7.9）和式（7.10）来计算。

从上面的分析中不难发现，井壁围岩应力状态方程对水力压裂起裂压力影响很明显，但是随着与井眼的距离增大，井壁围岩应力会迅速下降，其产生的影响也逐渐变弱。

7.1.3 储层类型

储层是水力压裂进行的载体。储层存储介质类型是影响水力压裂裂缝形态的一个主要原因。不同的存储类型储层，对水力压裂造缝影响不同。常见的存储类型为孔隙性储层和裂缝性储层。一般而言，岩性单一而稳定的孔隙性储层形成单一裂缝；裂缝性储层有天然弱结构面（裂缝）的存在，造成裂缝起裂和延伸十分复杂，压裂缝可能为单一或者多个。压裂过程面临的多裂缝问题主要发生于天然裂缝存在或发育的地层。

对于孔隙性储层，其岩性一般是砂岩。从整体上看，孔隙储层其岩石性质相对单一，变化稳定。裂缝的起裂和延伸过程受岩性变化的影响十分小，而其他因素诸如地应力差异、井壁围岩应力状态或射孔分布等的影响相对的变得明显。当前，从国内外建立的各种描述水压裂缝的几何形态和延伸规律的模型来看，绝大部分都是基于孔隙性储层。其原因就是孔隙性储层水力压裂起裂和延伸形成的裂缝形态是相对稳定和确定的。由于岩性对水力压裂起裂和延伸影响小，所以在起裂过程，裂缝的形成主要受井壁围岩应力状态和射孔影响。裂缝延伸过程则主要受远场地应力的影响。井壁围岩应力状态、远场应力场及射孔类型在压裂时是固定的。裂缝在起裂和延伸时形成的裂缝就不会受到中途变化的因素影响。这就造成孔隙性储层中，压裂形成的裂缝形态是固定的。

在裂缝性储层，井壁围岩应力状态、远场应力场及射孔类型是静态的影响因素。储层中的天然裂缝对压裂缝起裂和延伸的影响是随裂缝生长变化而变化。天然裂缝是水力压裂影响因素中一个变化的影响因素。天然裂缝决定了压裂裂缝最终形态。存在天然裂缝的储层，储层岩石被裂缝分割为许多岩块。在围压的作用下，这些破裂块体的裂缝面具有一定的抗滑能力，可以承受压力，但不能承受拉力或仅能承受较小的拉力。水力压裂破坏岩石主要是通过张性破坏为主，所以天然裂缝的存在，使岩石承受抗张能力达到最低。

对于裂缝性储层，储层中的天然裂缝系统促进并最终决定着多裂缝的形成。如果施工对象是裂缝发育的地层，产生多裂缝的结果是可以预见的。对于裂缝系统明显的储层，通过岩心观察即可确定裂缝分布状态，也就可以对多裂缝的发展情况进行初步判断。

如果射孔孔眼周围存在天然裂缝，则优先破裂的射孔孔眼就可能是存在裂缝的射孔，也可能是已经破裂射孔的同轴向的孔眼，或者是前面两种并存，交替交织破裂，而这种情况在裂缝发育的地层中是常见的，无论砂岩或者新近开发的火山岩等都有这种情况。这种地层的多裂缝起裂机理就是，流体压力只要达到天然裂缝的闭合应力，裂缝就能够开启。如果新开启射孔与前面已经开启射孔在周向上存在一定的角度，该处的小裂缝不容易与已经开启裂缝在延伸过程中连接，则发展成独立的大裂缝，而且可能是转向的大裂缝，由于转向过程中容易形成高的摩擦阻力，致使井底压力升高，则可能压开横向上的其他裂缝，因此增加了裂缝开启的条数，最终形成多裂缝。

天然裂缝发育的地层，不仅在井筒附近存在开启的天然裂缝直接影响裂缝的开启形态，更复杂的是存在于裂缝延伸过程中的天然裂缝。这些天然裂缝不定时地引导了流体的流向，促使压裂缝形成分叉裂缝，当这些分叉裂缝的尖端受阻时，裂缝又沿其他方向发展，但最终的大方向是沿最大水平主应力方向发展，因此形成的裂缝形态是极其复杂的。因此，天然微裂缝发育则导致多裂缝。当然这种情况非常难于量化，即对于何处有天然微裂缝不能准确确定，因此，对于这种地层，压裂时不确定因素增多，困难加大。

7.1.4 压裂井筒与地层的接触状态

除了以上3个原因，井斜、射孔参数和固井质量也是影响压裂裂缝形成机理的一个重要原因。

7.1.4.1 井斜的影响

最初，人们忽略了井斜对起裂和延伸的影响，即认为斜井中裂缝的起裂和延伸与垂直井并无大异，造成水力压裂作业频繁失败。

当井眼倾斜时，井眼周围应力状态与直井有很大差异，此时岩石的破裂机理和破裂压力也有了本质上区别。裂缝的起裂压力、造缝点的位置和裂缝初始方位决定于井壁处岩石的结构特征和应力状态。斜井井壁周围岩石的实际受力状态相对直井要复杂得多，造成压裂裂缝起裂方位与最终扩展方向不同（裂缝有沿垂直于最小主应力方向发展的趋势）。斜井情况下，水力裂缝可能不是平面的，可能是S型或者多裂缝。

有研究表明，斜井压裂裂缝起裂模式，不但与井眼轨迹（井斜角、方位角等）有关，而且与地应力密切相关。首先，裂缝起裂角存在多值性；其次，井斜角增大后，不利于裂缝在缝口的连接，因此其降低产生单一裂缝的几率而增大了多裂缝形成的可能性。即使最终连接，各裂缝在连接之前呈现网状结构，流量在各裂缝之间分流，减小了裂缝宽度，增大了流动阻力与加砂施工的难度。这种情况下，在裂缝性储层变得更加明显，可见井眼的斜度增加了压裂施工的困难。

7.1.4.2 射孔参数的影响

压裂施工时，射孔的目的是为了建立压裂液与待压裂层的直接接触，并引导压裂液的流向。射孔形成后，即在地层中形成一个小"井眼"。原有井壁处的围岩应力状态被打破，压裂时的破裂压力与应用井壁处围岩应力状态时计算不同。射孔井段，都是多个射孔孔眼按照一定的规律分布。

射孔参数主要是射孔方位、射孔密度、射孔段厚度及射孔方式4个部分。在目前的施工条件下，即使在地应力条件有利的情况下，射孔孔眼的方位也是不能恰好与有利起裂方位重合。如果射孔位置不当，在非理想位置起裂的裂缝，需要转向才能达到最终的理想位置，流体在这些裂缝内的流动非常困难，产生较高的摩擦阻力，尤其在加砂作业以后，这又导致了井底压力的升高，造成更多的裂缝；另外一个重要因素是，在非理想位置起裂的裂缝连接性较差。

裂缝能否转向，由裂缝的起裂位置处的总转向角度的大小进行判断。在存在微环面的情况下，如果射孔孔眼正好与最小破裂压力处重合，则转向角度较小；如果射孔孔眼与最小破裂压力处有一定的角度，则裂缝在较大压力下起裂，转向角度较大，造成高摩擦阻力。比如目前普遍采用的60°相位角，实际射孔孔眼方位与理想起裂方位可以相差30°，因此，裂缝可能在与理想起裂位置成30°周向角度的地方起裂，不仅增大起裂压力，也产生了较大的转向角度，为产生多裂缝埋下了隐患。因此，理想的裂缝起裂位置不仅要考虑起裂压力大小，也要考虑裂缝的连接容易程度与转向角度的大小，只有三者都达到比较理想的位置，才是真正的理想起裂位置。一般来说，这个理想位置靠近理想平面（最大主应力方向）。

除了射孔角度外，射孔孔密是另外一个改变多裂缝格局的重要手段。根据裂缝连接的相关理论与前面章节的示例分析，当射孔间距减小时，在有利的地应力条件下，可以促进各个小裂缝的连接，从而减少裂缝的条数。但射孔的间距（射孔孔密）受套管强度的影响。在定向射孔情况下，射孔间距随着射孔数量的增多而减小；在螺旋射孔情况下，要有效减小射孔间距需要较大的射孔密度。但是在不易连接的位置，增大射孔密度则增加了裂缝的条数。

其次，射孔段厚度对井壁稳定的影响，对于均质的同一地层，沿轴向起裂的多条裂缝，如果在压裂过程中不能够在井底附近连接成一条大裂缝，则会形成多个独立发展的近平行裂缝，在不利的井眼位置与地应力条件下，就会产生上述情况；射孔段厚度越大，产生多裂缝的可能性越大。

另外一种情况下，如果射孔段长度增加，则纵向上存在性质不同的多个薄层的地层，各个层段的地应力的大小对比与方向可能发生变化，而且可能存在岩性致密的隔层，在这些隔层内，裂缝不容易延伸。因而，对于有致密隔层的多个薄层的地层，纵向上裂缝发生连接的可能性减小，多个射孔独立进液，形成纵向多裂缝。

一般情况下，在压裂初期，多个射孔处容易相继破裂，而这些已经在各射孔处开始延伸的小裂缝能否连接在一起，成为较大裂缝，成为多裂缝发生的主要原因之一。在螺旋射孔与定向射孔方式下，小裂缝连接的可能性是不同的。准确的定向射孔的射孔排布方向无疑为小裂缝的连接提供了较好的物质基础，因为在射孔总数量一定的情况下，定向射孔相当于增大了孔密。在螺旋射孔方式下，射孔在井筒周向均匀排布，这种布局为裂缝在不同方位起裂创造了条件，容易在不同方位下起裂，随后造成多裂缝。一般来说，定向射孔方式利于裂缝连接，形成较少裂缝，而螺旋射孔不利于小裂缝的连接。

7.1.5 施工参数

7.1.5.1 孔隙度

孔隙储层参数的计算主要是对储层孔、渗、饱的计算。裂缝的孔隙度定义为裂缝孔隙体积 V_f 与岩石体积 V 之比，目前常用双侧向测井来求取裂缝性储层孔隙度：

$$\phi_\text{f} = \sqrt[m_\text{f}]{R_{m_\text{f}}(C_\text{LLS}-C_\text{LLD})} = \sqrt[m_\text{f}]{R_{m_\text{f}}\left(\frac{1}{R_\text{LLS}}-\frac{1}{R_\text{LLD}}\right)} \tag{7.11}$$

式中：m_f 为孔隙系统的胶结指数，通常的数值为 1.1～1.5。

孔隙性岩石的总孔隙度 $\phi_\text{T}=\phi_\text{f}+\phi_\text{b}$，其中 ϕ_b 为基质孔隙度，除低角度孔隙外，高角度孔隙和溶洞岩石的 ϕ_b 可用声波测井资料求得，再由 ϕ_b 和 ϕ_f 求 ϕ_T。或求出 ϕ_b 后，用中子测井和密度测井资料求 ϕ_T，再由 ϕ_b 和 ϕ_T 求 ϕ_f。

$$\phi_\text{T} = \frac{1}{2}\sqrt{\phi_\text{D}^2+\phi_\text{N}^2} \tag{7.12}$$

7.1.5.2 孔隙渗透率

在裂缝性油气藏中，裂缝渗透率有两种：固有孔隙渗透率和岩石孔隙渗透率。固有孔隙渗透率是指油气流过孔隙本身的渗透率，它只与孔隙宽度有关。岩石裂缝渗透率是指油气流过裂缝岩石的渗透率，它不仅与裂缝有关，还与周围岩块的尺寸有关。利用双侧向测井资料可以估计孔隙张开度。斯伦贝谢公司曾对模拟孔隙系统用有限元素网络法考查了双侧向测井电导率与裂缝张开度的关系。

对于低角度裂缝关系式为：

$$b = \frac{C_\text{LLd}-C_\text{b}}{1.2C_\text{m}}\times 10^4 \tag{7.13}$$

对于高角度孔隙关系式为：

$$b = \frac{C_\text{LLS}-C_\text{LLd}}{4C_\text{m}}\times 10^4 \tag{7.14}$$

式中：b 为孔隙张开度；C_LLd 为孔隙性岩石深侧向的电导率；C_b 为岩块的电导率。

另外，还有人研究得出的由双侧向计算孔隙张开度的关系式为：

$$b = 2500R_\text{m}=\left(\frac{1}{R_\text{LLS}}-\frac{1}{R_\text{LLD}}\right) \tag{7.15}$$

利用重复式地层测试器（RFT）测得的压降和压力恢复曲线也可以计算孔隙性储层的渗透率。重复式地层测试器可以一次或多次下井在不同的产层测试位置进行地层压力测量和地层流体采样。当它在某一处深度，以不同的流量向测试器吸入流体时，根据先后不同速度吸入的流体可以获得吸入期间当下地层的压力降落及其后的压力恢复。利用该数据，可以计算地层的渗透率。利用压降测试资料计算渗透率公式为：

$$K_\text{RFTD}=3300\frac{q\mu}{\Delta p} \tag{7.16}$$

利用压力恢复资料计算渗透率公式为：

$$K_\text{RFTB}=-88.4\frac{q\mu}{mh} \tag{7.17}$$

式中：q 为流量；μ 为流体黏度；Δp 为压降；h 为地层有效厚度；$m=(t+\Delta t)/\Delta t$ 为赫诺曲线的斜率；t 为压降时间，h；Δt 为关井后时间，h。

7.1.5.3 孔隙饱和度

孔隙中油气所占孔隙的相对体积称为含油气饱和度，通常也用百分数来表示，饱和度又分为原状地层含烃饱和度、冲洗带残余烃饱和度、侵入带含烃饱和度以及可动烃饱和度等。束缚水饱和度也是一个重要的概念，通过它和总含水饱和度的关系可以知道储层是否能出水。

地层的含水饱和度公式为：

$$S_W = \left(\frac{abR_W}{R_t\phi^m}\right)^{\frac{1}{n}} \tag{7.18}$$

式中：a 为与岩性有关的比例系数，变化范围 0.6~1.5；m 为孔隙度指数，随岩石的胶结程度不同而变化；R_t 为含油岩石电阻率；ϕ 为孔隙度；R_W 为地层水电阻率；n 为饱和指数。

7.2 水力压裂裂缝的起裂准则

水力压裂裂缝起裂分析是水力压裂造缝研究中一个最基本问题。该问题分析包括多种情况，不同情况下影响起裂的主要因素不同，起裂问题分析的重点也不一样。这些情况主要有直井、斜直井和定向井等。本节主要分析孔隙性储层和裂缝性储层中直井情况下裸眼和射孔完井时的裂缝起裂问题。

7.2.1 直井井筒围岩应力状态

由前面的研究结果可知，直井情况下裸眼完井和射孔完井时井壁围岩应力状态。直井裸眼完井情况下，在 $r=r_0$ 时井壁围岩状态方程为：

$$\begin{cases} \sigma_{r1}^S = (1-\phi_c)p_w \\ \sigma_{\theta1}^S = \sigma_H(1-2\cos 2\theta) + \sigma_h(1+2\cos 2\theta) + 2\eta(p_w-p_p) - p_w - \phi_c p_w \\ \sigma_{z1}^S = \sigma_V + 2\eta(p_w-p_p) - \phi_c p_w \\ \tau_{r\theta} = 0 \end{cases} \tag{7.19}$$

在射孔完井时，孔眼围岩应力状态根据地应力情况分为两种情况。当 $\sigma_H > \sigma_h > \sigma_v$ 时，孔眼围岩应力状态方程为：

$$\begin{cases} \sigma_{r2}^S = (1-\phi_c)p_w \\ \sigma_{\theta2}^S = \sigma_H(1-2\cos 2\theta) + \sigma_V(1+2\cos 2\theta) + 2\eta(p_w-p_p) - p_w - \phi_c p_w \\ \sigma_{z2}^S = \sigma_h + 2\eta(p_w-p_p) - \phi_c p_w \\ \tau_{r\theta} = 0 \end{cases} \tag{7.20}$$

在 $\sigma_v > \sigma_H > \sigma_h$ 时，孔眼围岩应力状态方程为：

$$\begin{cases} \sigma_{r2}^S = p_w - \phi_c p_w \\ \sigma_{\theta 2}^S = \sigma_V(1-2\cos 2\theta) + \sigma_h(1+2\cos 2\theta) + 2\eta(p_w - p_p) - p_w - \phi_c p_w \\ \sigma_{z2}^S = \sigma_H + 2\eta(p_w - p_p) - \phi_c p_w \\ \tau_{r\theta} = 0 \end{cases} \quad (7.21)$$

$\sigma_H > \sigma_h > \sigma_v$ 在浅部地层中才会出现，而在深部地层主要是 $\sigma_v > \sigma_H > \sigma_h$。水力压裂施工多在深部地层，所以式（7.21）为主要情况。

另外，大庆油田开发初期，经过多次施工后地质和工程技术人员对水力压裂裂缝形态形成一种不成文的结论，认为在深度未达到 800m 的地层，压裂产生的裂缝为水平裂缝，在 1000m 以下地层，产生垂直裂缝。然而，对中国 13 个油区共 86 个断块油田检测发现，只有大庆内部萨尔图和喇嘛店地区油田，井深在 800～1200m，在开发初期，产生的裂缝为水平裂缝。该地区的油田 20 年开发过程中，由于储层孔隙压力的下降，裂缝形态由水平逐步转为垂直裂缝。而在大庆外围油田和中国其他油田，油层在 293～3300m 均为垂直裂缝。经过上面的分析，下面主要应用式（7.19）和式（7.21）进行起裂分析。

7.2.2 裂缝起裂的力学准则

7.2.2.1 裸眼完井情况

目前在水力压裂设计中多采用最大拉应力理论，即张性破裂准则预测裂缝起裂压力。根据井壁围岩状态方程可知，井壁上最危险点的位置是在 $\theta = 0°$ 及 $180°$ 处。根据式（7.19），裸眼井井壁上的最小有效应力为：

$$\sigma_{\theta 1}^S = 3\sigma_h - \sigma_H - p_w + 2\eta(p_w - p_p) - \phi_c p_w \quad (7.22)$$

（1）垂直裂缝起裂。

在 $\sigma_v > \sigma_H > \sigma_h$ 或者 $\sigma_H > \sigma_v > \sigma_h$ 情况下，当最小主应力为水平主应力时，此时产生的是垂直裂缝。随着井底压力的增大，井壁有效水平周向应力达到或者超过岩石的抗张强度时，在垂直于水平周向应力的方向产生垂直裂缝。

当最小周向结构有效应力达到岩石的抗张强度时，垂直裂缝产生，即：

$$\sigma_{\theta 1}^S \geqslant -\sigma_T$$

当破裂时，井底的注入压力是地层的破裂压力。由上式和式（7.22）可得破裂压力的表达式：

$$p_{f1} = p_w = \frac{3\sigma_h - \sigma_H - 2\eta p_p + \sigma_T}{1 + \phi_c - 2\eta} \quad (7.23)$$

对非渗透储层时，$\phi \to 0, \phi_c \to 0, \eta \to 0$，简化上式，有：

$$p_{f1} = p_w = 3\sigma_h - \sigma_H + \sigma_T \quad (7.24)$$

式（7.24）即水力压裂中经典的 H—W 裂缝起裂模型。对于渗透性极高的储层时，$\phi_c \to 1$，简化上式得：

$$p_{f1} = p_w = \frac{3\sigma_h - \sigma_H - 2\eta p_p + \sigma_T}{2(1-2\eta)} \tag{7.25}$$

式（7.25）即水力压裂中经典的 H–F 裂缝起裂模型。

（2）水平裂缝起裂。

在 $\sigma_H > \sigma_h > \sigma_v$ 情况下，垂向结构有效应力为最小主应力，此时产生水平裂缝。根据式（7.25）的推导过程可知，当井筒垂向结构有效应力达到岩石的抗张强度时，岩石开始起裂，得破裂压力表达式为：

$$p_{f1} = p_w = \frac{\sigma_v - 2\eta p_p + \sigma_T}{\phi_c - 2\eta} \tag{7.26}$$

7.2.2.2 射孔完井情况

对于射孔完井时，破裂压力表达式将完全不同于前两个式子。

（1）垂直裂缝起裂。

在 $\sigma_v > \sigma_H > \sigma_h$ 情况下，最小水平主应力为最小的地应力。垂直于最小水平主应力且平行于最大主应力的时候最容易产生垂直裂缝。井壁上最危险点的位置是在 $\theta = 0°$ 或 $\theta = 180°$ 处，根据式（7.21）可知孔壁上周向结构有效应力取得最小值，其表达式为：

$$\sigma_{\theta 2}^S = 3\sigma_h - \sigma_v - p_w + 2\eta(p_w - p_p) - \phi_c p_w \tag{7.27}$$

孔壁上周向结构有效应力取得最小值达到岩石抗张强度时，即：

$$\sigma_{\theta 2}^S \geqslant -\sigma_T$$

可得其破裂压力为：

$$p_{f2} = p_w = \frac{3\sigma_h - \sigma_v - 2\eta p_p + \sigma_T}{1 + \phi_c - 2\eta} \tag{7.28}$$

（2）水平裂缝起裂。

当垂向主应力为最小主应力时，当井筒有效垂向应力达到岩石的抗张强度时，水平裂缝产生。井壁上最危险点的位置是在 $\theta = 0°$ 或 $\theta = 180°$ 处，根据式（7.21）可得其破裂压力为：

$$p_{f2} = p_w = \frac{3\sigma_v - \sigma_H - 2\eta p_p + \sigma_T}{1 + \phi_c - 2\eta} \tag{7.29}$$

7.3 裂缝的延伸准则及分形描述

裂缝的延伸是压裂裂缝在压裂液的作用下继续扩展变大变长的过程。裂缝从近井区域延伸出，并向远井区域扩展。裂缝延伸的效果决定着一口井压裂施工的成败。裂缝的延伸过程中，主要受远场应力状态、断裂韧性、储层存储类型和施工参数等影响。

7.3.1 岩石的断裂韧性

断裂韧性是断裂力学建立的基础，是水力压裂裂缝延伸的判据。在断裂力学中，为了探讨材料的断裂性能，Griffith 和 Irwin 提出了著名的裂纹临界扩展力准则。阐明了裂纹临界扩展力与单位宏观量度断裂面积表面能之间的关系。由于岩石是一种特殊的主要呈脆性的材料，因此常常采用线弹性断裂力学理论来分析水力压裂裂缝扩展行为。线弹性断裂力学中，根据位移的形态将裂纹分为三种类型，即张开型、错开型和撕开型，又称Ⅰ型、Ⅱ型和Ⅲ型裂纹。在水力压裂中Ⅰ型裂缝是最常见的，但在岩石结构或者局部应力场剧变的区域，则可能出现混合型裂缝。

7.3.1.1 断裂韧性基础

Irwin（1957）将缝端附近的奇异应力场分为三种不同的类型，并根据各自的特点将它们分为Ⅰ型（张开）、Ⅱ型（面滑移）和Ⅲ型（反平面滑移），如图7.2所示。

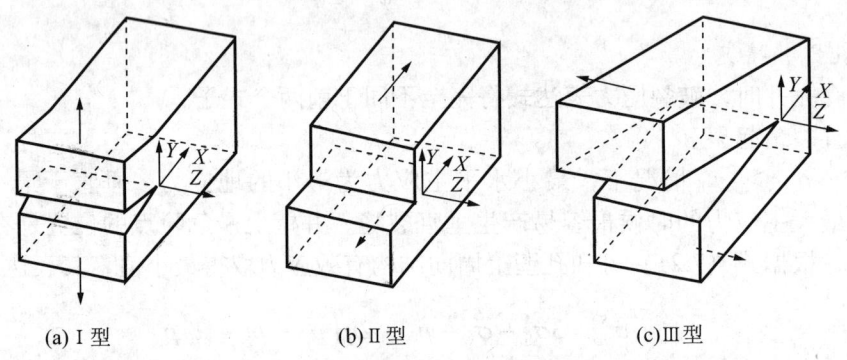

(a) Ⅰ型　　　　　(b) Ⅱ型　　　　　(c) Ⅲ型

图7.2　裂缝断裂的张开模型

现阶段普遍采用线弹性断裂力学理论来建立水压裂缝的扩展准则。由断裂力学原理可知张开型（定义为Ⅰ型）断裂韧性 K_I 与断裂能 G_e 存在如下关系：

$$K_\mathrm{I} = A\sqrt{G_\mathrm{e}} \tag{7.30}$$

其中

$$A = \sqrt{E/(1-\mu^2)}$$

$$G_\mathrm{e} = 2r_\mathrm{s}$$

式中：A 为断裂面积；r_s 为单位宏观量度断裂面积表面能。

根据线弹性断裂力学理论，对于延伸较为缓慢的裂缝，可以认为是一个准静态过程，当裂缝端部的应力强度因子达到岩石的断裂韧性时裂缝开始延伸。应用最为广泛的是 K_I 判据，即：

$$K_\mathrm{I} = K_\mathrm{IC} \tag{7.31}$$

式中：K_I 是Ⅰ型裂纹断裂强度因子，它反映了裂尖应力奇异性的强度，与材料和裂缝的尺寸及所受载荷有关；K_IC 叫做断裂韧性，是材料对裂缝扩展阻力的一种度量，它是一个通过实验确定的材料常数。

对于线弹性材料，Irwin 证明裂缝周围区域应力的大小与 $r^{-1/2}$ 有关，距离缝端 r 处的应力为：

$$\sigma_{ij} = \frac{K_{\rm I}}{\sqrt{2\pi r}} f_{ij}(\theta) + \cdots\cdots \tag{7.32}$$

三个应力分量可以用下式表示：

$$\sigma_{xx} = \frac{K_{\rm I}}{\sqrt{2\pi r}} \cos\frac{\theta}{2}\left(1 - \sin\frac{\theta}{2}\sin\frac{3\theta}{2}\right) \tag{7.33}$$

$$\sigma_{yy} = \frac{K_{\rm I}}{\sqrt{2\pi r}} \cos\frac{\theta}{2}\left(1 + \sin\frac{\theta}{2}\sin\frac{3\theta}{2}\right) \tag{7.34}$$

$$\tau_{xy} = \frac{K_{\rm I}}{\sqrt{2\pi r}} \sin\frac{\theta}{2}\cos\frac{\theta}{2}\cos\frac{3\theta}{2} \tag{7.35}$$

考虑平面应变情形，并且 $a \gg r$，当 $\theta = 0$（即沿着 x 轴方向）时，y 方向上的应力由式（7.34）可得：

$$\sigma_{yy} = \frac{K_{\rm I}}{\sqrt{2\pi r}} \tag{7.36}$$

根据式（7.36）绘图 7.3。由图可以看出，当 $r \to 0$ 时，裂缝尖端处的应力 $\sigma_{yy} \to \infty$，即使外部载荷很小，在 $r \to 0$ 处，σ_{yy} 也会趋向于无穷大，显然，这与实际情况不符。

对于水力压裂，裂缝启裂总是趋向于沿着垂直于最小主应力及平行于最大主应力方向产生，此时的裂缝为典型的 I 型张裂缝。对于内压恒定的张开的二维裂缝，Irwin 发现应力集中系数可以简化为：

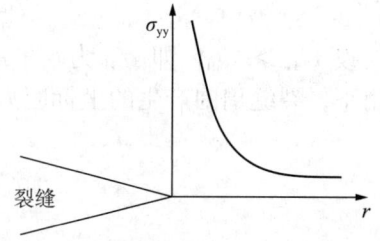

图 7.3　距裂缝尖端 r 处的应力变化

$$K_{\rm I} = p_{\rm net}\sqrt{\pi L_{\rm f}} \tag{7.37}$$

式中：$L_{\rm f}$ 为缝长，m；$p_{\rm net}$ 是使裂缝张开的净内压，MPa。

对于 II 型断裂韧性可以简化为：

$$K_{\rm II} = \tau\sqrt{\pi L_{\rm f}} \tag{7.38}$$

式中：$K_{\rm II}$ 为 II 型岩石断裂韧性；τ 是作用在裂缝面上的剪应力，MPa。

7.3.1.2　复合型岩石断裂韧性

对于裸眼完井井筒的水力压裂，裂缝起裂总是沿着垂直于最小主应力及平行于最大主应力方向产生，此时的裂缝为典型的 I 型张裂缝。I 型岩石断裂韧性是水力压裂中最常用判据。在射孔完井时或在裂缝性储层中，裂缝起裂变得复杂起来。此时将出现 I 型、II 型或复合型裂缝。

在实际工程问题中，裂缝通常为复合型裂缝，并且多数处于组合应力场中。根据岩石力学、断裂力学和水力压裂力学，水力裂缝是 I 型和 II 型裂缝的复合型问题。复合型裂缝的扩展不沿原裂缝面扩展，而是沿新的分支扩展。转向的依据就是应力强度因子的相对大小。

无限大平板内一长为 2L 的裂缝，与最大主应力方向夹角为 θ，远场作用着两个水平地应力 σ_h、σ_H，裂缝内流体压力为 p_f。该裂缝为 I—II 型加载复合裂缝，此时裂缝的延伸不能再使用 I 型裂缝的延伸准则（如图 7.4）。

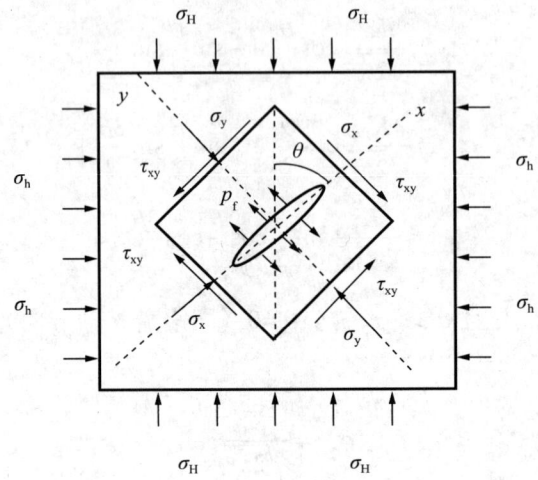

图 7.4　I—II 型裂缝示意图

设 $\sigma_H > \sigma_h$，即 σ_H 为水平最大主应力，σ_h 为水平最小主应力。在 σ_h 和 σ_H 应力场作用下，裂缝周围产生的坐标应力为 σ_x、σ_y 及 τ_{xy}。与 σ_h、σ_H 的关系为：

$$\sigma_x = \frac{\sigma_H + \sigma_h}{2} + \frac{\sigma_H - \sigma_h}{2}\cos 2\theta$$

$$\sigma_y = \frac{\sigma_H + \sigma_h}{2} - \frac{\sigma_H - \sigma_h}{2}\cos 2\theta$$

$$\tau_{xy} = \frac{\sigma_H - \sigma_h}{2}\sin 2\theta$$

则作用在裂缝 y 方向的净压力为：

$$p_{net} = p_f - \sigma_y = p_f - \frac{\sigma_H + \sigma_h}{2} + \frac{\sigma_H - \sigma_h}{2}\cos 2\theta \tag{7.39}$$

剪应力为：

$$\tau_{xy} = \frac{\sigma_H - \sigma_h}{2}\sin 2\theta \tag{7.40}$$

由式（7.37）和式（7.38）则有：

$$K_I = \left(p_f - \frac{\sigma_H + \sigma_h}{2} + \frac{\sigma_H - \sigma_h}{2}\cos 2\theta\right)\sqrt{\pi L_f} \tag{7.41}$$

$$K_{II} = \frac{\sigma_H - \sigma_h}{2}\sin 2\theta \sqrt{\pi L_f} \tag{7.42}$$

$$\frac{K_{\mathrm{I}}}{K_{\mathrm{II}}} = \frac{p_{\mathrm{f}} - \dfrac{\sigma_{\mathrm{H}} + \sigma_{\mathrm{h}}}{2} + \dfrac{\sigma_{\mathrm{H}} - \sigma_{\mathrm{h}}}{2}\cos 2\theta}{\dfrac{\sigma_{\mathrm{H}} - \sigma_{\mathrm{h}}}{2}\sin 2\theta} \tag{7.43}$$

上面给出岩石的Ⅰ型及Ⅱ型断裂韧性。岩石在单向压应力作用下，如果裂缝方向与压应力方向垂直，则应力强度因子 K_{I} 为负值，会导致裂缝闭合而无意义。当裂缝与压应力在方向上有一定角度或者两向压应力不等值时，情况则不然，更由于剪应力 τ 的存在，还将产生应力强度因子 K_{II}。

目前常用的复合型裂缝脆性断裂的理论主要有最大拉应力理论、能量释放率理论和最小应变能密度因子理论等三种。本书应用最大拉应力理论分析复合型裂缝。对于Ⅰ—Ⅱ型复合裂缝，其尖端的应力场可以由Ⅰ型和Ⅱ型的应力场叠加得出，其表达式为：

$$\sigma_r = \frac{K_{\mathrm{I}}}{\sqrt{2\pi r}}\left[\left(1+\sin^2\frac{\beta}{2}\right)\right]\cos\frac{\beta}{2} + \frac{K_{\mathrm{II}}}{\sqrt{2\pi r}}\left[\left(1-3\sin^2\frac{\beta}{2}\right)\sin\frac{\beta}{2}\right] \tag{7.44}$$

$$\sigma_\beta = \frac{K_{\mathrm{I}}}{\sqrt{2\pi r}}\cos^3\frac{\beta}{2} - \frac{3K_{\mathrm{II}}}{\sqrt{2\pi r}}\sin\frac{\beta}{2}\cos^2\frac{\beta}{2} \tag{7.45}$$

$$\tau_{r\beta} = \frac{K_{\mathrm{I}}}{\sqrt{2\pi r}}\sin\frac{\beta}{2}\cos^2\frac{\beta}{2} + \frac{K_{\mathrm{II}}}{\sqrt{2\pi r}}\left(1-3\sin^2\frac{\beta}{2}\right)\cos\frac{\beta}{2} \tag{7.46}$$

最大拉应力理论认为，裂缝的初始扩展方向将是周向正应力 σ_β 的最大值方向；其次裂缝的扩展是沿这个方向的最大周向应力达到了临界值而产生的。由式（7.45）的导数，即：

$$\frac{\partial \sigma_\beta}{\partial \beta} = 0$$

可以求得：

$$K_{\mathrm{I}}\sin\beta_{\mathrm{I-II}} + K_{\mathrm{II}}(3\cos\beta_{\mathrm{I-II}} - 1) = 0 \tag{7.47}$$

可以得到裂缝尖端的转向角度公式为：

$$\beta_{\mathrm{I-II}} = 2\arctan\left[\frac{1}{4}\left(\frac{K_{\mathrm{I}}}{K_{\mathrm{II}}}\right) \pm \frac{1}{4}\sqrt{\left(\frac{K_{\mathrm{I}}}{K_{\mathrm{II}}}\right)^2 + 8}\right] \tag{7.48}$$

应用最大拉应力理论确定复合型裂缝模型能够计算出来裂缝在井壁上的转向形状，但无法计算复合应力强度因子的具体值。其次上述模型考虑了缝内液体压力的影响。当裂缝延伸并远离井壁附近时，缝内压力发生一定的变化，而且随着时间推进，缝内压力也要发生变化，这需要具体分析。

7.3.2 岩石断裂面的分形描述

经典断裂力学的一个根本假设是将岩石断裂轨迹视为直线型平面模型，而现场实测和实验观测均表明，无论在晶粒尺度上还是在断层尺度上，岩石的断裂面都是非常不规则和粗糙的，难以用一个平直面直线型裂纹来近似模拟。谢和平的研究成果也证明了这一点。

以海拉尔油田贝 28 井，深度在 1655～1948m 井段的岩石断面为研究对象。分析表明，贝 28 井火山碎屑岩类型属于（沉）火山角砾岩、（沉）凝灰岩及凝灰质沉积岩。按火山喷发性质划分，可分为：（1）安山—玄武质（中基性）；（2）安山质（中性）；（3）安山—流纹质（中酸性）；（4）流纹质（酸性）；（5）流纹—粗面质（偏碱性）；（6）粗面质（碱性）。以安山—玄武质（中基性）泥粉屑沉凝灰岩（简称 B28-1）和粗面—流纹质（偏碱性）灰白色粉屑凝灰岩（简称 B28-2）岩心断裂面为分析对象（如图 7.5 和图 7.6）。

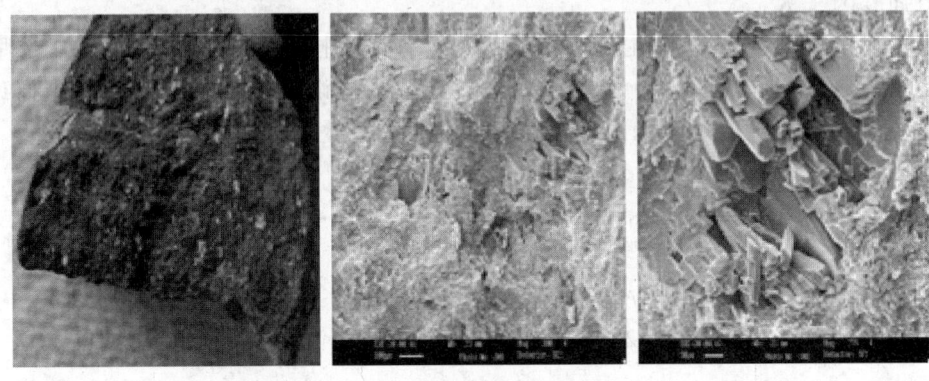

图 7.5　不同放大倍数下 B28-1 岩心断裂面形态

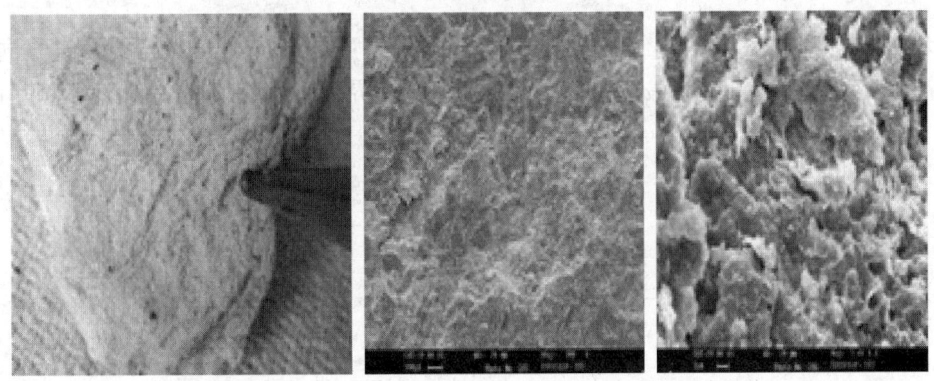

图 7.6　不同放大倍数下 B28-2 岩心断裂面形态

在上述两图中，岩心断裂面无论是宏观尺度下还是微观尺度下，岩石断裂面都是粗糙不平的，曲折的。这种断裂形态，用欧式几何是无法准确描述的。而自然界中的这些复杂形状和结构比比皆是，分形几何学为研究这些极其复杂和不规则的形态提供了解决方法。岩石的构成矿物极不规则，使其内部分布呈现明显的非均质，造成岩石细观裂纹与宏观裂缝的表面凹凸不平，裂纹扩展路径不规则，弯弯曲曲的，表现出分形特征。

当前，分形方法是定量分析岩石断裂表面特征的方法之一。它可以定量描述岩石断裂表面的粗糙度。分形理论研究表明，岩石断裂表面可以用各向异性的自相似性分形或多重分形来准确描述。岩石断口表面可以看成是统计物理自相似分形，可以用分形来定量地刻画断口表面的粗糙性。岩石断裂后，断裂表面表现出来的不规则性，反映了在断裂时损伤断裂的能量耗散及微结构效应，而且根据断口的分形维数可分析出岩石宏观断裂时的力学行为，并引导人们直接从岩石材料破坏后的断口定量分析中，推测出材料的断裂性质和材料失效的原因。

7.3.3 岩石的分形断裂韧性

根据上面的分析，发现岩石的断裂面的复杂结构具有分形性，可以用分形方法来分析。分形断裂韧性模型推导如下：

实际地下岩石水力压裂裂缝的断裂表面是凹凸不平，裂纹扩展路径是不规则的，弯弯曲曲的（见图7.7）。根据Mandelbrot分形曲线长度的估计式：

$$L(\delta) = L_0 \delta^{1-D_f}$$

式中：L_0 为裂纹路径的直线长度；δ 为码尺；D_f 为不规则扩展路径的分形维数。可近似地选择 $\delta \approx \varepsilon$，$\varepsilon$ 是自相似比。

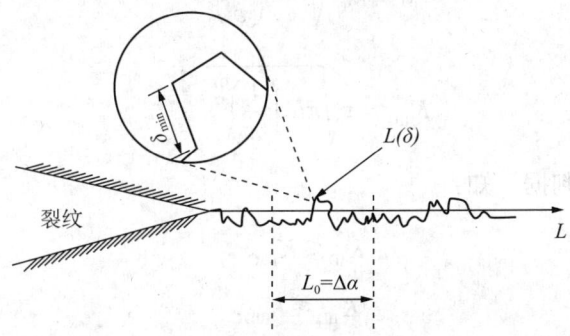

图 7.7 按分形裂纹扩展的水力压裂示意图

这样上式可近似表示为：

$$L(\delta) = L_0 \left(\frac{1}{\varepsilon}\right)^{D_f - 1} \tag{7.49}$$

在岩石断裂过程中，岩石中的裂纹总是以Y形或Z字形向前扩展的，其真实的断裂面积 A_Z 要大于表观平直断裂面积 A_H，对于单位厚度断裂面积可以认为：

$$A_Z = \left[\frac{L(\delta)}{L_0}\right] A_H \tag{7.50}$$

式中：L_0 为裂纹轨道的表观长度；$L(\delta)$ 为不规则路径长度；δ 为测量码尺。

因此，根据式（7.30）裂纹临界扩展力应推广为：

$$G_{\text{crit}} = 2\left[\frac{L(\delta)}{L_0}\right] r_s$$

根据H.P.Xie和D.J.Sanderson的研究结果可知，裂纹不规则扩展下临界断裂能可表示为：

$$G_{\text{crit}} = 2r_s \left(\frac{1}{\varepsilon}\right)^{D_F - 1}$$

由式（7.31）可推导如下关系：

$$K_{ID} = K_I \left(\frac{1}{\varepsilon}\right)^{(D_f-1)/2} \tag{7.51}$$

$$K_{IID} = K_{II} \left(\frac{1}{\varepsilon}\right)^{(D_f-1)/2} \tag{7.52}$$

式中：K_{ID} 为沿分形裂纹断裂的 I 型岩石强度因子；K_{IID} 为沿分形裂纹断裂的 II 型岩石强度因子。它们反映了缝尖应力奇异性的强度，与材料和裂缝的尺寸及所受载荷有关。

将式（7.37）代入到式（7.51）中，和将式（7.38）代入到式（7.52）中可得：

$$K_{ID} = p_{net} \sqrt{\pi L_f \left(\frac{1}{\varepsilon}\right)^{D_f-1}} \tag{7.53}$$

$$K_{IID} = \tau \sqrt{\pi L_f \left(\frac{1}{\varepsilon}\right)^{D_f-1}} \tag{7.54}$$

依据岩石断裂韧性判据，知：

$$K_{ID} \leqslant K_{IDC} \tag{7.55}$$

$$K_{IID} \leqslant K_{IIDC} \tag{7.56}$$

式中：K_{IDC} 为岩石 I 型分形裂纹断裂韧性；K_{IIDC} 为岩石 II 型分形裂纹断裂韧性。它们是材料对裂缝扩展阻力的一种度量，它是一个通过实验确定的材料常数。

由式（7.49）知裂纹不规则扩展下，岩石断裂路径较直线假设要长，所以裂纹沿分形路径断裂的岩石断裂韧性要大于按直线扩展情况。

为了形象地描述裂纹形态和方便式（7.53）和式（7.54）中断裂韧性的计算，把裂纹的弯折段看作是裂纹扩展的生成元，如图 7.8 所示的分形裂纹扩展模型来描述实际裂纹扩展段。由此可以计算出分形裂纹扩展的分形维数：

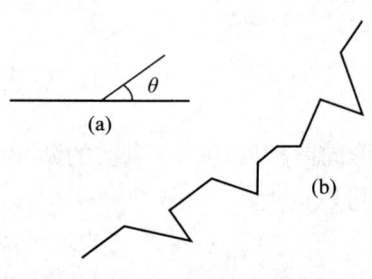

图 7.8　裂纹扩展的分形模型

$$D_f = \frac{\lg 3}{\lg(5+4\cos\theta)^{1/2}} \tag{7.57}$$

其中

$$1/\varepsilon = (5+4\cos\theta)^{1/2}$$

式中 θ 为裂缝弯折角。

将上式代入到式（7.51）和式（7.52）得：

$$K_{ID} = K_I (5+4\cos\theta)^{(D_f-1)/4} \tag{7.58}$$

$$K_{\text{IID}} = K_{\text{II}}(5 + 4\cos\theta)^{(D_f-1)/4} \tag{7.59}$$

其中

$$\theta = \arccos\left(\frac{3^{2/D_f}-5}{4}\right)$$

将式（7.57）代入到式（7.58）和式（7.59）中，可得：

$$K_{\text{ID}} = p_{\text{net}}\sqrt{\pi L_f (5 + 4\cos\theta)^{(D_f-1)/2}} \tag{7.60}$$

$$K_{\text{IID}} = \tau\sqrt{\pi L_f (5 + 4\cos\theta)^{(D_f-1)/2}} \tag{7.61}$$

上面推导了岩石 I 型和 II 型的分形裂纹断裂韧性模型，即式（7.53）、式（7.54）和式（7.60）、式（7.61）。根据岩石 I 型和 II 型的分形裂纹断裂韧性模型即可分析复合裂缝情况。

根据前人的研究成果，断裂韧性和岩石的抗拉强度可以通过下式连接：

$$\sigma_{\text{T}} = \frac{K_{\text{IC}}}{\sqrt{\pi a_c}}$$

式中 a_c 为岩石的长度级特征（如缺陷或岩石颗粒尺寸）。

根据式（7.49）整理得：

$$\sigma_{\text{T}} = \frac{K_{\text{IDC}}}{\sqrt{\pi a_c \left(\dfrac{1}{\varepsilon}\right)^{D_f-1}}} \tag{7.62}$$

式中：$a_c(1/\varepsilon)^{D_f-1}$ 为分形尺度下的岩石的长度级特征。

将式（7.62）代入到本章 7.2 节中推导的裂缝起裂压力模型（如式（7.23）、式（7.26）、式（7.28）和式（7.29）等）中，即可建立岩石断裂韧性与起裂压力之间的关系式。通过该式应用现场小型水力压裂实验数据可以计算压裂层岩石断裂面的分形维数，为后续岩石扩展计算提供必要的计算参数。

7.4 水力压裂过程的实验分析

应用水力压裂破裂过程模拟装置分析孔隙性储层水力压裂的造缝机理。实验发现，水力压裂裂缝的起裂主要受井壁围岩应力状态影响，延伸受远场地应力及其分布的影响。裂缝方位符合 Hubbert-Willis 的研究成果，符合裂缝面总是垂直最小主应力的结论。本节研究内容包括实验装置、实验模拟方式、水力压裂过程模拟实验和裂缝延伸准则实验分析等 4 大部分。

7.4.1 实验装置

水力压裂破裂过程模拟分析系统是由东北石油大学钻井教研室自主研制。该实验系统主要包括水力压裂过程模拟、破裂岩样导流能力分析和裂缝产生形态分析三个部分。其主要部件包括实验平台、圆柱形及立方体岩样夹持器、加压系统、地温模拟系统及岩样断裂面微观分析系统。水力压裂破裂过程模拟分析系统根据其组成部分主要实现三部分功能，具体如下：

7.4.1.1 设备的功能及设计

（1）水力压裂岩石破裂过程模拟。

水力压裂是模型水力压裂施工过程，即在一定压力和温度作用下，地层岩石在注液压作用下起裂、扩展和延伸的过程。应用本设备在室内模拟地层的温度和压力环境，对预置的岩石试样（天然岩石、水泥岩样）进行注液加压，直到岩石破裂。具体完成如下功能：分析室内温度和压力环境下岩石试样的破裂机理；分析地层温度和压力环境下的岩石试样的破裂机理；测定岩石试样的断裂韧性。

（2）破裂岩样导流能力分析。

裂缝的导流能力，主要是测量在不同闭合压力下被压开的裂缝面的导流能力。主要类型分为两个部分：试样裂缝面内没有支撑剂时的裂缝的导流能力；另一个是试样裂缝面内有支撑剂时的裂缝的导流能力。

（3）裂缝产生形态分析。

主要分析破裂岩石宏观裂缝的形态特征，如裂缝分布形态、个数和尺寸等，以及微观裂缝表面的面积、周长和粗糙程度等。

7.4.1.2 设备的装置流程

由于实验主要使用水力压裂模拟装置，下面对其进行详细的介绍。该装置主要由以下部分组成：提供破裂压力的组件、圆柱形岩样夹持器、方形岩样夹持器、压裂实验平台（为三种岩样提供载体）、模拟地温的加热箱体、环压提供系统、三向压力提供系统、管阀件系统、数据采集处理系统及操作台等。

7.4.1.3 实验控制流程

该实验系统主要为水力压裂过程模拟、破裂岩样导流能力分析和裂缝产生形态分析三个部分。具体功能为：模拟完成岩石试样的压裂过程，确定各种地层岩石在一般压力情况及围压条件下的水力压裂过程、岩石破裂裂缝形成过程模拟及裂缝扩展延伸过程监测和确定水力压裂情况下的岩石断裂韧性，以及破裂压力等参数。

图7.9是水力压裂破裂模拟装置的结构示意图。其中围压系统为实验提供必要的压力条件；加温系统为实验提供必要的温度条件；液压系统为实验提供液压将岩石试样压裂；岩样夹持器为夹持岩样并压裂岩样的装置；数据采集系统用于测定围压、温度及注入压力等实时数据；图像分析系统用于分析岩石断裂面的形态特征。

7.4.2 实验模拟方式

水力压裂技术在油田上应用以来，该技术作为一种增储上产的手段在低产油气田的勘探和开发中发挥了极其重要的作用。为了提高压裂效果，应对裂缝的几何形态进行准确描述和有效控制，尽可能地让裂缝在储层中延伸，并防止裂缝穿透水层和低压渗透层。

水力压裂的裂缝起裂、扩展和延伸机理研究，主要是通过建立理论模型和现场水力压裂实验展开的。压裂理论模型建立在分析现场水力压裂实验和对岩石力学深入研究的基础上，并通过现场实验进行进一步检验。由于水力压裂施工层位处于深部地层，常用的岩石力学参数及地应力场很难准确确定，这给实验精度带来很大的影响，造成人们无法正确认

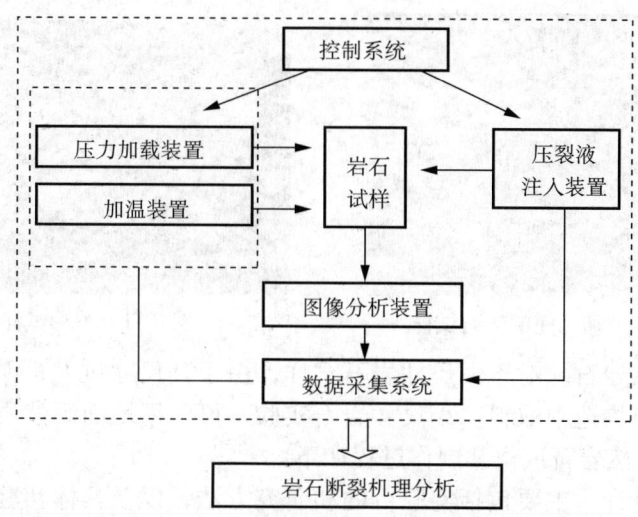

图 7.9 水力压裂岩石模拟测试装置的结构示意图

识水力压裂中岩石断裂裂缝的形态,给对压裂机理的正确认识设置了困难。另外,现场水力压力施工费用昂贵,且同一层位无法重复进行多次实验,也是影响水力压裂机理研究的一个重要因素。

裂缝几何形态的确定及裂缝扩展机理是水力压裂设计的关键问题之一,至今一直处于探索阶段。在水力压裂研究的初期,学者们认为水力压裂产生垂直于最小水平主应力的两翼对称裂缝。该裂缝形态经过简化后成为 PNK 和 KGD 模型的建立基础。随后,考虑了缝高的扩展,丰富了这一思想,也就出现了拟三维和全三维模型。当前,学者们发现在压裂时经常出现多裂缝情况,压裂数值分析模型也正向着这个方向转变。

为了深入了解水力压裂过程的内在机理,提高人为对裂缝几何形态的控制能力,亟需对此进行实验及理论研究。由于水力压裂所产生的裂缝实际形态难于直接观察,人们往往只能借助于建立在种种假设和简化条件基础上的数值模型进行间接分析。数值模型提供了认识水力压裂的另一思路,但常常因对水力压裂裂缝扩展机理认识的局限而带来较大的误差。水力压裂模拟实验是认识裂缝扩展机制的重要手段,通过模拟地层条件下的压裂实验,可以对裂缝扩展的实际物理过程进行测量,并且对形成的裂缝进行直接观察。这对于正确认识特定层位水力裂缝扩展的机理,和在此基础上建立更符合实际的数值模型具有重要的意义。

7.4.2.1 岩样制备

水力压裂破裂模拟装置的实验岩样,从形状上,可以划分为立方体和圆柱形两种:

(1) 圆形试样,岩样的尺寸:$\phi 100mm \times \phi 10mm \times (40 \sim 120)$ mm,其中 $\phi 100mm$ 为试样的外径;$\phi 10mm$ 为中心注液孔;$40 \sim 120mm$ 为岩样的长度变化范围,凡是在 40mm 到 120mm 之间岩石试样都可以(如图 7.10)。

(2) 方形试样,岩样的尺寸包括两种:小尺寸 $100mm \times 100mm \times 100mm$ 和大尺寸 $300mm \times 300mm \times 300mm$。如图 7.11 所示。

以上两类岩样无论是天然的还是人工的,水力压裂破裂模拟装置都可以进行相应实验。对于试样的制备,室内条件都具备相应的制作能力。

从来源上,实验岩样可分为天然岩石试样及人工水泥试样两类。天然岩石试样的岩石

图7.10 加工完的岩石试样　　　　图7.11 方形试样

来自于地层中的天然岩石。对于大尺寸岩石试样，由于其尺寸过大，无法对其进行深部取心，只能在地面相似构造中取料。小尺寸岩石实验，可以用地面天然岩石，也可以使用深部地层岩心。对于天然岩石试样其制作过程如下：

（1）实验方案设计。主要包括实验目的和研究方法，以及具体实验条件，如温度、压力和岩样尺寸等。

（2）按照实验方案要求在具有相似岩性的地表露头上取坯料。所取坯料岩性要符合要求，尺寸要富余些。

（3）应用岩石切割机对岩石坯料进行切割，加工成粗制岩样。粗制岩样尺寸要略大于实验用的标准尺寸。岩样切割面要平整，防止弧形面或波纹面等凸凹面的出现。

（4）应用打磨机对粗制岩样的各切割面进行平整处理。打磨过程中应用游标卡尺及水平尺进行尺寸校正。

人工水泥试样是使用一定比例的工程水泥及砂粒在固定模具中制作的试样（如图7.11）。根据实验设定的试样硬度标准，可选取相应标号的工程水泥，及其沙子进行配制。其制作过程如下：

（1）实验方案设计。主要包括实验目的和研究方法，以及具体实验条件，如温度、压力、岩样尺寸等。

（2）根据实验方案，确定工程水泥的标号及砂子比例和尺寸标准。如要模拟砂岩时，砂子比例要大些，水泥所占比例要小些；当模拟粗砂岩时，砂子的平均粒度要大些。

（3）按比例制备水泥砂浆。

（4）将制备好的水泥砂浆倒入模具中，并用振动机在初凝过程中将水泥砂浆中的多余气泡清除。

（5）水泥试样的养护。在养护过程要经常浇水，保持水泥试样的湿度，以便水泥试样完全凝固。

（6）取样。当水泥试样完全凝固后取样，并检查试样的平整度及表面是否有裂纹和气泡等。

（7）对做好的试样进行编号，将试样的各参数逐一记录，具体格式见表7.1。

表7.1 方形岩样（水泥质）输入数据格式表

编号	水泥含量 %	砂含量 %	平均粒度 mm	试样描述	长 mm	宽 mm	高 mm	井筒类型
1	70	30	0.5	无预置缝	300	300	300	裸眼
2	70	30	0.5	有水平缝	300	300	300	射孔

续表

编号	水泥含量 %	砂含量 %	平均粒度 mm	试样描述	长 mm	宽 mm	高 mm	井筒类型
3	60	40	0.5	无预置缝	100	100	100	裸眼
4	60	40	0.5	有高角缝	100	100	100	射孔

7.4.2.2 模拟实验中的相似准则

水力压裂施工的储层从宏观上可以分为孔隙性和裂缝性两类。孔隙性储层的岩体整体结构相对裂缝性储层要稳定,在压裂过程表现出的力学性质较单一。目前,孔隙性储层水力压裂学者已经进行大量研究,形成了一系列的分析裂缝形成模型。这些模型系统地描述了压裂裂缝起裂的方位、裂缝的延伸条数及裂缝的形态。对于裂缝性储层,其岩体结构力学性质比孔隙性储层要复杂。由于储层中裂缝网络的分布,形成了大量的弱面。这些弱面使储层的力学性质表现十分不确定。因此对于裂缝性储层压裂机理的研究至今没有形成定论。

相似方法是把个别现象的研究结果推广到相似现象上去的科学方法。模拟实验则是在模型与原型之间建立某种关系以满足相似性要求。柳贡慧于 2000 年针对三维模型的控制方程进一步推导了三维水力压裂模拟实验的相似准则,由其研究成果可知:

$$\frac{试验应力}{现场应力}=1;\quad \frac{试样弹性模量}{地层岩样弹性模量}=1;\quad \frac{试验排量}{现场排量}\approx 10^{-6};$$

$$\frac{试验压裂液黏度}{现场压裂液黏度}\approx 10^{-3};\quad \frac{试样断裂韧性}{地层岩石断裂韧性}\approx 0.3;\quad \frac{试样滤失系数}{地层滤失系数}\approx 0.03$$

根据相似准则可知:在应力大小相近时,需要采用渗透性和断裂韧性较低的岩样或者其他替代矿物,在压裂过程中采用高黏度的压裂液且使用较小排量注入。相似准则为设置实验条件提供了参考依据,相似准则的形式虽然并不唯一,但却反映了实验之间的内在联系。为了保证实验的可行性,要尽可能在模拟实验中满足所有相似准则。但满足所有要求是不现实的,有些次要的要求是可以忽略的,有些条件只能近似满足(表 7.2)。

表 7.2 室内模拟实验的基本参数

参数类型	现场施工参数	室内实验参数	相似关系
岩石弹性模量,GPa	1~80	1~4	近似满足
断裂韧性,MPa$\sqrt{m}$	1~10	1~4	近似满足
压裂液黏度,mPa·s	30~2000	5000~10000	近似满足
注入排量,cm³/min	3000000	1.0~5.0	满足

注:表中现场施工参数是以海拉尔盆地各井参数为准,室内实验试样使用的是水泥试样。

7.4.3 水力压裂过程模拟实验

孔隙性储层在世界范围内都有广泛分布,是油气存储的重要载体。当前大部分水力压裂施工都是在孔隙性储层上展开的,通过室内实验研究孔隙性储层水力压裂裂缝的起裂及扩展机理无疑有重要的意义。

7.4.3.1 实验目的

实验主要模拟孔隙性储层中的水力压裂过程。具体检验内容主要包括：裂缝起裂压力大小、裂缝起裂方位和裂缝扩展形态及其影响因素。

7.4.3.2 实验设计

为了分析孔隙性储层岩石压裂起裂及扩展机理,进行4块岩心实验。实验试样使用水泥岩样,试样制备过程参见岩样制备一节。水泥试样的具体参数见表7.3。

表7.3 水泥试样的具体参数

试样序号	1	2	3	4
水泥标号	425#	425#	425#	425#
加砂比例,%	30	30	30	30
温度,℃	室温	室温	50	室温
垂向应力(y),MPa	10	6	4	6
水平应力1(x),MPa	6	10	6	4
水平应力2(z),MPa	4	4	10	10
模拟完井类型	裸眼	裸眼	裸眼	裸眼
井型	直井	直井	直井	直井
泵注排量,cm³/min	3.5	3.5	3.5	3.5
压裂裂缝形态	平行注入管	平行注入管	平行注入管	垂直注入管

7.4.3.3 实验结果分析

对于孔隙性储层,按照上面的实验设计参数共进行了4组实验。从曲线形态上说,水力压裂模拟实验的压裂曲线的特征可以描述为四段和三点,如图7.12所示。四段包括注液段（AB）、曲线上升的憋压段（BC）、曲线急剧下降的泄压段（CD）和后期的裂缝再延伸段（DF）。三点是指3个极值点,包括破裂压力点（C点）、泄压段最低点（D点）和裂缝延伸压力最高点（E点）。

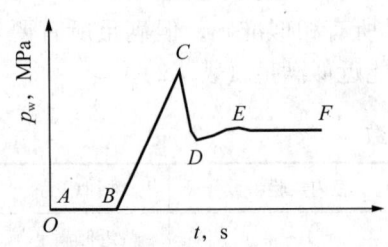

图7.12 水力压裂实验压力曲线示例

4组水泥试样均被压开,曲线整体形态遵循图7.12情况。压裂裂缝遵循在垂直于最小水平主应力方向起裂,并沿该方向继续延伸并形成宏观裂缝的宏观形态。从压裂曲线形态上看,破裂压力明显要大于裂缝再张开的延伸压力。说明试验模拟裸眼井壁上存在围岩应力集中现象,其控制范围是在近井范围。一般认为近井范围为3～6倍井眼直径的大小,即近井范围为3～6cm,为整体岩样的1/10～1/5。在该范围之外,为地应力场起主要作用的远井区域。压裂曲线具体各项数据见表7.4。

表 7.4　临界压力点数据　　　　　　　　　　　　　　　　单位：MPa

极值点	1#试样	2#试样	3#试样	4#试样
破裂压力（C点）	10.18	16.24	12.65	13.85
压力最低点（D点）	3.46	12.12	9.32	6.89
延伸压力点（E点）	4.23	13.47	9.9	9.32
压裂裂缝形态	垂直于最小主应力	垂直于最小主应力	垂直于最小主应力	垂直于最小主应力

对于图 7.13，其曲线的形态特征为，先逐渐憋压到一个极值（即破裂压力），曲线从最高点陡然下降几个兆帕，达到某一个极小值，再经过几十秒的调整后重新憋压，此次形成的极大值略大于极小值，之后曲线平缓下降并逐渐形成水平线。

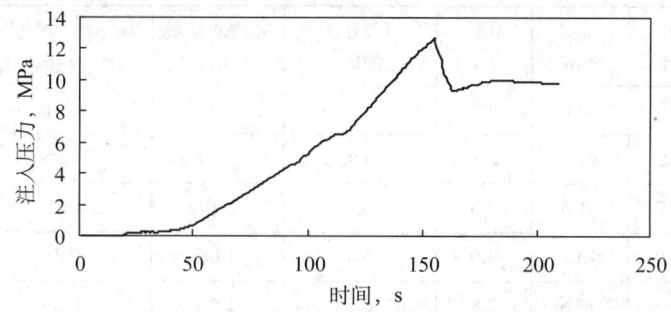

图 7.13　3#水泥试样注入压力与时间曲线

图 7.14 为压裂试样 3# 试样的压裂断面。从图中可以看出，裂缝面为对称分布，裂缝面整体平直，局部凸凹不平。从颜色分布上，裂缝面上颜色深浅不一。其中注液管附近和试样右翼部分的颜色浓重。左翼裂缝面颜色浅，且分布很不均匀。根据压裂液接触时间越长壁面颜色越重的原理，可以分析裂缝面的起裂延伸过程。

在注入压力的作用下，试样先克服井壁围岩应力集中的控制起裂，但起裂裂缝并没有一次将试样分成两半，而是近井区域形成一个起裂裂缝。这主要是注入泵排量

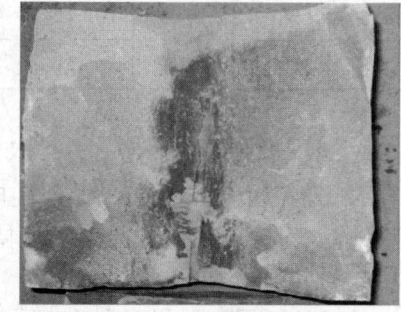

图 7.14　3# 水泥试样裂缝扩展图

较小，积蓄能量有限造成的。新形成的起裂裂缝成为注入液体的泄压区，即图 7.12 中的 CD 段。当压裂液充满起裂裂缝后，裂缝将继续延伸直到试样表面。

图 7.13 和图 7.14 描述的水力压裂过程与现场压裂施工过程基本相同。即在液压作用下裂缝先在近井区域起裂，起裂之后存在一个压裂液蓄能的过程，然后在地应力场的控制下裂缝反复扩展延伸，最终达到设计要求。所以，大尺寸试样水力压裂过程模拟装置分析储层的水力压裂施工是可行的。

7.4.4　裂缝延伸准则的实验分析

采用预裂纹厚壁筒测试断裂韧性方法的可靠性已由 R.J.Clifton 的试验所证实。根据预裂纹厚壁筒施加内外压时应力强度因子的计算原理，陈治喜等的岩样断裂韧性测试实验中

得到证明。于是作者在原有实验的基础上添加断裂面微观分析系统来确定裂缝分形维数，进而增加实验的功能。

7.4.4.1 岩样制备

由于取得岩心尺寸条件的限制，将钻井所取出的岩心切成长 40mm 至 60mm 的岩心段，外部加工成柱状，在岩样中心钻出直径为 10mm 左右的注压孔，然后在内孔壁上沿径向制成与岩样内孔中心轴线平行的预裂纹。为了保证试验过程中裂缝的稳定扩展，对单裂纹试样保证 W 大于 7，对双裂纹试样保证 W 大于 10。预裂纹深度的选取原则是使得初始裂纹长度处于稳定扩展区内。试样制备中加工预裂纹是一个难点，为此设计加工了一套专用装置，采用直径小于 0.2mm 的钢丝用切割的方式加工预裂纹。本书所用的试样外径 100mm 左右，预裂纹深度 3mm 左右。试样尺寸见表 7.5。

表 7.5 岩样断裂韧性分形模型的试验测试数据

岩性	内径 mm	外径 mm	高度 mm	缝长 mm	破裂压力 MPa	裂缝面分形维数	直线型裂缝断裂韧性，$MPa/\sqrt{m}$	分形裂缝断裂韧性，$MPa/\sqrt{m}$
砂岩	10.1	100.3	40.6	2.8	5.8	1.02	0.31	0.31
砂岩	9.8	99.1	42.1	2.3	4.9	1.10	0.25	0.26
砂岩	10.2	100.7	41.6	2.6	6.1	1.14	0.32	0.34
砂岩	10.4	100.9	40.1	3.0	5.4	1.08	0.31	0.32
砂岩	9.9	101.3	42.6	2.8	6.7	1.20	0.36	0.39
泥岩	10	100.5	41.8	2.9	5.6	1.08	0.32	0.33
泥岩	9.7	101.6	40.2	2.7	6.3	1.11	0.33	0.35
泥岩	10.3	99.8	45.2	2.5	5.5	1.05	0.29	0.30

7.4.4.2 设备及测试方法

测试装置为东北石油大学自主开发的内压法岩样断裂韧性测试系统，主要部件包括实验平台、圆柱形及立方体岩样夹持器、加压系统、地温模拟系统及岩样断裂面微观分析系统。

加压过程是通过恒压恒速泵将高压液体注入到内压孔中，为防治高压液体渗漏到试样中影响实验结果，使用外径 9mm，内径 6mm 的橡胶管置于岩样内孔中，作为分隔压裂液与试样内壁的衬套。A.S.Abou-Sayed 的试验表明，轴向压力的大小对断裂韧性测试结果无明显影响。为了尽量减少端部效应，在岩样两端涂有一层润滑脂。试验中通过恒压恒速泵缓慢提高压力（每分钟 2.5MPa），以便于确定岩样破裂过程中的压力状态变化。

7.4.4.3 实验结果及分析

实验岩心取自大庆油田葡深 1，该井位于西部断陷区古龙断陷北部葡萄花构造，取心分布在 2100～5300m。从取心段中筛选 8 块合格试样，其中砂岩 5 块，页岩 3 块。岩样均制成双裂缝。试验是在室温和大气压条件下进行的，其试验结果列于表 7.5 中。K_{ID} 是根据实验获得的岩样破裂压力按式（7.60）计算得到的。分形维数的确定所使用的仪器为本实验系统的中的断裂面微观分析系统。

由实验结果发现以下几个特点：

(1) 测试岩样的断裂韧性分布在 0.26～0.39，其变化范围较大，即使是同一类岩石也取值各异，这是由于岩石内部结构特征（如微裂隙和微节理发育，晶粒粗大，组成成分复杂等因素）造成的岩石各向异性引起的。

(2) 由于预制裂纹的原因，岩样形成的裂缝宏观尺寸上基本上是沿径向对称发展，但从微观角度上裂缝表现为曲折不规则，且裂缝面不是平直的，而是粗糙、弯曲的。曲折扩展的裂缝会消耗更多的岩石断裂能，使岩石破裂显得更加困难，表 7.5 中的试验数据也证明了这点；另外，粗糙的断裂面会增加压裂液通过裂缝面流动的阻力，会造成作业压力升高。由此对裂缝进行分形假设和建立分形模型来分析裂缝的不规则性，是符合岩石断裂的本质特点的，所以引入分形裂纹方法有助于提高岩石的断裂韧性的测定精度。

(3) 岩石断裂是微裂纹的形成、融会及贯通逐渐形成宏观断裂的过程，这说明在主裂缝周围会存在一个微裂缝的发育区。试验中，在破裂面上发现有许多脱离基体的小岩屑碎粒也证明了这点。这些发育的微裂缝将消耗一定量的液压能量，使得岩石的表观断裂韧性增大，岩石表现得比较难断裂，这也将提高作业压力。

7.5 分形参数对裂缝起裂及延伸的影响分析

用分形裂纹来描述岩石断裂的非规则起裂和扩展，揭示了分形裂纹的不规则程度和裂缝弯折角对应力强度因子的影响。当考虑了地层水力压裂裂缝的分形效应之后，得到的岩层断裂应力强度因子要较原先假设裂缝壁面光滑时所算得的值大。本节的研究内容主要包括分形参数对裂缝起裂的影响和分形参数对裂缝延伸的影响以及现场实例计算。

7.5.1 裂缝起裂的分形分析

压裂地层一般处于深部地层，压裂裂缝基本上是垂直裂缝，所以本节分析以式 (7.5) 为例。由于水平主应力较难获得，一般用垂向主应力表示水平主应力，这样就可以给出破裂压力的实用模型。当地层充满着层面、层理和裂缝，岩石抗张强度为零，同时假设两向水平地应力相等，且地层没有构造应力作用时，破裂压力的实用模型为：

$$p_\text{f} = \frac{1}{1+\phi_\text{c}-\eta}\left[\frac{2\mu}{1-\mu}(\sigma_\text{V}-p_\text{P})+\frac{\eta}{\phi}p_\text{P}\right] \tag{7.63}$$

在上述条件下考虑构造应力作用时，破裂压力的实用模型为：

$$p_\text{f} = \frac{1}{1+\phi_\text{c}-\eta}\left[2\left(\frac{2\mu}{1-\mu}+\xi_1\right)(\sigma_\text{V}-p_\text{P})+\frac{\eta}{\phi}p_\text{P}\right] \tag{7.64}$$

式中 ξ_1 为均匀地质构造应力系数。

在考虑非均质的地应力场的作用和地层本身强度的影响，且两向水平地应力不等相等时，破裂压力的实用模型为：

$$p_\text{f} = \frac{1}{1+\phi_\text{c}-\eta}\left[\left(\frac{2\mu}{1-\mu}+\xi_2\right)(\sigma_\text{V}-p_\text{P})+\frac{\eta}{\phi}p_\text{P}+\sigma_\text{T}\right] \tag{7.65}$$

式中：ξ_2 为非均匀构造应力系数（$\xi_2=3\gamma-\beta$）；γ 和 β 分别为最小和最大水平构造应力系数，可根据水力压裂法确定。

根据地层的特点，可以通过改变模型中参数，使模型适应不同地层。当 $\phi \to 0$、$\phi_c \to 0$ 和 $\eta \to 0$ 时，可计算非渗滤情况下的破裂压力，所以新模型具有更为广泛的适用范围。下面以式（7.65）为例，对分形参数对破裂压力的影响进行分析。

分析图 7.15～图 7.17 可知：

(1) 孔隙介质的孔隙度随着分形维数的增大呈现指数增大，在分形维数小于 2.4 时，孔隙度的增大相对平缓，之后增长速率逐步增大。

(2) 系数 η 随分形维数的增大呈现指数增长，在分形维数小于 2.6 时，系数 η 增长趋势平缓；在相同分形维数下，系数 η 随泊松比增大而减小。

(3) 破裂压力随分形维数增大呈现指数递减，在分形维数小于 2.6 时，破裂压力曲线近似为直线，随后递减趋势加速；在分形维数等于 3 时，破裂压力达到最小值；其次，在相同分形维数下，破裂压力随泊松比增大而增大。

从上面的分析可知，孔隙介质的分形维数对破裂压力的影响是合理的。在分形维数增大后，孔隙介质的孔隙度逐渐增大，最终完全被液体填充，这时地层的破裂压力也就是液压。

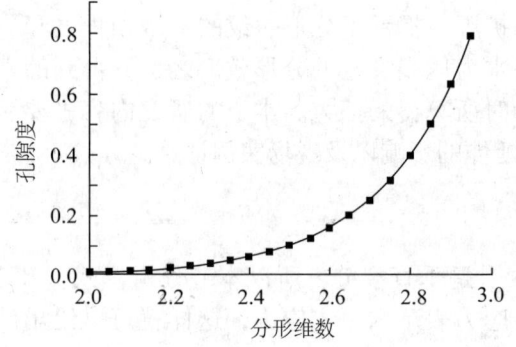

图 7.15 孔隙随分形维数的变化曲线　　图 7.16 不同泊松比下系数 η 随分形维数的变化曲线

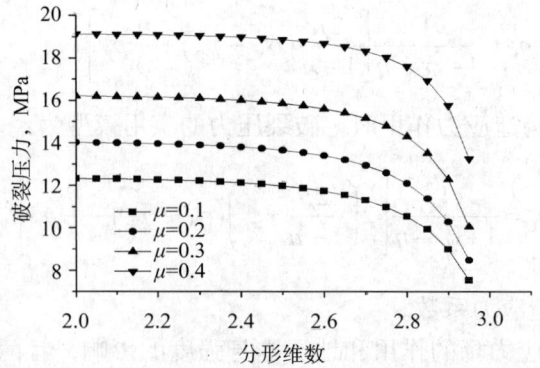

图 7.17 不同泊松比下破裂压力随分形维数的变化曲线

7.5.2 裂缝延伸的分形分析

在 7.3 节中建立了裂缝延伸的分形判断准则。对式（7.60）进行分析，得到数据见表 7.6。

表 7.6 断裂面分形维数及不同模型下断裂韧性比值随弯折角的变化关系

弯折角，(°)	0	10	20	30	40	50	60	70	80	90
分形维数（D）	1	1.003	1.013	1.028	1.053	1.085	1.129	1.187	1.263	1.363
断裂韧性比值（K_{1D}/K_1）	1	1.0016	1.0071	1.0151	1.028	1.044	1.0647	1.0904	1.1212	1.1573

对表 7.6 进行绘图。

如图 7.18 对式（7.60）进行了分析，结果表明分形维数随弯折角增大而增大，整个曲线呈指数关系。这说明岩石断裂裂纹越曲折，裂纹的分形维数越大。依据式（7.60）可知，裂纹的分形维数越大，岩石应力强度因子也就越大。图 7.19 对不同假设下裂缝内压力随分形裂纹弯折角变化进行分析，结果表明内压力比值随弯折角变化呈指数关系。说明岩石裂纹越曲折，岩石断裂需要的内压力就越大。

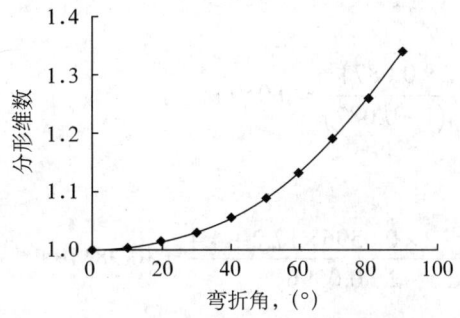

图 7.18 分形维数随弯折角变化关系　　图 7.19 不同假设内压力比值随弯折角变化关系

因此，用分形裂纹来描述岩石断裂的非规则扩展，揭示了分形裂纹的不规则程度和裂缝弯折角对应力强度因子的影响。当考虑了地层水力压裂裂缝的分形效应之后，得到的岩层断裂应力强度因子要较原先假设裂缝壁面光滑时所算得的值大。因此，水力压裂设计中，根据直线型理论模型计算的破裂延伸压力值要比实际形成压裂裂缝所需要的应力值小。这对于现场施工时是否能准确地估计投入的设备动力来得到期望的造缝能力以及经济效益等都有很大的意义。

7.5.3　现场实例计算

对海拉尔油田贝尔盆地 B16 和 B28 等两口井进行破裂压力预测。B16 井 97#层为射孔完井，射孔密度为 16 孔/m，60°相位射孔，压裂层位具体参数如下：地层深度为 1694～1700m，毕奥特系数为 0.82，抗张强度为 3.4MPa，泊松比为 0.087，孔隙度 0.12，水平最小主应力 σ_h 为 29.57MPa，水平最大主应力 σ_H 为 36.14MPa，垂向主应力 σ_V 为 41.07MPa，地层孔隙压力 p_p 为 17.0MPa，实际施工破裂压力为 27.8MPa。

通过孔隙度与毕奥特系数计算触点孔隙度和应力系数

$$\phi_c = \phi + \alpha(1-\phi) = 0.12 + 0.82 \times (1-0.12) = 0.842$$

$$\eta = \frac{\phi}{2(1-\phi)} \frac{1-2\nu}{1-\nu} = \frac{0.12(1-2\times 0.087)}{2(1-0.12)(1-0.087)} = 0.0617$$

代入破裂压力计算模型式（7.8）有：

$$p_{f2} = \frac{3\sigma_h - \sigma_V - 2\eta p_p + \sigma_T}{1+\phi_c - 2\eta} = \frac{3\times 29.57 - 41.07 - 2\times 0.0617\times 17 + 3.4}{1+0.842 - 2\times 0.0617} = 28.5 \text{MPa}$$

从计算结果可以看出计算值与实际压裂数值十分接近，误差为 2.44%。

贝 28 井 84# 层射孔完井，射孔密度为 16 孔/m，60°相位射孔。压裂层位具体参数如下：地层深度为 1743～1749 米，毕奥特系数为 0.80，抗张强度为 4.4MPa，泊松比为 0.112，孔隙度 0.141，水平最小主应力为 σ_h=31.4MPa，水平最大主应力为 σ_H=38.4MPa，垂向主应力为 σ_Z=43.6MPa，地层孔隙压力为 p_p=17.2MPa，实际施工破裂压力为 32.1MPa。

通过孔隙度与毕奥特系数计算触点孔隙度和应力系数

$$\phi_c = \phi + \alpha(1-\phi) = 0.141 + 0.8\times(1-0.141) = 0.828$$

$$\eta = \frac{\phi}{2(1-\phi)} \frac{1-2\nu}{1-\nu} = \frac{0.12(1-2\times 0.087)}{2(1-0.12)(1-0.087)} = 0.0596$$

代入模型式（7.8）有：

$$p_{f2} = \frac{3\sigma_h - \sigma_V - 2\eta p_p + \sigma_T}{1+\phi_c - 2\eta} = \frac{3\times 31.4 - 43.6 - 2\times 0.0596\times 17.2 + 4.4}{1+0.828 - 2\times 0.0596} = 30.98 \text{MPa}$$

从计算结果可以看出计算值与实际压裂数值十分接近，误差为 3.49%，说明本模型具备了很高的精度。

8 裂缝性储层裂缝介质特征的分形描述

裂缝性油气藏是指油气的储集空间和渗滤通道以连通裂缝为主的油气藏。在孔隙度和渗透率很小的致密砂岩、致密碳酸盐岩和泥岩甚至火成岩和变质岩中，由于岩石内部裂缝发育，都可以形成裂缝性储层。裂缝直接控制着裂缝性油气藏的分布，也构成了裂缝性油气藏的重要特征，因此对裂缝系统的研究也就构成了裂缝性油气藏研究内容中的重要部分。

8.1 裂缝介质的分布特征及描述参数

通过对裂缝介质的分布特征的了解，明确了断裂体系空间分布的分形维数值是断层数量、规模及组合方式等的一项综合性指标。通过裂缝介质描述参数，可以对储层裂缝系统特征进行评价。这为进一步研究裂缝在油藏开发中的作用奠定基础。

8.1.1 裂缝介质的分布特征

自 20 世纪 80 年代开始，地质学家应用分形几何方法系统地分析研究了地层断裂系统和裂缝的分布特征，并取得丰硕的成果。随着研究的深入，逐渐认识到实际测得的断裂构造分形维数值受众多因素的影响，如区域构造运动强度、构造应力场及自身介质的物理性质等。进一步明确了断裂体系空间分布的分形维数值是断层数量、规模及组合方式等的一项综合性指标。

断裂与裂缝是油气藏中的一项重要的介质特征。其分布数量及规模等对油气藏的性质影响巨大。一些学者开展地层断裂分形与油气藏形成关系的研究。研究发现，断裂系统和子区域断裂系统均具有很好的统计自相似性，具有分形特征。而且，区域油区断裂系统空间分布的分形维数大小与油气分布规模具有一定的正相关关系，应用分形几何学的方法研究断裂控油作用，探讨油气成藏及分布规律是可行的。断裂系统分形维数可作为一种衡量油气规模的参数之一。

地层中断裂和裂缝的形成受构造运动及应力场等力学因素的影响。为了探究断裂和裂缝与断裂结构面的应力之间的关系，谢和平等建立了断裂分形与断裂结构面力学性质的关系。谢和平教授提出岩石断裂表面形状具有分形特征，并且把宏观实验得到的损伤断裂耗散能与分形维数联系起来，还根据断层的几何及物理机理与相关性，分析了断层数目分布、位移分布和间距分布的相关性，建立了断层系统表面迹线的分形模型，研究了断层分形分布的分形维数与断层表面迹线分形维数的相关关系，只要测定出任意两种分布的分形维数就能推算出其他分布的分形维数值。

对小区域岩石裂缝的分形特征研究，主要集中在裂缝分形分布的验证及分形维数的计算等方面。由于断裂和裂缝是同一地质现象的两个方面，其结构应具有自相似性。因此，在上述研究之后，一些学者利用断裂和裂缝都具有分形的特点，开始预测不同尺度下裂缝的发育规律。

在国外，Seholz 等将分形学应用于断裂特征研究，并取得初步成果，证实将分形方法应用于地层断裂特征研究的思路是可行的。从此，分形在地质中的研究应用逐渐活跃起来。研究工作主要针对盆地中的断裂及区块中的裂缝这两方面。研究发现，地层的破碎过程具有随机自相似性，其断裂和裂缝的几何分布形态具有明显分形特征。Hirata 等在实验室对岩石加力后形成微裂隙，并应用分形方法对裂隙分布特征进行分析，发现其分布是分形的。Korvin 系统地研究了岩石露头上破裂和节理的统计规律，发现裂隙具有分形分布的特点。

La Pointe 研究发现，凝灰岩不连续面密度具有分形特征，且不连续面数目越多，其分形维数越大，即裂隙密度越大，其分布越趋于均匀。得到的裂缝分形维数变化在 2.06～2.75，但这种分形维数对不连续面的平均长度和方向不敏感。尽管他研究的只是凝灰岩中的不连续面密度的分形特征，但对于揭示岩石中断裂的内在规律仍是有意义的。

在国内，张吉昌等的研究表明，储层构造裂缝的分维值 D 反映了不同岩性储层的裂缝发育程度，可以作为定量地表征储层构造裂缝密度的定量参数。高如曾等应用分形分维原理对川南地区碳酸盐地层中断裂的研究表明，用大的断裂去预测小的次一级断裂是可能的，并且指出 1～20m 的小断层密集发育区基本反映了裂缝发育带的概况。

徐光黎用分形几何研究了岩石裂缝面的几何特征（如规模、裂隙宽度、密度和粗糙度）。结果表明，岩石裂缝面几何特征及其组成的复杂网络分级，是一个自仿射的康托（Cantor）集，可以用分形几何描述；岩石裂缝面的规模、缝宽和密度具有很强的自相似性，无标度区间达 10^7 数量级。

谢和平和徐志斌通过对全国三个矿井的断层网络的分析研究得出分形维数是一种定量评价矿井断层网络复杂程度的良好的综合指标。对于岩体裂缝网络特征分布规律的研究，太原理工大学赵阳升等在这一领域作了大量的工作，取得了一系列成果。1992 年赵阳升研究了永红煤矿煤样裂隙数量的分布规律，揭示出岩体平面裂隙数量很好地服从分形分布规律这一重要的物理结论。

1994 年，赵阳升主持研究了"煤层导水特性分类研究"的煤炭工业部项目。对中国 20 多个煤矿煤样裂隙数量分布进行研究，不仅证实裂隙数量分形分布规律的普适性，同时将裂隙分布分形参数作为煤体渗透性的分类指标，列入国家煤炭行业标准。2005 年，冯增朝和赵阳升等在以前的基础上进一步研究了岩体裂隙面特征的分布规律。实验结果表明，岩体裂隙面数量服从三维分形分布规律。无论是强随机分布，弱随机分布，还是分组分布，只要三维岩体的裂隙面数量分布服从分形规律，则任意剖面的二维裂隙迹线数量分布都服从相应形式的分形规律。并给出三维裂隙面数量分布的分形参数与其二维剖面的裂隙迹线数量分布的分形参数具有的对应关系。

裂缝系统的数值模拟预测方法主要有构造应力模拟法、变形模拟法、岩层曲率法和分形维数法。分形方法的引入，丰富了储层裂缝系统的研究方法。根据分形的基本定义，分形理论认为岩石破裂过程具有相似性，断层系具有相似结构，断裂与裂缝组成自相似性结构；断裂集群分布表现出与岩心上观测到的断裂密度分布具有很好的一致性；无论断层长短，断距大小，还是展布形式，断裂与裂缝分布具有相似性，即裂缝系统和断裂系统一样具有结构的自相似性，用断裂和岩心裂缝的分维数值可以定量地描述储层中裂缝的空间发育程度。研究表明，裂缝的分形维数值反映了裂缝的聚集程度和发育程度。随着分形维数值的增加，说明裂缝的聚集程度和发育程度增大，裂缝的连通性好，裂缝的储集能力和裂缝渗流能力好。

虽然有些基础资料可以反映裂缝的大小（长度、面积和开度），但数据的不充分性使得对该参数的统计分析很困难。有些研究成果表明裂缝的长度和面积遵循负指数、指数、对数正态、分形或幂指数分布中的任意一种形式，但这不能说明其具有连续的一致性；当数据有限时，对于分布函数以及相关参数的准确描述是不现实的，而分形几何的方法是进行裂缝大小描述的有效工具，并且通过多级分形几何的方法可反映裂缝大小的非均质性。

8.1.2 裂缝介质的描述参数

通过裂缝介质描述参数，可以对储层裂缝系统特征进行评价。这为进一步研究裂缝在油藏开发中的作用奠定基础。从描述裂缝数量上分为单一裂缝参数和多重裂缝参数。单一裂缝描述参数包括裂缝宽度、长度、方位、倾角以及裂缝的填充情况。多重裂缝参数包括裂缝的几何状态、网络分布、裂缝间距、密度以及孔隙度等。这些参数不仅描述了裂缝的特征，也决定了裂缝网络的流体流动特征和控制了裂缝性油藏的最终采收率。

裂缝的描述参数又分为定性参数和定量参数两种。裂缝的定性参数包括裂缝的产状（如组系、走向、倾角等）、力学性质和充填性等。裂缝的组系和力学性质主要受构造应力场的控制。其研究主要从构造特征以及构造应力场研究入手，通过定向岩心上构造裂缝的观测和分析，岩石力学模拟实验，构造物理模拟和数值模拟技术，并参考测井资料和试井、注采及开发实验等动态资料进行综合分析研究。裂缝的充填性主要与构造事件、后期构造性质、构造部位及岩性及埋深等因素有关，对裂缝充填性，主要是通过岩心与显微薄片的观察分析以及充填矿物包裹体测试资料来研究，除了统计被充填裂缝比例外，还需划分充填物的充填期次，确定各期充填时间及充填时的环境，推测裂缝的形成时期。

裂缝的定量参数包括裂缝密度或间距、延伸长度、切穿深度和宽度等。它们是储层构造裂缝描述中的4个主要参数，对裂缝性储层的性能起决定性作用，主要受古构造应力大小、岩相、孔隙流体压力以及埋深等因素控制。因此，对其研究主要通过岩心及显微薄片的大量观测统计，求出岩心上宏观裂缝的密度和切穿深度以及微观裂缝的面密度与延伸长度和宽度。宏观裂缝的地下真实宽度与平面上延伸长度可以通过岩石物理模拟和构造物理模拟来求取。

8.1.2.1 裂缝的宽度

裂缝的宽度又叫缝宽，为定量参数。它是指裂缝面之间的距离，该参数是裂缝孔隙度和渗透率的主要构成要素。其数值小到微米级，大到毫米级，通常在几十到几百微米。在描述裂缝性油气藏时，在裂缝孔隙度和渗透率的计算及储层的预测中，裂缝宽度是一个非常重要的参数。

裂缝上所量取的宽度为视宽度，要根据测量面与裂缝夹角进行换算，得到真实的裂缝宽度：

$$\omega = \omega_v \cos\theta \tag{8.1}$$

式中：ω 为裂缝真实宽度；ω_v 为裂缝面视宽度；θ 为测量面与裂缝面的夹角。

裂缝的宽度可在露头或岩心资料上进行直接测量，也可以根据成像测井进行解释，但其结果受钻井损害的影响比较大。通常采用岩心上测量的裂缝宽度或裂缝中充填脉宽度值代表裂缝的宽度，这种方法得到的裂缝宽度均大于其在地下的真实宽度。主要由于，一是地表所观测的岩心是减压或膨胀之后的岩心，且裂缝空间的膨胀系数要远远大于岩石孔隙的膨胀系数；二是目前裂缝中所见的充填脉是多次脉冲式充填的结果，其脉宽要远大于裂缝的原始宽度。

8.1.2.2 裂缝的长度

裂缝的长度是指裂缝的延伸长度，为定量参数。从构造地质学上可以分为走向延伸长度和倾向延伸长度。裂缝的长度分布在几米到十几千米之间，甚至有几十千米。储层裂缝在平面上的延伸长度这一重要参数目前还没有有效方法进行直接测量。一般可通过下列两条途径对裂缝延伸长度进行研究：即在有相似露头区的地区，可用类比计算的方法；在无露头区的地区，可用模拟分析的方法。有些研究成果表明，裂缝的长度和面积遵循负指数、指数、对数正态、分形或幂指数分布中的任意一种形式，但这不能说明其具有连续的一致性。当数据有限时，对于分布函数以及相关参数的准确描述是不现实的，而分形几何的方法是进行裂缝大小描述的有效工具，并且通过分形几何方法可以很好地反映裂缝大小的非均质性。

8.1.2.3 裂缝倾角

裂缝倾角是指裂缝面与水平面的夹角。按照裂缝倾角大小可分为：垂直裂缝，其倾角为 70°～90°；水平裂缝，其倾角为 0°～20°；或者将倾角大于 45°的裂缝统称为中高角度裂缝；裂缝倾角小于 45°的统称为中低角度裂缝。

裂缝倾角容易测量，但确定倾向比较困难。当层面倾斜明显时，可用相对倾向的方法加以评价。测出裂缝倾向与地层倾向的夹角，然后利用该岩心所属地层的平面构造图恢复岩心的方位，从而间接求得裂缝的倾向。

8.1.2.4 裂缝的密度

裂缝的密度 D_f 是衡量裂缝发育程度的重要指标。常规的裂缝密度可以分为线密度、面密度和体密度。线密度是指微裂缝与垂直于该组裂缝的单位测线上的交点数。线密度 D_{fl} 指与一条直线（垂直于流动方向）相交的裂缝条数 n 和此直线长度 l 的比值，即：

$$D_{fl} = \frac{n}{l} \tag{8.2}$$

面密度是指单位面积内裂缝的长度。面密度 D_{fS} 指裂缝累计长度 L_t 和流动横截面上基质总面积 A_j 的比值，即：

$$D_{fS} = \frac{L_t}{A_j} \tag{8.3}$$

其中，$L_t = \sum_{i=1}^{n} l_i$。

体密度是指单位体积内裂缝壁表面积。体积密度 D_{fV} 指裂缝总面积 A_Z 和基质总体积的比值，即：

$$D_{fV} = \frac{A_Z}{V_b} \tag{8.4}$$

目前主要有宏观法和微观法进行裂缝密度的评价。宏观法通常通过岩心测量单位长度的裂缝条数；而微观裂缝密度主要通过岩石薄片进行计算。

裂缝的密度和孔隙度是裂缝网络中最重要的参数，许多裂缝聚集在一起形成了高裂缝密集带，由于裂缝通常能大大改善流体的流动，所以高密度裂缝发育带通常是最好的储层发育带。裂缝体积密度能够较充分地反映裂缝发育程度，不因充填物和充填程度变化而改变。线密度和面密度受流动方向影响，往往不能充分反映裂缝发育程度。

8.1.2.5 裂缝间距

裂缝间距是指两条裂缝之间的距离。裂缝间距的大小决定裂缝渗透率的高低。其变化较大，由几毫米到几十米不等。岩心上对于同一组系的裂缝应对其间距进行测量。同一组系是指具有成因联系的及产状相近的多条裂缝的组合。

8.1.2.6 裂缝方位

裂缝方位指裂缝或裂缝系发育的方位，是描述裂缝的重要参数。可直接由定向取心和裂缝与地层的关系来获得，也可以通过测井资料中获取。裂缝的方位描述参数有倾向及走向。

8.1.2.7 裂缝孔隙度和渗透率

裂缝孔隙是由于岩石破裂形成的一种次生孔隙，裂缝本身通常不具有很大的孔隙，但当与原生孔隙相连通时就会急剧地增大孔隙度和渗透率，裂缝孔隙体积可通过其他属性计算。对于存在裂缝的储层，其裂缝分布则是非常不均匀，这就造成了裂缝性储层岩石的孔隙分布的非均质性。

对于裂缝性储层的裂缝孔隙度 ϕ_f 的定义：指岩石样品中裂缝的体积 V_f 与整个岩石样品总体积 V_b 的比值。其计算公式为：

$$\phi_f = \frac{V_f}{V_b} \times 100\%$$

裂缝孔隙度一般比较小，大都小于 0.5%，很少超过 2%，但当裂缝遭受溶蚀时，裂缝孔隙度可以大于 2%。虽然裂缝孔隙度比较小，但是其渗透率一般比较大。裂缝孔隙度可以通过裂缝宽度与密度、三维岩心实验及测井方法等方法求取。下面介绍利用裂缝宽度和密度求取裂缝孔隙的方法。一般通过岩心观测获得裂缝的平均宽度和体积密度资料，即可计算：

$$\phi_f = \frac{V_f}{V_b} \times 100\% = \frac{S\bar{b}}{V_b} \times 100\% = V_{fD}\bar{b} \times 100\% \tag{8.5}$$

式中 $\bar{b}$ 为缝的平均宽度，m。

可见裂缝孔隙度的大小与裂缝宽度和密度成正比。

$$\phi_{fs} = \frac{S_f}{S} \times 100\% = \frac{L\bar{b}}{S} \times 100\% = A_{fD}\bar{b} \times 100\% \tag{8.6}$$

式中，岩心柱单元上裂缝体积密度和裂缝孔隙度计算主要是裂缝面密度 A_{fD} 的确定。裂缝面密度是比较容易计算的。

裂缝的渗透性和连通性体现了裂缝传输流体的能力。裂缝渗透率通常很高，主要是由于裂缝把单独的孔隙连接起来并成为流体的渗流通道，在裂缝系统中渗透率是基质和裂缝的综合效应。裂缝的连通性是指单位面积或体积内相互交切的裂缝条数，裂缝的连通性直接影响着整个流体在裂缝中的流动状况，但在现实中对裂缝的连通性进行定量描述很困难。

在常规计算渗透率时，是将孔隙空间与岩石骨架作为统一的岩石力学单元来考虑的，因此，在以岩石为单元计算裂缝渗透率时，应将裂缝与基质岩块作为统一的岩石力学单元。只是所计算的裂缝渗透率为岩石裂缝渗透率。求得的岩石裂缝渗透率表示为：

$$K_f = \frac{b^3}{12h} \tag{8.7}$$

式中 h 为岩层流动截面高度，m。

对于具有一定倾角 α_{ST} 的裂缝来说，有：

$$K_f = \frac{b^3}{12h} \cos^2 \alpha_{ST} \tag{8.8}$$

式（8.8）是单一裂缝的渗透率。对于具有多条裂缝的岩石，裂缝渗透率则为所有单一裂缝渗透率之和。如对于由两组裂缝组系构成的裂缝网络来说，岩石裂缝渗透率为：

$$K_f = \frac{1}{12h} \left(\cos^2 \alpha_{ST1} \sum_{i=1}^{n} b_i^3 + \cos^2 \alpha_{ST2} \sum_{i=1}^{m} b_j^3 \right) \tag{8.9}$$

裂缝性岩石的总渗透率 K_t 为岩石裂缝渗透率 K_f 与基质岩块渗透率 K_m 之和，即：

$$K_t = K_f + K_m \tag{8.10}$$

8.2 储层裂缝介质分布的分形描述方法

储层裂缝介质特征的描述可以从地质、测井、岩石学、钻井和其他工程资料中获取。不同的测量方法获得的裂缝参数信息具有不同的尺度及分辨率。油藏规模的资料包括地震和露头资料；井眼规模的资料主要包括测井、岩心、钻井资料、产量和压力测试等，不同的资料从不同侧面反映了裂缝的不同特性。在井眼上，将地下裂缝各项参数进行确定可称为描述。在井间区域内，将研究区面上储层裂缝各项参数确定下来可称为预测。

目前已有的和可能采用的裂缝描述和预测的方法是：（1）直接观察法：如对露头和岩心裂缝的宏观及微观观测等；（2）探测方法：如古地磁定向及各种测井方法等；（3）间接分析方法：如各种地质分析方法、概率统计方法、模拟方法及类比方法等。

另外，分形方法、地震识别裂缝以及一些新的数学方法等。这些裂缝描述和预测的方法各有优势。由于本书主要通过井眼裂缝特征描述，进行井眼附近区域内的裂缝预测，所以下面主要介绍一下分形分析法等。

8.2.1 裂缝介质分布的分形模型

分形理论的引入，丰富了储层裂缝系统的研究方法。根据分形的基本定义，分形理论认为岩石破裂过程具有相似性，断层系具有相似结构，断裂与裂缝组成自相似性结构；断裂集群分布表现出与岩心上观测到的断裂密度分布具有很好的一致性；无论断层长短或断距大小，还是展布形式，断裂与裂缝分布具有相似性，即裂缝系统和断裂系统一样具有结构的自相似性，用断裂和岩心裂缝的分维数值可以定量地描述储层中裂缝的空间发育程度。

该参数通常是大于拓扑维 D_T 而小于欧几里德维 D_E 的非整数，即：

$$\text{二维} \quad D_T=1.0 < D < 2.0=D_E$$

$$\text{三维} \quad D_T=2.0 < D < 3.0=D_E$$

目前有很多方法可确定分数维,如面积周长法、盒维数法、指数频谱法及变差函数法等。其中盒维数法是利用图形进行裂缝分形维数确定的最主要方法,主要应用资料是岩心、成像测井、露头以及地震资料。

基于盒维数的网格覆盖法,这也是当前的常用方法。网格覆盖法可用于一维、二维和三维统计,分别使用直线、正方形和正方体覆盖模型。

根据分形维数定义,其不同尺度下裂缝数量的分布规律可以用下式表示:

$$N(\delta) = N_c \delta^{-D} \tag{8.11}$$

式中:N_c 为裂缝面分布初值,其数值等于岩石中面积大于 δ^2 的裂缝的个数;D 为裂缝分布的分形维数。

式(8.11)是源自容量维的计算公式。对其两边取自然对数,可得:

$$\ln N(\delta) = -D\ln \delta + \ln N_c \tag{8.12}$$

由式(8.12)可知,每级尺度 δ 的自然对数作为坐标横轴,每级尺度下裂缝面的个数的自然对数作为坐标纵轴,其直线的斜率即为该种岩体裂缝面数量分布的分形维数。则裂缝的分形维数:

$$D = \frac{\ln N_c - \ln N(\delta)}{\ln \delta} \tag{8.13}$$

求分形维数的方法有多种,通过对比分析认为适合于储集体构造裂缝分维数测定的统计方法是网格覆盖法。该方法的基本步骤是:用边长为 r 的正方形网格覆盖整个岩心,然后统计包含有裂缝的正方形物体数目;逐步改变正方形网格的边长,统计相应的 $N(r)$;在双对数坐标系中采用最小二乘法对统计数据作回归分析,其回归直线的斜率即为岩心上裂缝分布的分维数值。

通常情况下,储层中的裂缝系统按走向都是多组的,但是对于每一裂缝系统,其数量分布仍遵循分形规律,不同组的裂缝分形维数值不同。即裂缝的数量分布满足式(8.11)。如果储层中的裂缝沿走向可以划分为 n 组,并且每组都服从分形规律,则根据式(8.11)可得到任意一组裂缝数量:

$$N_i = N_{0i}\delta^{-D_i} \quad (1 \leqslant i \leqslant n) \tag{8.14}$$

由于储层中裂缝的总长度与裂缝数量成正比,因此裂缝的长度也符合幂律关系:

$$L_{fi} = N_{f0i}\delta^{-D_i} \quad (1 \leqslant i \leqslant n) \tag{8.15}$$

Wilson 等认为利用盒子法进行离散裂缝网络的分形描述是尺度变化的,分数维的计算应随着盒子大小而变化,得到的是曲线而并非直线,这点与幂指数不相符。因此单一的分数维不能反映裂缝的变化尺度,于是提出了利用多级分形的方法进行裂缝的描述。

分形体具有最大和最小的长度界限,自相似性、尺度的不变性及分数维只能在一定的尺度范围内观察到。对于大规模或区域规模的复杂裂缝网络,就存在着许多自相似性的变化范围，正是由于这种不规则性，利用多级分形分析显得非常重要。

从广义上讲，具有一个以上分数维的物体是多级分形的，即多级分形体是具有不同尺度组分的一系列子集。把单一分形扩展到多级分形有两种主要方法：一种是通过引入新的参数来解释分数维的空间特征，而分数维则通过连续的分形谱形成，目前大多数多级分形模型都采用这种方法实现；另一种方法是利用离散多级分形，该方法用一系列不同的分数维（如离散分形谱）来解释所有自相似性的变化范围。

对于连续多级分形谱。先按照盒维数的处理方法，将裂缝网络先划分为边长为 l，由此所得的总数为 $N(l)$ 的盒子包含了单一裂缝或相交裂缝，根据盒维数的定义可以得到分数维的值：

$$\alpha = D(l) = -\frac{\ln N(l)}{\ln l}$$

式中：α 为赫德尔指数；$N(l,\alpha)$ 为边长为 l、赫德尔指数为 α 的盒子数。每个网格对应于 α 的概率为：

$$P(l,\alpha) = CN(l,\alpha) l^2$$

式中：当 $l \to 0$ 时，连续分形数维 $f(\alpha)$ 和协同维谱 $c(\alpha)$ 可表示为：

$$f(\alpha) = \lim_{l \to 0} \left[\frac{\ln N(l,\alpha)}{\ln l} \right] \tag{8.16}$$

$$c(\alpha) = \lim_{l \to 0} \left[\frac{\ln P(l,\alpha)}{\ln l} \right] \tag{8.17}$$

多级分形可用上述公式中的任意一个表示，在单一分形中，$f(\alpha)$ 的极限值覆盖了单一分数维的值，连续的多级分形可利用盒子法确定。

同样可以利用离散多级分形模型，赫德尔指数 α_k（$k=1, \cdots, m$）的离散值对应于 m 个 $f(\alpha_k)$ 的离散值：

$$f(\alpha_k) = \lim_{l \to 0} \left[\frac{\lg N(l,\alpha_k)}{\lg l} \right] \quad k = 1, \cdots, m \tag{8.18}$$

求分形维数的方法有很多，盒维数法是一种常见的测定储层构造裂缝分形维数的统计方法。盒维数法可用于一维、二维和三维统计，分别使用直线、正方形和正方体覆盖模型。

对于二维盒维数，根据盒维数的定义确定储层裂缝分布的分数维确定过程如下：

（1）如果研究对象是天然裂缝性岩石，则用切割机将储层岩块切割出任一个平面。在平面内画出边长为 l_0 的一个正方形网格，作为初始分形尺度，l_0 选任意尺寸，主要是根据岩块的实际大小及测量的方便来确定，取 100mm、200mm 或者 300mm，都可以，对大的断裂构造而言，可取以"m"或"km"为单位的尺度。然后统计位于正方形网格中的长度大于或等于 l_0 的裂纹条数 N_0。如果研究对象是某油田构造和区块的二维平面地质构造图，则根据构造图比例尺的大小来确定网格初始分形尺度。

（2）在第二次划分分形网格时选 $l_1 = l_0/2$ 的尺度划分 l_0 网格成 4 个边长为 $l_0/2$ 的正方形网格，并统计位于每个网格中的长度大于或等于 $l_0/2$ 的裂纹条数，分别记录在各子网格中，累加这一分形尺度的裂纹条数 N_1，作为该尺度的裂缝总条数。

（3）依次类推，分别在长度 l_0 的正方形中，划出长度为 $\delta = l_0/2^{n-1}$ 的正方形网格，作为第 n 次的分形网格，然后统计每个网格中的长度大于或等于 δ 的裂纹条数，记录并累加，作为该尺度下对应的裂纹条数 N^{m-1}。

（4）上述不同尺度网格下统计出的裂纹条数的总数，构成了岩石平面裂缝条数的集合：

$$N_k\ (k=0, 1, 2, \cdots, n)\qquad \delta_k = l_0/2^k$$

以尺度的自然对数为横轴，不同尺度下的平面裂缝条数的自然对数为纵轴，即可以获得平面裂缝迹线数量随尺度分布的分形曲线。

8.2.2 地层断裂的分形维数

对于三维空间确定分数维的方法与二维空间完全类似，即通过检查裂缝迹线的方法确定，把裂缝系统包含在一长度为 L_0 的正方形面积内，把该面积划分为边长为 l 的 L_0/l 个盒子，$N(l)$ 为与裂缝相交或包含裂缝的盒子数。

利用岩石中裂缝面体积密度的研究方法，结合分形几何学的基本思想和二维裂缝的数量分形定义，给出岩石裂缝面数量的三维分形表述：

（1）取边长为 l_0 的正方体，（l_0 作为初始观测尺度，可以是任意尺寸），统计出正方体中面积大于或等于 l_0 的裂缝面的数量 $N(l_0)$。

（2）二等分边长 l_0，得到 8 个边长为 $\delta_1 = l_0/2$ 的子正方体块，统计位于每 1 个子正方体块中，面积大于或等于 δ^2 的裂缝面的数量，并进行累加，得到 $l_0/2$ 尺度下的裂缝面数量为 $N(l_0/2)$。

（3）依此类推，分别统计边长 $\delta_k = l_0/2^k$ 的 2^{3k} 个子正方体中，面积大于或等于 δ_k^2 的裂缝面的总数为 $N(l_0/2^k)$。

（4）按照上述方法，得到不同尺度 $l_0/2^k$ 下的裂隙面及其数量序列为 $N(l_0/2^k)$。

（5）在 $\lg l$—$\lg N$ 平面上绘制上述结果，得到幂函数形式的曲线。

上述是确定裂缝系统分形维数的方法，将其与第二章的裂缝分布规律结合起来，便可描述裂缝系统。由于二维盒维数求取分形维数的原始资料比较容易获得，通常使用二维方法来求取裂缝系统的分形维数。

分形维数法是应用分形几何将物体的自相似性的描述能力展开的。物体的自相似性即物体局部是整体的成比例缩小。通过岩心微观裂缝的研究能够计算岩石的宏观裂缝。同样在一个地区断层研究的基础上能够计算断块中的裂缝。

本章即采用分形维数法研究贝尔凹陷的布达特群断裂分布（图 8.1）。分维计算应用二维网格覆盖法分析布达特群断裂顶面 T5 构造图来实现。该图反映了研究区内断裂非常发育，断层受南东北西方向的拉张作用，走向以 NNE（北北东）和 NEE（北东东）两个优势方向为主，断裂塑造了潜山的形态。应用分形特征研究裂缝发育规律的方法，为预测裂缝发育程度提供一条新途径。

对于布达特群断裂特征，本章主要从两个部分展开研究：其一是通过 T5 构造图来分析大断裂的分形特征；其二是通过岩心试样来确定局部裂缝的分形特征。

下面先分析大断裂的分形特征。通过对 T5 构造图上 6 口井周围的大断裂特征进行盒维数分析。盒维数法的具体分析过程如图 8.2 和图 8.4 所示，具体数据分析的双对数图如图

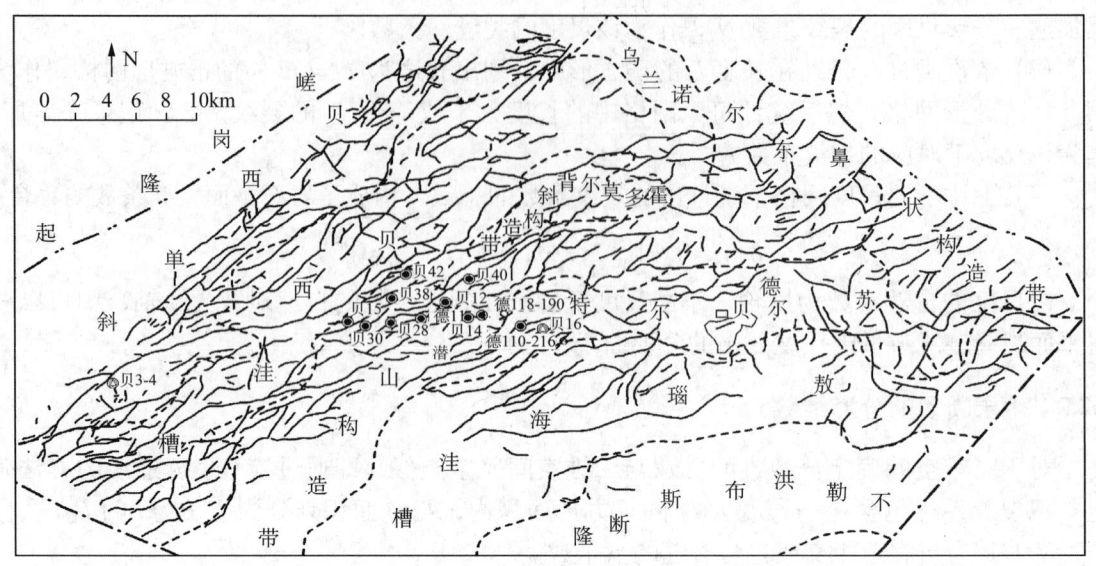

图 8.1　海拉尔盆地贝尔凹陷布达特群的断裂构造图

8.3 和图 8.5 所示。从图 8.3 中可以看出，B30 井断裂分布的尺频关系明显，可决系数为 0.9815。从图 8.5 中可以看出，B28 井断裂分布的双对数关系明显，可决系数为 0.9924。对于其他各井断裂特征分布的分形维数列于表 8.1 中。

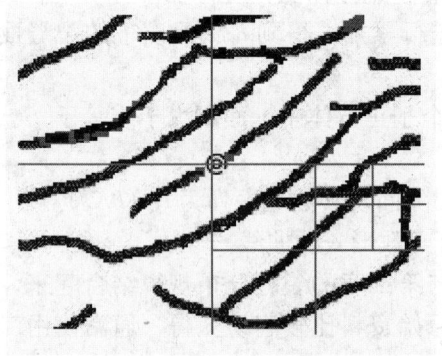

图 8.2　B30 井二维盒维数分析网格图

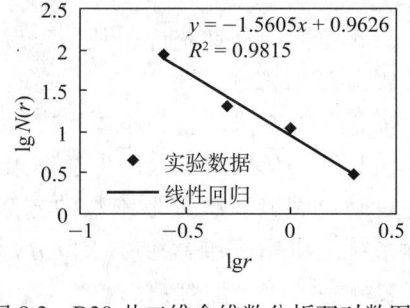

图 8.3　B30 井二维盒维数分析双对数图

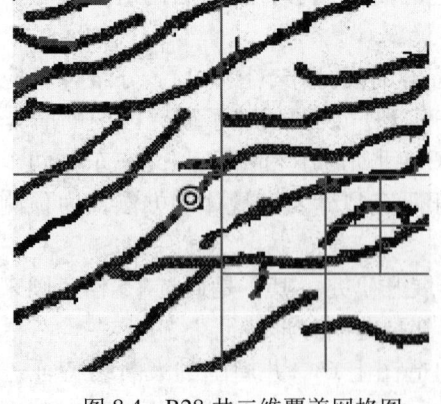

图 8.4　B28 井二维覆盖网格图

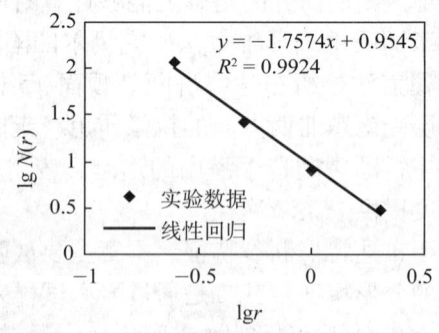

图 8.5　B28 二维网格覆盖双对数图

表 8.1 贝尔凹陷布达特群断裂构造的分形维数

井号	信息维数[①]	盒维数	偏差，%
B30	1.6	1.5605	2.47
B28	1.7	1.7574	3.38
B34	1.5	1.5366	2.44
B16	1.5	1.5182	1.21
B40	1.5	1.5527	3.51
B38	1.8	1.7862	0.77

①信息维数为苏玉平等求取分维数据。

8.2.3 岩心裂缝的分形维数

上面根据布达特群断裂顶面 T5 构造图求取了各井附近断裂构造的分形维数。这是大型的断裂裂缝特征分布，即大尺度裂缝分布的分形维数。下面分析一下局部小范围岩心裂缝特征分布，即小尺寸裂缝分布的分形维数。

如图 8.6 为 B30 井天然岩心图。从图中可以看到岩心上裂缝分布明显。主裂缝以高角度裂缝为主，衍生小裂缝为树状，对图 8.6 岩心进行盒维数分析。尺－频分析的双对数图为图 8.7。回归相关性明显，相关系数为 0.9987。

图 8.6 B30 井岩心的二维覆盖网格化

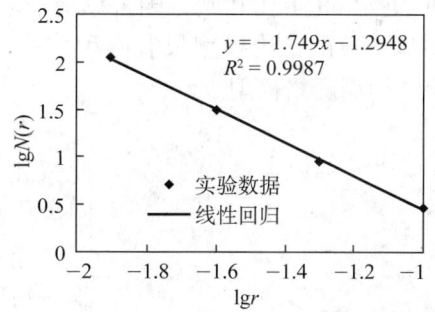

图 8.7 B30 井岩心裂缝分形维数回归

根据上面的方法，对海拉尔布达特群的 B30 井、B28 井和 B34 井等共 6 口井的岩心根据上述方法进行处理并计算岩心裂缝的盒维数。具体数据见表 8.2。

表 8.2 布达特群各井岩心裂缝的分形维数

井号	岩心裂缝盒维数	井号	岩心裂缝盒维数
B30	1.7490	B16	1.5927
B28	1.6877	B40	1.5728
B34	1.6145	B38	1.7652

由于储层岩石裂缝发育的不均匀性且深埋地下，一个或几个钻井取心资料很难概括整个区块岩石裂缝的发育特征。即使定性描述也难以得出储层结构发育特征的全貌，因此，在有限的取心资料的基础上进行裂缝分形几何参数实测，进而建立储层岩石的分维预测模型，再进行储层裂缝的网络模拟是一种有效的研究方法。

东北石油大学地球科学学院苏玉平等曾应用信息维定义进行过分形分维分析。并得到岩心上裂缝密度与裂缝的信息维和裂缝的密度和取心井所在的子区域上断裂信息维之间存在的关系：

$$D_b = -0.0002 D_f^2 + 0.0569 D_f + 1.2593 \tag{8.19}$$

$$D_f = 10.854 D_l - 13.822 \tag{8.20}$$

式中：D_b 为小尺度裂缝的分形维数；D_l 为大尺度裂缝的分形维数。

由以上两式，可以实现每个子区域内宏观断裂的分形维数向微观裂缝的分形维数的转换，然后勾绘出裂缝信息维的平面分布图。

8.3 裂缝介质特征的三维模拟方法

裂缝性储层裂缝介质三维模拟是建立反映裂缝表征参数和裂缝空间分布的三维定量模型。该模型既能反映裂缝分布规律，又能满足油藏工程研究需要。裂缝介质三维模拟属于裂缝储层建模研究方向。本节的主要内容包括单一裂缝的空间几何关系、多裂缝的网络系统模型和裂缝系统特征参数的确定三大部分。

8.3.1 单一裂缝的空间几何关系

自 20 世纪 60 年代开始，国外就有学者提出裂缝面网络渗流模型。至今，真正能用于裂缝面渗流计算的三维模型只有两种：一种是圆盘结构面网络模型，另一种是 Dershowitz 的多边形结构面网络模型。

本书研究的裂缝以近井区域的中小型裂缝为主，因此采用 Baecher 圆盘形裂缝模型。图 8.8 即为 Baecher 圆盘形裂缝的三维空间展布。

通过储层裂缝的分形模拟可以直观地建立裂缝的三维分布图，这对于分析储层裂缝渗流特点及其对水力压裂过程的影响都是有着极为重要的意义。圆盘型裂缝面的三维空间方向矢量 n 可以用 x、y、z 三个坐标轴上的 n_x、n_y、n_z 三个分量表示。

单个裂缝可以看成是点、线和面三个基本数学元素组成的结构体。对于两个有限大小的裂缝在空间的位置有远离、相割及嵌入等三种情况。嵌入可以分为部分嵌入和完全嵌入，具体如图 8.9 所示。

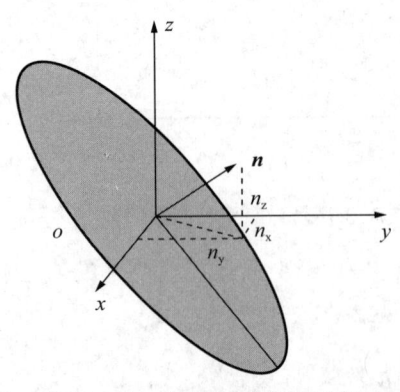

图 8.8 单一裂缝三维空间展布图

由于裂缝的缝宽相对于裂缝大小的尺寸来说非常小，所以裂缝可以视为薄圆盘。圆盘裂缝的空间位置由裂缝中点坐标、半径和产状确定。裂缝的产状通过倾角 θ_{ST} 以及走向角 θ_{SP} 来描述。裂缝的产状和法向量的关系如图 8.10 所示。

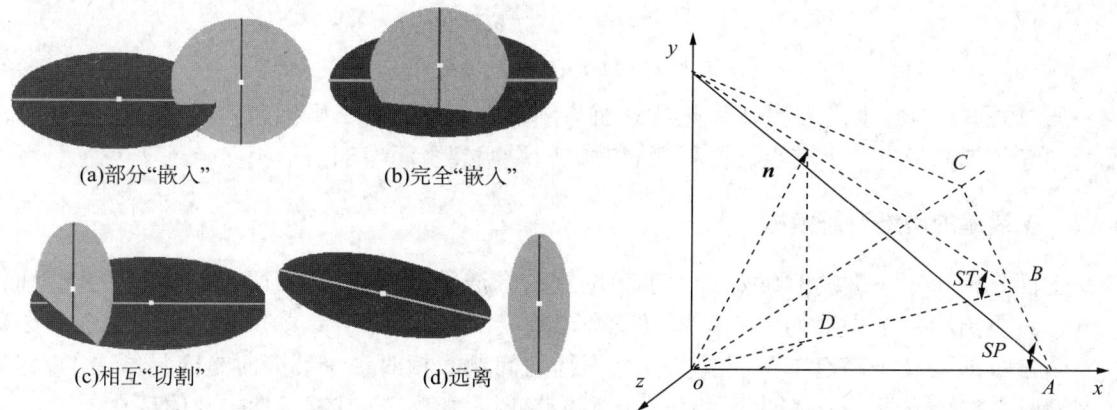

图 8.9　两个裂缝之间的关系　　　　图 8.10　倾角和方位角与法向矢量的关系

由于地层中任意一个裂缝的大小和位置，都可由该裂缝的中心点位置坐标、半径和法向矢量唯一确定。设中心点位置坐标为 o (x_o, y_o, z_o)，半径为 r，法向矢量为 $\boldsymbol{n}$ (n_x、n_y、n_z)，且有：

$$n_x(x-x_o)+n_y(y-y_o)+n_z(z-z_o)=0 \tag{8.21}$$

$$(x-x_o)^2+(y-y_o)^2+(z-z_o)^2 \leqslant r^2 \tag{8.22}$$

如图 8.10 中，裂缝的倾角 θ_{ST} 与走向方位角 θ_{SP} 均为 0°~180°。方位角方向与 x 轴负半轴相同为锐角，反之为钝角；倾角以裂缝的倾斜方向 xoz 平面上 x 轴负半轴相同为锐角，反之为钝角。根据图 8.10 中裂缝产状与法向量之间的关系，可以推导法向单位矢量 $\boldsymbol{n}$ (n_x、n_y、n_z) 由裂缝面的倾角和走向方位角表示的表达式，即：

$$\begin{cases} n_x = \sin\theta_{ST}\sin\theta_{SP} \\ n_y = \cos\theta_{ST} \\ n_z = -\sin\theta_{ST}\sin\theta_{SP} \end{cases} \tag{8.23}$$

根据式（8.22）和式（8.23）即可确定裂缝面在空间中的大小和位置。下面分析一下有剖面的情况。根据上面的方法，地层中任意个剖面的裂缝分布可由式（8.21）~式（8.23）及剖面方程：$x=x_m$，$y=y_m$，$z=z_m$ 中的一个来确定。

例如，当 $x=x_m$ 时，有如下方程组：

$$\begin{cases} n_x(x-x_o)+n_y(y-y_o)+n_z(z-z_o)=0 \\ (x-x_o)^2+(y-y_o)^2+(z-z_o)^2=r^2 \\ x=x_m \end{cases}$$

联立上面三个式子，可整理得出一个关于 z 的一元二次方程为：

$$Az^2+Bz+C=0 \tag{8.24}$$

其中

$$A=n_x+n_z^2/n_y^2$$

$$B = 2n_x n_z (x_m - x_0) / n_y^2$$
$$C = n_x + n_x^2 / n_y^2 - r^2$$

通过式（8.24）求出方程解为此裂缝面与剖面交线端点的 z 坐标。方程只有一个解时，说明裂缝与剖面只有一个交点。方程无解时，则说明裂缝面与剖面不相交。

8.3.2 多裂缝的网络系统模拟

上面分析了单一裂缝时确定其大小和位置的方法。研究发现，对于固定形状的圆盘面裂缝，只要给出每个裂缝的中心位置（三个参数）、半径（一个参数）和产状（两个参数）共 6 个参数即可唯一确定单一裂缝。一个裂缝的问题，相对多个裂缝时是容易解决的。多个裂缝时，裂缝形成一个裂缝网络系统，问题就变得复杂了，其复杂性主要体现在：

（1）无法给出每个裂缝的准确位置。要在模拟中确定裂缝的位置，必先确定裂缝网络系统中裂缝位置分布的规律，然后根据已得规律按数学方法给出每个裂缝的空间位置。此时裂缝位置的模拟是规律性上的模拟，不是真实和确切的位置。

（2）裂缝尺寸大小不一。单一裂缝的尺寸只有一个，而裂缝网络系统的裂缝尺寸却有很多。这些大小不一的裂缝，增加了裂缝网络系统的混乱性。要模拟裂缝网络系统，必先确定裂缝尺寸大小的分布规律。

（3）裂缝产状各异。在多裂缝时，裂缝产状在不同角度空间都有，造成准确描述十分困难。

（4）裂缝属性多组性。由于裂缝形成原因多种多样，造成地层中的裂缝网络系统在多次地质时期或地质构造运动中形成，裂缝的特征属性表现出多组性。使得单一方法很难准确描述裂缝的特征。

（5）裂缝属性特征描述的方向局限性。当前，对于井眼附近的裂缝能进行相对准确的描述，但这种描述只是局限于小尺度裂缝，而井间裂缝描述的是大尺度的裂缝。这无疑增加了裂缝网络系统描述的复杂性。

为解决上述问题，国内外学者进行了大量的研究。当前，储层多裂缝网络模拟研究主要有三种模型：等效连续模型、离散模型及综合模型。由于等效连续模型是基于网格的模型，这种模型并没有对单一裂缝进行详细地描述，储层的非均质性分析是通过把储层划分为有限的网格，然后每个网格赋予一定的裂缝属性常数值来实现。所以本书不采用等效连续模型。

综合模型是综合了连续性、离散性、确定性或随机模拟等多种方法，因此将不同模拟方法有机结合将具有更大的优势，这种综合模型既要涵盖不同来源的信息，同时也要反映不同的模拟尺度。但是综合模拟需要大量的和多方位的基础资料。这些资料包括地震、露头、测井、岩心、钻井、产量和压力测试等资料。所以本书不采用综合模型。

本书作者研究的重点是进行井眼附近裂缝网络系统的模拟，其研究尺寸范围相对于地质建模是十分小的。裂缝模拟的用途是在此基础上分析研究储层裂缝网络系统对水力压裂起裂延伸产生的影响，为提高裂缝性储层压裂施工的成功率奠定基础。裂缝网络模型建立后，也就给出既定点的裂缝状态，如裂缝的位置和裂缝方位，以及裂缝体系变化规律。即可根据当前裂缝网络情况来指导当前水力压裂施工。

本书作者不进行裂缝网络系统渗流方面的研究，所以建立模型并不需要考虑裂缝模型对渗流流动关系的影响，在一定程度上简化了模型的建立难度。即便如此，建立准确可靠的裂缝网络仍是十分困难的。根据当前具备的基础数据情况，应用综合模型来建立本项目的裂缝网络模型，其数据的充分性和系统性又显得不足。所以本书作者采用离散型随机网络模型是比较合适的。

离散型随机网络模型与确定性的数学方法和地质力学模拟方法相比具有许多优点。一是避免了连续逼近，概率分布的应用有效地避免了裂缝尺度问题，同时把不同来源的裂缝信息有机地结合起来得到每条裂缝的详细属性。二是随机模拟的方法可利用已知的裂缝和流体特性资料进行约束，实现模拟的离散裂缝网络模型与储层条件有机的结合。

对于裂缝网络系统模拟的随机性有两种，即强随机模拟及弱随机模拟。如果裂缝面的法向矢量在研究区域内取任意值的概率相同，则裂缝面为强随机分布裂缝面，即强随机分布裂缝面的方向与位置随机；反之，如果裂缝面的法向矢量在研究区域内取某一固定值，则裂缝面为弱随机分布裂缝面，即弱随机分布裂缝面的方向固定，位置随机；如果裂缝面的法向矢量在研究区域内取某几个固定值，则裂缝面为分组分布裂缝面。

8.3.3 裂缝系统特征参数的确定

基础数据是分析裂缝参数的前提条件，也是获得准确裂缝信息的必要条件。基础数据越充分，分析得到的裂缝信息就越准确。不足的基础数据，也必然影响到裂缝信息的分析。获得的裂缝信息越少，建立的裂缝网络模型可靠性也就越差。所以，基础数据是建模的先决条件。不同的数据组合结构，决定建立不同的裂缝网络模型。

裂缝属性参数的统计和分析是裂缝性储层建模的基础，包括属性参数的分类分析以及利用统计学、地质统计学和神经网络的方法进行整合，主要目的是确定每种裂缝属性（如裂缝的位置、方位、大小及密度）的代表性统计特征、各属性之间的相关性及空间分布特征，以便为建立综合裂缝网络模型提供输入参数。裂缝的位置、方位及大小可通过简单的统计分析得到它的统计学特征，然后求取代表性的概率密度函数，以便应用于以后的裂缝随机模拟。

8.3.3.1 裂缝产状的统计及相关性分析

裂缝产状可通过多种途径得到，尤其是可利用成像测井和岩心资料获得，从而得到方位的可靠分布特征。研究通常把裂缝的倾角和方位角单独处理，并在大多数情况下利用对称的单峰分布如均态函数及正态分布。用地质中常用的方法，根据岩心资料统计裂缝的产状并绘制成玫瑰图。

8.3.3.2 裂缝大小分布的分形分析

虽然有些资料可以反映裂缝的大小，但数据的不充分性使得对该参数的统计分析很困难。有些研究成果表明裂缝的长度和面积遵循负指数、指数、对数正态、分形或幂指数分布中的任意一种形式，但这不能说明其具有连续的一致性；当数据有限时，对于分布函数以及相关参数的准确描述是不现实的，而分形几何的方法是进行裂缝大小描述的有效工具，并且通过多级分形几何的方法来可反映裂缝大小的非均质性。

8.3.3.3 裂缝位置及密度的空间分布分析

前述关于裂缝方位和大小的分析，都是进行单独地分析，没有考虑其相关性。该部分主要研究裂缝的空间分布模式，同时讨论裂缝大小和方位间的关系及其空间变化特征。

（1）裂缝位置的分布分析。

在研究过程中,将裂缝位置视为具有一定规律的分布,如完全随机或符合聚类等。完全随机分布是指事件遵循非均质的泊松过程,即点的密度在边界范围内不发生变化以及在任意点之间不发生相互作用。除了定量描述完全空间随机分布外,地质统计学中的变差函数、协方差及相关函数等可用于地质分析。由于裂缝具有很强的非均质性,不同几何形态特性的裂缝所起的作用不同,地质统计学的测量结果不仅能够反映裂缝位置的空间点分布模式,也可以描述裂缝属性如方位和大小的空间分布,同时可以对不同裂缝间的相互作用进行评价。对于裂缝位置分布通常使用均质分布来确定,本书也是采用该方法。

(2) 裂缝密度空间分布分析。

由于裂缝密度直接体现着裂缝与总裂缝条数的比例关系、相对大小及分布形态,因此该参数是最重要的裂缝参数之一。裂缝密度是裂缝强度(单位体积内裂缝地平均条数)的改进,不仅考虑了大小规模的裂缝所具有的作用,同时能够定量地反映实际的裂缝聚集情况以及空间点的随机、规则及聚类等分布模式。裂缝密度是裂缝性储层建模和描述所期望的,但目前已有的大多数研究只揭示了裂缝中心点的一定分布模式,即裂缝强度。

其次,在裂缝描述过程中主要采用克里金等简单的方法进行描述,其预测所得的密度或强度值只是通过井点值的纯数学计算得到,而这种结果如果能够把各种物理条件的变化有机地结合起来则能取得更好的效果。虽然有必要把裂缝密度和裂缝强度输入到离散裂缝网络中,但基于网格的模型不能输出裂缝密度。

8.3.3.4 裂缝各特征参数的分形特征表示

由于裂缝面具有一定的方向性,因而可以按裂缝的方向性进行分组,在方向性不明显的情况下,可不分组。裂缝网络的分形维数不仅反映了裂隙面的分布密度,而且反映了裂隙面的分布密度随尺度的变化以及裂隙面在岩体中的分布贯穿情况。

分形维数是裂缝特征的尺寸、密度及产状等参数的综合描述参数。使用分形维数来表示各参数,可以大大简化模型复杂程度。根据太原理工大学文再明的研究成果,可以确定二维分形维数与三维分形维数之间的关系。具体如下:

$$D_{c3} = (1.0 \pm 0.031) \cdot D_{c2} + 1.0 \pm 0.0395$$

$$n_S = \psi \cdot n_L$$

$$\psi = 1.5986 \cdot (2 - D_{c2}) - 3.3935 \cdot \sin\theta_{ST} + 3.8263$$

式中:D_{c2} 为裂缝网络的二维盒维数;D_{c3} 为裂缝网络的三维盒维数;n_L 为裂缝网二维分形分布初值;n_S 为裂缝网三维分形分布初值;ψ 为系数。

综上所述,以三维分形理论为基础,在已知岩体的裂缝分形几何参数的情况下(通过露头测量和钻井岩心测量获取),可以建立起裂隙岩体裂缝面的三维分形预测模型。

8.4 可视化平台

8.4.1 计算机可视化概述

计算机图形学(Computer Graphics)是一种使用数学算法将二维或三维图形转化为计算机显示器的栅格形式的科学。简单地说,计算机图形学的主要研究内容就是研究如何在计算机中表示图形,以及利用计算机进行图形的计算、处理和显示的相关原理与算法。图形通常由点、线、面、体等几何元素，以及灰度、色彩、线型和线宽等非几何属性组成。从处理技术上来看，图形主要分为两类，一类是基于线条信息表示的，如工程图、等高线地图及曲面的线框图等，另一类是明暗图，也就是通常所说的真实感图形。

计算机图形学的研究内容非常广泛，如图形硬件、图形标准、图形交互技术、光栅图形生成算法、曲线曲面造型、实体造型、真实感图形计算与显示算法、非真实感绘制，以及科学计算可视化、计算机动画、自然景物仿真和虚拟现实等。

科学计算可视化（Visualization in Scientific Computing）是目前计算机学科的一个重要研究方向，作为一个科学术语它是在1987年由B.H. McCormick等根据美国国家基金会召开的"科学计算可视化研讨会"的内容撰写的一份报告中正式提出的。科学计算可视化是一门将计算机图形学与图像处理和计算机视觉综合应用于计算机科学的科学，短短几年，科学计算可视化已发展成为计算机学科中一个十分热门的研究领域，而科学计算可视化技术的成功应用又更进一步推动了学科本身的发展和应用的迅速普及。

科学计算可视化的形成是当代科学技术飞速发展的结果。我们现在正处于一个信息爆炸的时代，科学数据的大量产生与缺乏有效解释这些数据的手段的矛盾日益尖锐，因此出现了一方面不断产生新的数据，另一方面因无法及时解释和利用这些数据而只能把大量的数据存储起来，造成信息的浪费。科学计算可视化首先是为了高效地处理科学数据和解释科学数据而提出并形成的。它将大量枯燥的数据以图形图像这种直观的方式显示出来，使观察者可以准确地发现隐藏在大量数据背后的规律，从而帮助人们更好地理解和分析这些数据。科学计算可视化的实质是运用计算机图形学和图像处理技术，将科学计算过程中产生的数据及计算结果转换为图像，在屏幕上显示出来并进行交互处理，其核心是三维数据场的可视化。

随着计算机图形学理论及其相关技术的飞速发展，以二维描述方式处理三维空间数据的方法已不能满足实际应用的需求，用户需要三维可视化，动态交互地处理、分析和显示所需的多种空间相关数据。目前，利用成熟的二维或二维半的空间数据处理技术，结合已有数据生成三维数据是解决三维可视化技术问题的基础之一。

8.4.2 可视化工具 OpenGL 介绍

OpenGL 最初是 SCI 公司为其图形工作站开发的，独立于窗口操作系统和硬件环境的图形开发环境，其目的是将用户从具体的硬件中解放出来，完全不用理解这些系统的结构和指令系统，只要按照规定的格式书写应用程序就可以在任何支持该语言的硬件平台上执行。它源于 IRIS GL，在跨平台移植过程中发展成为 OpenGL。它可以用于各种途径，包括 CAD 工程制图、虚拟现实、产品设计、医学、地球科学以及流体力学 3D 游戏等。

由于 Microsoft 公司在 Windows NT 中提供对 OpenGL 图形标准的支持，OpenGL 将在微机中广泛应用，尤其是 OpenGL 三维图形加速卡和微机图形工作站的推出，人们可以在微机上实现三维图形应用，如 CAD 设计、仿真模拟及三维游戏等，从而更有机会更方便地使用 OpenGL 及其应用软件来建立自己的三维图形世界。

8.4.2.1 OpenGL 的主要优点

OpenGL 的最大特点是与硬件的无关性，独立于硬件和窗口系统。其主要优点如下：

（1）相容性。图形软件生产厂商不再用为各种不同的机型开发设计不同的软件，只要操作系统使用了 OpenGL 适配器就可以达到相同的效果。

（2）稳定性。它可以运行在当前各种流行的操作系统上，如 MacOS、Unix、WindowsNT/2000、Linux、OPENStep、Python 及 BeOS 等，并且很容易从一个平台移植到另一个平台上。许多计算机公司已经把 OpenGL 集成到各种窗口和操作系统中，其中操作系统包括 UNIX、Windows NT、DOS 等，窗口系统有 X 窗口及 Windows 等。

（3）兼容性。各种流行的编程语言都可以调用 OpenGL 的库函数，如：C、C++、Fortran、Ada、Java 和 Delphi。许多软件厂商也纷纷以 OpenGL 为基础开发出自己的产品，例如著名的 GIS 软件 ARC/INFO。

（4）OpenGL 完全独立于各种网络协议和网络拓扑结构。OpenGL 能在网络环境下以客户机/服务器模式工作，充分发挥集群运算的威力，是专业图形处理和科学计算等高端应用领域的标准图形库。作为图形硬件的软件接口，OpenGL 由几百个指令或函数组成。这些函数使得编程人员能够指定对象并对其操作，从而生成高质量和色彩丰富的三维物体。它包括了 120 个图形函数，开发者可以用这些函数来建立三维模型和进行三维实时交互。与其他图形程序设计接口不同，OpenGL 提供了十分清晰明了的图形函数，因此初学的程序设计员也能利用 OpenGL 的图形处理能力和 1670 万种色彩的调色板很快地设计出三维图形以及三维交互软件。

OpenGL 是一套底层三维图形 API，之所以称之为底层 API，是因为它没有提供几何实体图元，不能直接用以描述场景。OpenGL 不要求开发者把三维物体模型的数据写成固定的数据格式，这样开发者不但可以直接使用自己的数据，而且可以利用其他不同格式的数据源。通过一些转换程序，可以很方便地将 AutoCAD 及 3DS 等图形设计软件制作的 DFX 和 3DS 模型文件转换成 OpenGL 的顶点数据。这种灵活性极大地节省了开发者的时间，提高了软件开发效益。

8.4.2.2 OpenGL 的工作流程

可以把 OpenGL 看成一条生产流水线。在 OpenGL 中是以面边界（B-REP）模型来描述物体的，或者说是使用多边形造型系统。在 OpenGL 中每个物体都是由一组平面来构成的，这组平面就是这个物体的表面，只需用户提供围绕平面的顶点参数和平面内位图信息就可以绘制出物体。这些构成物体表面的小平面越小则绘出的三维图形越逼真。OpenGL 生成三维图形可以分为以下几步：

（1）坐标变换，生成基本图元。并且对所建立的模型进行数学描述。OpenGL 中把点、线、多边形、图像和位图都作为基本图形单元。

（2）裁剪变换。把景物模型放在三维空间中的合适的位置，并且设置视点以观察所感兴趣的景观。

（3）色彩与光照。计算模型中所有物体的色彩，其中的色彩根据应用要求来确定，同时确定光照条件、纹理黏贴方式等。

（4）光栅化，生成图形片断。把景物模型的数学描述及其色彩信息转换至计算机屏幕上的象素。

8.4.2.3 OpenGL 的基本功能

OpenGL 能够对整个三维模型进行渲染着色，从而绘制出与客观世界十分类似的三维景象。另外 OpenGL 还可以进行三维交互及动作模拟等。具体的功能主要有以下这些内容：

（1）模型绘制。

OpenGL 能够绘制点、线和多边形。应用这些基本的形体，我们可以构造出几乎所有的三维模型。OpenGL 通常用模型的多边形的顶点来描述三维模型，即如何通过多边形及其顶点来描述三维模型。

(2) 模型观察。

在建立了三维景物模型后，就需要用 OpenGL 描述如何观察所建立的三维模型。观察三维模型是通过一系列的坐标变换进行的。模型的坐标变换使观察者能够在视点位置观察与视点相适应的三维模型景观。在整个三维模型的观察过程中，投影变换的类型决定观察三维模型的观察方式，不同的投影变换得到的三维模型的景象也是不同的。最后的视窗变换则对模型的景象进行裁剪缩放，即决定整个三维模型在屏幕上的图像。

(3) 颜色模式的指定。

OpenGL 应用了一些专门的函数来指定三维模型的颜色。程序员可以选择二个颜色模式，即 RGBA 模式和颜色表模式。在 RGBA 模式中，颜色直接由 RGB 值来指定；在颜色表模式中，颜色值则由颜色表中的一个颜色索引值来指定。程序员还可以选择平面着色和光滑着色两种着色方式对整个三维景观进行着色。

(4) 光照应用。

用 OpenGL 绘制的三维模型必须加上光照才能更加与客观物体相似。OpenGL 提供了管理 4 种光（辐射光、环境光、镜面光和漫反射光）的方法，另外还可以指定模型表面的反射特性。

(5) 图像效果增强。

OpenGL 提供了一系列的增强三维景观的图像效果的函数，这些函数通过反走样、混合和雾化来增强图像的效果。反走样用于改善图像中线段图形的锯齿而更平滑，混合用于处理模型的半透明效果，雾化使得影像从视点到远处逐渐褪色，更接近于真实。

(6) 位图和图像处理。

OpenGL 还提供了专门对位图和图像进行操作的函数。

(7) 纹理映射。

三维景物因缺少景物的具体细节而显得不够真实，为了更加逼真地表现三维景物，OpenGL 提供了纹理映射的功能。OpenGL 提供的一系列纹理映射函数使得开发者可以十分方便地把真实图像贴到景物的多边形上，从而可以在视窗内绘制逼真的三维景观。

(8) 实时动画。

为了获得平滑的动画效果，需要先在内存中生成下一幅图像，然后把已经生成的图像从内存拷贝到屏幕上，这就是 OpenGL 的双缓存技术（double buffer）。OpenGL 提供了双缓存技术的一系列函数。

(9) 交互技术。

目前有许多图形应用需要人机交互，OpenGL 提供了方便的三维图形人机交互接口，用户可以选择修改三维景观中的物体。

正是由于 OpenGL 的强大功能，使其在图形可视化方面有着独特的魅力。OpenGL 的应用也使得井眼轨迹的显示更加逼真，空间效果更好。

8.4.3 OpenGL 三维建模的数学方法

OpenGL 是三维图形的函数库，它所定义的点、线和多边形等图元与一般的定义不太一样，存在一定的差别。OpenGL 中所有浮点计算精度有限，故点、线和多边形的坐标值存在一定的误差。另一种差别源于位图显示的限制。以这种方式显示图形，最小的显示图元是一个象素，尽管每个象素宽度很小，但它们仍然比数学上所定义的点或线宽要大得多。当用 OpenGL 进行计算时，虽然是用一系列浮点变量来定义点，但每个点仍然是用单个象素显示，只是近似拟合。OpenGL 图元是抽象的几何概念，不是真实世界中的物体，因此必须用相关的数学模型来描述。

OpenGL 虽然提供了画复杂几何物体的场景机制，代替我们处理由于不同光照、模型材质和消隐问题等因素造成的影响，但是却未提供描述复杂的几何物体及建立复杂几何物体模型的手段。

目前常用的三维模型曲面构造方法有三种：多边形建模构造方法、参数化曲面构造方法及细分曲面构造方法。

8.4.3.1 多边形建模技术

多边形建模技术是最早采用的一种建模技术，它的思想很简单，就是用小平面来模拟曲面，从而制作出各种形状的三维物体，小平面可以是三角形、矩形或其他多边形，但实际中多采用三角形或矩形。使用多边形建模可以通过直接创建基本的几何体，再根据要求调整物体形状或通过使用放样、曲面片造型及组合物体来制作虚拟现实作品。多边形建模的主要优点是简单、方便和快速，但它难于生成光滑的曲面，故而多边形建模技术适合于构造具有规则形状的物体，如大部分的人造物体，同时多边形建模可根据虚拟现实系统的要求，仅仅通过调整所建立模型的参数就可以获得不同分辨率的模型，以适应虚拟场景实时显示的需要。

8.4.3.2 参数化曲面构造方法

参数化曲面构造方法是以一个统一表达式的形式描述曲面从而使曲面参数化的一种构造方法，其中常用的是基于 NURBS 曲线曲面表达的构造方法。NURBS 是 Non-Uniform Rational B-Splines（非均匀有理 B 样条曲线）的缩写，它纯粹是计算机图形学的一个数学概念。NURBS 建模技术是最近 4 年来三维动画最主要的建模方法之一，特别适合于创建光滑的和复杂的模型，而且在应用的广泛性和模型的细节逼真性方面具有其他技术无可比拟的优势。但由于 NURBS 建模必须使用曲面片作为其基本的建模单元，所以它也有很强的局限性。首先，NURBS 曲面只有有限的几种拓扑结构，导致它很难制作拓扑结构很复杂的物体（例如带空洞的物体）；其次，NURBS 曲面片的基本结构是网格状的，若模型比较复杂，会导致控制点急剧增加而难于控制；另外，构造复杂模型时经常需要裁剪曲面，但大量裁剪容易导致计算错误；再有，NURBS 技术很难构造"带有分支的"物体。

8.4.3.3 细分曲面技术

细分曲面技术是最近引入的三维建模方法，它解决了 NURBS 技术在建立曲面时面临的困难，它使用任意多面体作为控制网格，然后自动根据控制网格来生成平滑的曲面。细分曲面技术的网格可以是任意形状，因而可以很容易地构造出各种拓扑结构，并始终保持整个曲面的光滑性。细分曲面技术的另一个重要特点是"细分"，就是只在物体的局部增加细节，而不必增加整个物体的复杂程度，同时还能维持增加了细节的物体的光滑性。

8.4.4 VB.Net & OpenGL 的可视化平台

VB.Net 是微软公司新推出的开发工具——Visual Studio.NET 的一部分，它是一种完全面向对象的编程语言，能实现很多以前 VB 版本无法实现的功能，如类的继承和结构化的错误处理，并提供了强大的类库支持。OpenGL 是一套优秀的、功能强大的底层三维图形 API。

利用 VB.Net 的编程和计算能力结合 OpenGL 的图形三维显示能力实现储层模拟三维可视化，尽可能地发挥两者的优点和避免二者的缺点。VB.Net 是基于 .NET 框架的完全面向对象的编程语言。使用 VB.Net 可以编制出功能更加强大的 Windows 程序。现在，我们看看 VB.Net 的特性和优点：

（1）在 VB.Net 中，可以利用构造函数为对象赋初值，这样就不需要进行繁琐的调用赋初值了。构造函数的使用，简化了编码的过程和出错的机会。

（2）VB.Net 具有十分强大的线程编写能力。

（3）在 VB.Net 中，可以使用初始化函数将这两个步骤合并在一行代码中完成，这个似乎微小的改进，提供了更少、更简单且更易于维护的代码。

（4）VB.Net 基于 .NET 框架，开发者可以快速地可视化开发网络应用程序、网络服务、Windows 应用程序和服务器端组件。

（5）因为 VB.Net 是基于 .NET 框架的，可以与其他 .NET 语言协同工作。

（6）在 VB.Net 中，通过 Web 窗体及 ADO.NET，开发者可以快速开发可扩展的 Web 站点。

在 VB.Net 中进行地质体、储层孔隙、井眼轨迹和裂缝网络参数的计算和预测。对于地质体可以将岩石地质构造方面的数据输入生成与实际地层相近的构造；对于井眼轨迹，可将多点测斜数据经过插值函数处理成实钻井眼轨迹；对于裂缝网络，可根据岩心分析数据或常规测井数据等资料来获取裂缝产状参数。最后，根据 OpenGL 提供给 VB.Net 的数据传输接口，将 VB.Net 计算结果传输到 OpenGL 中。然后利用 OpenGL 的图形显示能力将得到的专业数据转化为相应的可视化图形。

8.5 B 区块裂缝性储层的三维网络模拟

压裂的目的是为了建立连接储层与井眼的裂缝网络，即形成油气流通的通道。压裂裂缝在形成过程受地应力场、井壁应力状态、完井方式和储层地质特征等因素的影响。

储层是水力压裂施工进行的地质载体，其地质特征必然影响到水力压裂施工的效果，甚至决定水力压裂施工的成败。当前水力压裂裂缝扩展形态的模拟模型都是基于孔隙性储层建立的，在裂缝性储层中无法使用。

在裂缝性的储层中，人造裂缝在扩展时必然受影响于储层中的天然裂缝系统。利用分形方法建立裂缝性储层的地质模型，就是为了解近井眼附近复杂的裂缝网络。以便在压裂模拟时分析天然裂缝网络对延伸裂缝的影响程度。

8.5.1 三维地质体模拟

三维地质体包括地质空间、地质空间中的层序和方位参照系。地质空间是指应用程序显示的三维空间体积，也是建模及其他分析的最大边界。为了实现储层裂缝的地质模型模拟，首先建立待压裂层位的地质空间（如图 8.11），图中的绿色线条勾画出来的长方体表示地层描述区域的边界。地层区域边界的大小（长、宽和高）和比例尺可以根据实际情况来设置。当前地质体的长宽高为 60m、20m 和 30m。对于屏幕背景色和长方体的显示颜色、线型及线宽可根据视觉效果的需要来设置。

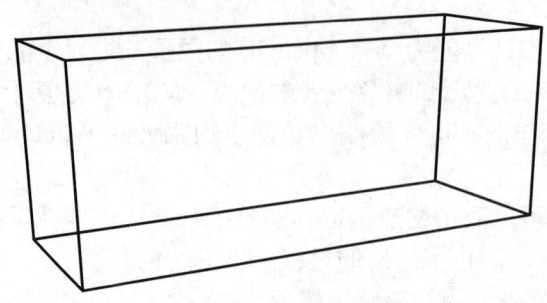

图 8.11 地质空间显示

在图 8.11 中，显示的长方地质体描述了压裂储层空间的最大区域边界，也就是说裂缝介质系统的三维模拟将以这个空间为载体。后续的水力压裂裂缝起裂、延伸和扩展也是在这个设定的空间中完成。对于模拟的地质空间，长方体的长、宽、高是可以根据压裂施工的规模来设定储层的大小。

为了使用及观察方便，进一步对储层地质空间进行网格化。图 8.12 中绿色粗线为描述的储层区域边界，红线为网格划分线。XYZ 三向正交线段将三维地质空间划分若干个正方形区域。正方形的边界长度可以根据需要进行设置，在图 8.12 中正方形的边界长度为 5m。

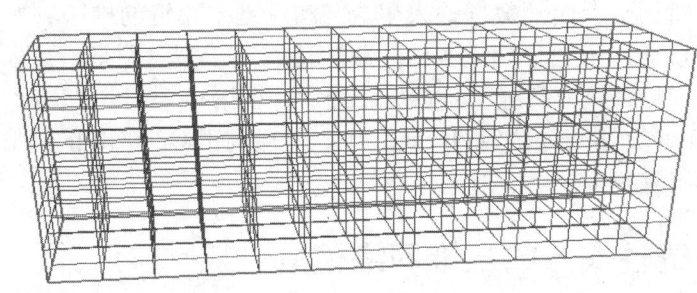

图 8.12 地质空间的网格化

储层是地层层序中能够储存油气资源的层位，是地层中一个特例。储层能够储存油气资源而不流失是因为其拥有盖层。如图 8.13 所示，中间有网格的绿框区域为储层，绛红色描述区域为盖层。盖层的厚度可以根据实际情况进行设定，本图例中两个盖层长宽高为 60m、20m 和 5m，储层的长宽高为 60m、20m 和 20m。整个图形包括的三个层是在地质空间展开的。为了观察方便和区分储层和隔层，可以为盖层添加表面颜色。颜色的设定可以根据其岩性自身颜色来模拟，如图 8.14 所示。

图 8.14 显示的是一个简单三维地质体。实际地层是由若干个岩石层组成的层状分布的岩体。各层从浅到深是有一定的厚度及岩性分布的。为了描述真实的三维地质体，可根据实际数据设置程序。

在空间上，地层中的各层位有一定的走向和倾角。为了准确描述其在空间中的状态，现为三维地质体添加方位参照系和应力参照系。具体如图 8.15。图中没有箭头的红绿蓝三相正交的直线组合代表方位参照系。此时描述的地层为倾角和走向为零时的状态。图中带箭头的三线组合为应力参照系。

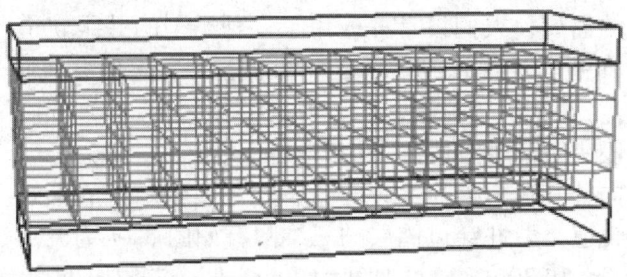

图 8.13　添加盖层的三维地质体

图 8.14　模拟盖层颜色

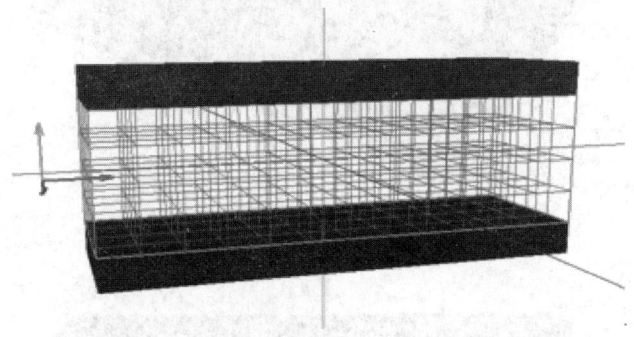

图 8.15　生成方位参照系和应力参照系

8.5.2　井眼轨道模拟

压裂是井眼附近进行的，没有井眼是无法进行压裂施工及开采作业的。如图 8.16 所示，在三维地质体中心有一个蓝色圆柱体，即储层中井眼。井眼的中心位置、颜色和角度是可以根据实际情况任意设置。其具体显示情况，要由压裂区域井筒参数来确定。在程序初始化时，会默认其位置在储层空间的中心。

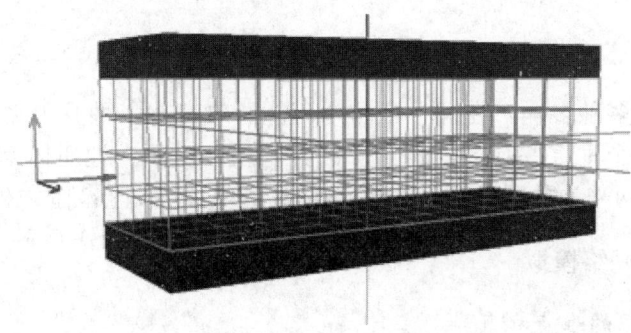

图 8.16　添加井眼的三维地质体

当前，根据开发的需要，人们设计并应用了多种类型的井眼轨道。根据其井深剖面的特点可分为直井和定向井等。直井包括垂直井和斜直井。定向井包括三类：（1）两段型：垂直段＋造斜段；（2）三段型：垂直段＋造斜段＋稳斜段；（3）五段型：上部垂直段＋造斜段＋稳斜段＋降斜段＋下部垂直段。

无论直井还是定向井其通过储层多以垂直、水平或者斜直的形式。下面以常见的井网类型来显示不同井眼轨道类型井穿过储层的三维图。如图8.17为五点法井网。储层地质空间的长宽高400m、400m和30m。储层厚度为20m，两个盖层厚度均为5m。图中红色井眼注液井，相应的蓝色井眼为采油井。两注液井之间井距为300m。注液井与采油井之间井距为212m。

图8.17　五点法井网的三维地质体模拟

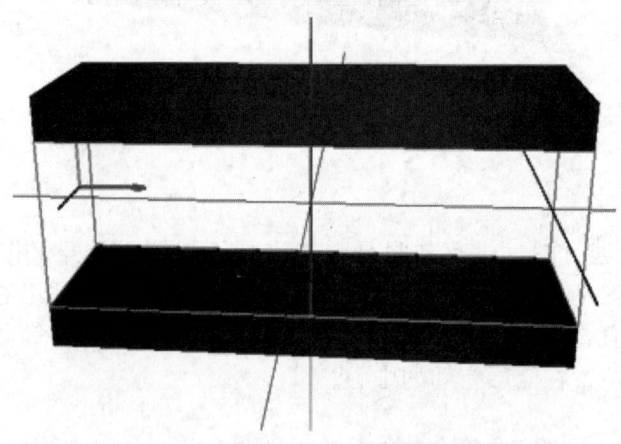

图8.18　水平井和垂直井井网模拟

储层中井眼轨迹多种多样，在同一区块内可能同时存在多种井眼类型。在图8.18中模拟了一个水平井和一个垂直井穿过同一储层的开采组合。图中地质体空间的长宽高分别为60m、20m和30m。两采油井眼的空间最近距离为28m，在安全范围之外。

8.5.3　裂缝系统三维网络模拟

8.5.3.1　裂缝网络模拟的难点和复杂性

裂缝性油气藏是指油气的储集空间和渗滤通道以连通裂缝为主的油气藏。储层的裂缝特征直接影响着储层的物理及力学特性。由于地层的形成经历了漫长而复杂的地质构造演化过程，以及高频率演化的构造期次及相应构造应力场的变化，使地层中的裂缝在成因类型、分布规律以及开闭与填充方面具有多期性与多样性。不同时期形成的多种裂缝又相互制约，更增加了裂缝分布的复杂性，并使不同组系的裂缝发育规律及其作用各不相同。

从目前国内外研究状况来看，对于裂缝储层的研究主要集中在理论方面，已有一些研究成果，而在实际运用中（尤其是深层或超深层），还未取得根本性的突破，尚无成熟可靠的方法。即目前这类储层研究的难点主要是储层裂缝成因、空间描述及三维分布预测。储层裂缝研究的出发点和归宿点是如何克服上述困难，客观有效地建立既能反映裂缝分布规律又能满足油藏工程研究需要的储层裂缝模型。

当前裂缝性储层建模的基本思路是，立足于现有的三维地震资料和野外露头资料及岩心资料，从地质参数入手，合理利用数学统计的方法，综合应用各种有效的裂缝指示信息，才能实现裂缝性储层描述和建模。

广义的裂缝网络模型是裂缝描述和模拟的有机结合，这种模型对于系统而完整地表征裂缝属性参数、物性参数以及裂缝的空间分布规律尤为重要。同时由于裂缝以不同尺度发育并具有很强的非均质性，加之岩石的破裂是一极其复杂的过程，该过程与地质条件紧密相关，在一定的岩性、流体压力、构造背景及地应力条件下，当地应力等于或大于岩石强度时岩石发生破裂并形成裂缝。不同的地质条件形成不同的裂缝发育模式，由于大多数岩石经历过多次构造变形事件，所以裂缝网络体系也异常复杂。其复杂性主要体现在：

（1）裂缝的属性相差悬殊。

裂缝尺度分布范围广。在裂缝性储层中既有可以延伸到几百米甚至是几千米的大断层，也有一些只延伸几毫米的小裂隙。裂缝的方位和开度的变化范围大。一般情况下裂缝的规模越大，其开度也越大。有些裂缝被沉积矿物或方解石半充填或全充填，有些裂缝网络连通性很好，而有些裂缝根本就不连通，但所有的裂缝都会影响流体的流动，因此所有的这些裂缝都需描述和模拟。

（2）裂缝系统的复杂性造成描述方法趋向复杂。

没有一种简单的方法能够提供裂缝的所有信息，所以对其描述也很复杂。不同的现场资料不仅具有不同的尺度（从微观到区域）规模，同时具有不同的分辨率。如地震和露头资料是区域规模的资料，这些资料只能解释大断层的方位和延伸长度；而测井、岩心及成像测井具有更高的分辨率但其探测半径较小，这些资料能够反映局部裂缝的方位、开度及密度。因此，为了综合反映天然裂缝的不同侧面，建立能够真实反应裂缝空间分布规律的裂缝网络模型是十分困难的。

8.5.3.2 裂缝特征参数获取

裂缝特征参数的统计和分析是裂缝性储层模拟的基础。主要目的是确定每种裂缝属性（如裂缝的位置、方位、大小及密度）的代表性统计特征、各属性之间的相关性及空间分布特征，以便为建立综合裂缝网络模型提供输入参数。

裂缝的位置、方位及大小可通过简单的统计分析得到它的统计学特征，然后求取代表性的概率密度函数，以便应用于以后的裂缝随机模拟。目前有许多方法可用于概率密度函数的评价，如直方图、最小距离法、最大似然法及权函数估计法。应用这些密度函数来确定裂缝特征的分布，其实质是数字驱动过程，是利用已有数据来确定而不是假设。

（1）裂缝方位的统计及相关性分析。

裂缝方位可通过多种途径得到，其中成像测井和岩心资料获得分布最为可靠。目前，裂缝的倾角和方位角一般都是单独处理，并在大多数情况下利用对称的单峰分布，如均态函数和正态分布。虽然有些研究者认为裂缝的方位具有几个峰值，但这种表示方法没有考虑倾角和方位角的相关性。根据当前的拥有资料情况看，本书主要使用岩心描述资料。

（2）裂缝大小的分形几何描述。

目前，能确定裂缝尺寸的方法主要有成像测井、岩心资料和露头分析等。虽然这些资料可以反映裂缝的大小（长度、面积和开度），但获取尺寸数据具有不充分性。这使得对该参数的统计分析很困难。有些研究成果表明裂缝的长度和面积遵循负指数、指数、对数正态、分形或幂指数分布中的任意一种形式，但这不能说明其具有连续的一致性；当数据有限时，对于分布函数以及相关参数的准确描述是不现实的，而分形几何的方法是进行裂缝大小描述的有效工具，并且通过多级分形几何的方法可反映裂缝大小的非均质性。

本章所建立的裂缝系统网络模拟，主要是在近井区域，其范围一般小于100m。这在一定程度上简化了网络模拟的复杂性。本章根据前面的研究方法，采用分形方法描述裂缝尺度和数量、尺度和尺寸的分布关系。

（3）裂缝发育位置的空间分布分析。

前述关于裂缝方位和大小的分析，都是进行单独地分析，没有考虑其相关性。该部分主要研究裂缝的空间分布模式，同时讨论裂缝大小和方位间的关系及其空间变化特征。

裂缝位置分布的确定通常是通过确定性模拟或利用简单的均质分布来确定。首先把空间点视为具有一定系统模式的分布，即符合聚类、规则性或完全随机中的任意一类。完全随机分布是指事件遵循非均质的泊松过程，即点的密度在边界范围内不发生变化以及在任意点之间不发生相互作用。除了定量描述完全空间随机分布外，地质统计学中的变差函数、协方差及相关函数等可用于地质分析。由于裂缝具有很强的非均质性，不同几何形态特性的裂缝所起的作用不同，地质统计学的测量结果不仅能够反映裂缝位置的空间点分布模式，也可以描述裂缝属性如方位和大小的空间分布，同时可以对不同裂缝间的相互作用进行评价。

8.5.3.3 裂缝特征三维描述的分析

描述裂缝的特征参数主要有尺寸大小、发育程度、方位及裂缝宽度等。对于一组或几组裂缝，只需确定它们中每一个裂缝的空间位置、大小、走向及倾向等6个参数，即可在空间中唯一描述一个裂缝。

为了检验软件的显示效果及生成任意裂缝的能力，在图8.19中添加了三个裂缝。裂缝包括一个垂直的圆盘形裂缝、一个水平裂缝及一个随机角度裂缝。其中圆盘形裂缝与随机角度裂缝相交，并与水平井井眼相交。

裂缝面的颜色是随机赋值的，在地质空间内出现的概率相同。裂缝面的形状为圆盘状，且裂缝面光滑平直。裂缝面的形状也可以为矩形，本程序选择圆盘形。通过上面显示情况，可以确定应用OpenGL平台完全能显示三维裂缝性地质体。

8.5.4 裂缝性储层的三维地质体模拟

编制软件的目的是为了建立裂缝性储层的三维地质体。建立裂缝性储层的三维地质体是对该储层进行相应井壁稳定、压裂及开发等方面分析的基础。只有综合各种地质信息才能生成准确的三维地质体。根据本节前面理论推导，首先建立B28井B区块裂缝的三维地质体。

图 8.19　显示两个与井筒交叉的裂缝面

8.5.4.1　裂缝特征数据模拟

图 8.11 和表 8.6、表 8.7 中列出 B28 井布达特群的裂缝特征参数，其中主要有裂缝分布密度、缝距、裂缝倾角、方位角及缝宽等数据。对裂缝分布密度随深度变化作图 8.20，从图中发现布达特群的裂缝随深度没有规律。统计发现裂缝分布密度主要在 70 ~ 210 条 /m，平均值为 140 条 /m，左右波动幅度为 70 条 /m。裂缝倾角的均值为 64°，上下幅度为 70°。方位角平均在 103° 上下幅度为 30°。

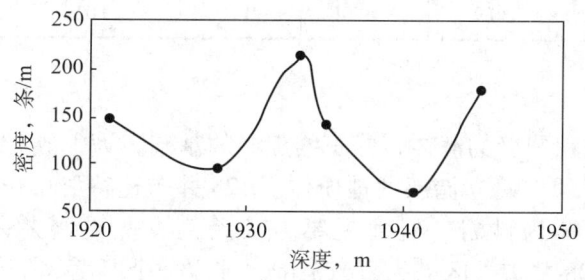

图 8.20　裂缝密度随深度变化

为了在三维地质体中唯一描述裂缝，需要裂缝的空间位置、裂缝倾角、方位角及初始尺寸。现已拥有裂缝倾角和方位数据，缺少裂缝空间位置数据和初始长度。对于裂缝的空间位置采用随机生成的方法。随机生成包括强随机及弱随机，其中强随机为所有裂缝空间位置完全随机；而弱随机为一部分裂缝空间位置进行随机，一部分利用测井进行约束。

在表 8.3 中给出了天然裂缝系统的基本参数，根据这些参数利用上文公式，即可模拟生成各单一裂缝的基本参数，具体参数数据见表 8.4。这些参数在设定的储层空间中唯一确定了裂缝的位置、尺寸及与笛卡尔坐标系的角度关系。生成的裂缝数据共 8360 组，裂缝最大半径为 12.50m，最小半径为 0.42m。对于较小尺寸的裂缝或微观裂缝，没有进行显示设置。由于所有裂缝参数的数据量比较大，表 8.4 中只列举了裂缝参数的部分数据。

表 8.3　B28 井天然裂缝的初始参数

参　数	数　值	参　数	数　值
分形维数	1.6877	初始尺寸，m	280
裂缝倾角，(°)	64	倾角变化幅度，(°)	30

续表

参 数	数 值	参 数	数 值
方位角,(°)	103	方位角变化幅度,(°)	70
初始数量,条	140	数量变化幅度,条	70

表8.4 裂缝的各项参数表

序 号	裂缝的空间位置, m			裂缝的空间向量			R, m
	X	Y	Z	l	m	n	
1	28.38	39.89	−4.06	−4.06	−0.81	−0.58	9.52
2	2.71	−35.85	−31.45	−31.45	−0.16	0.11	8.32
3	−8.11	7.66	34.81	34.81	−0.80	−0.60	7.99
4	26.67	39.25	−8.43	−8.43	−0.52	0.28	12.07
5	−17.76	−61.05	19.87	19.87	0.04	−1.00	12.01
6	−17.37	36.03	−30.41	−30.41	−0.17	0.76	10.50
7	27.02	−8.12	32.04	32.04	0.39	−0.87	12.36
8	6.23	50.9	−19.61	−19.61	0.02	−0.12	10.63

8.5.4.2 地质体生成

地质体模型是孔隙和裂缝的载体,是三维建模的基础。为生成B28井布达特群裂缝系统的三维地质模型,必须先建立储层的地质体。B28井布达特群层位处于1837～1940m,层厚为130m。储层岩体为砂岩,岩性主要为灰黑色浅变质岩夹火成岩,二开钻头为ϕ215.9mm。下面以B28井近井区域为研究范围,建立一个厚度为130m,长度为80m,宽度为80m的地质体。地质体对象的各项具体参数见表8.5。

表8.5 程序地质体对象设置情况[①]

属 性	设 置	属 性	设 置
长度, m	80	边框颜色	绿色
宽度, m	80	线条大小（像素）	2
厚度, m	130	显示网格	否
井径, m	0.215	中心位置	坐标系原点

①表中列出地质体对象的部分属性,对于上下隔层属性的设置没有列举。

8.5.4.3 B28井布达特群裂缝系统的三维地质模型

根据表8.3和表8.4的数据生成B28井布达特群裂缝系统的三维地质模型。在图8.21中可以看到,宏观上,裂缝空间位置、颜色及尺寸等参数表现杂乱无章。裂缝空间位置由于没有进行测井约束,采用强随机处理;裂缝颜色的设置,主要是为了观察方便在地质体中生成了裂缝的颜色各异。其颜色的设置也可以根据裂缝尺寸、功能或充填类型来划分,这要看显示效果和功能的具体需要。尺寸和数量是完全按照分形模型生成的。裂缝的倾角和方位满足表8.4。

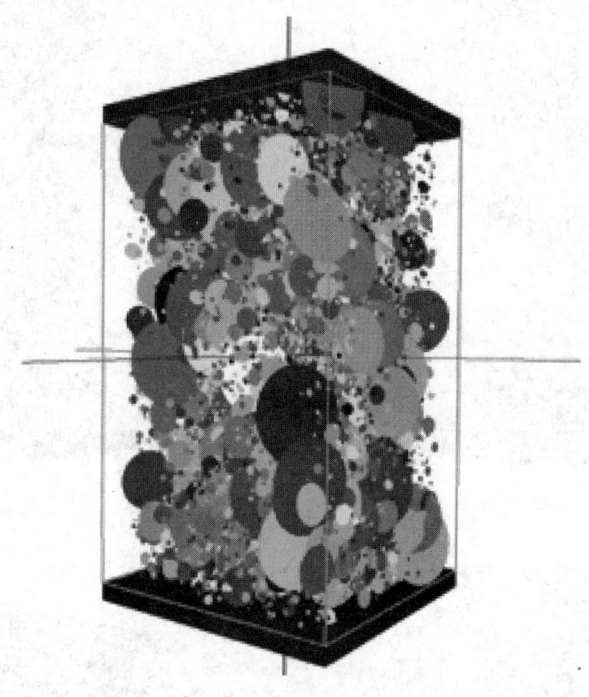

图 8.21　B28 井 B 区块裂缝系统的三维地质模型

8.5.4.4　其他井布达特群裂缝系统的三维地质模型

下面对 B34 井、B30 井和 B38 井等三口井进行裂缝系统模拟。三口井的裂缝参数见表 8.6。

表 8.6　各井裂缝特征参数

特征参数	B34 井	B30 井	B38 井
分形维数	1.6145	1.7490	1.7652
裂缝倾角，(°)	65	56	56
方位角，(°)	93	107	80
初始数量，条	61	162	178
初始尺寸，m	120	320	340
倾角变化幅度，(°)	20	30	30
方位角变化幅度，(°)	60	40	60
数量变化幅度，条	30	40	80

根据表 8.6 设定参数数据，逐一生成各井近井区域的三维地质体，如图 8.22～图 8.25 所示。

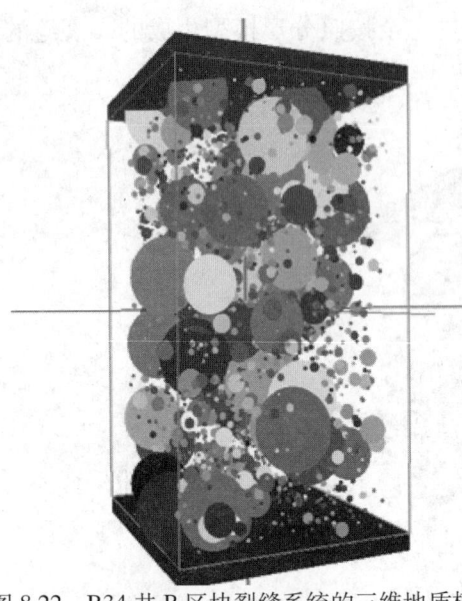
图 8.22 B34 井 B 区块裂缝系统的三维地质模型

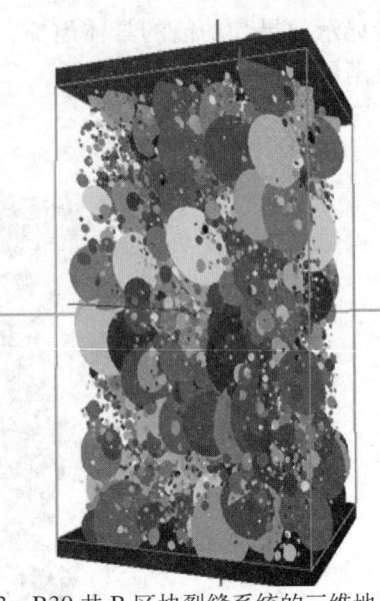
图 8.23 B30 井 B 区块裂缝系统的三维地质模型

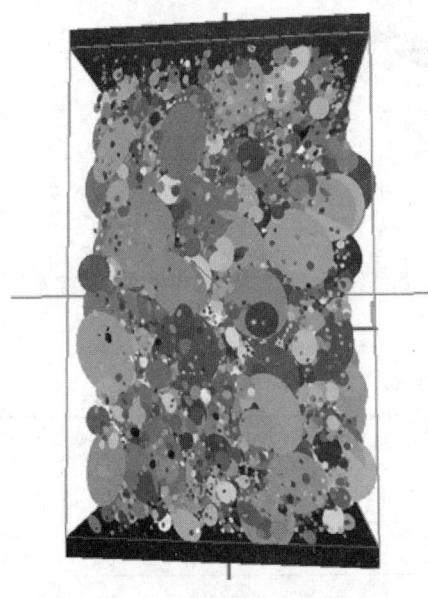
图 8.24 B38 井 B 区块裂缝系统的三维地质模型

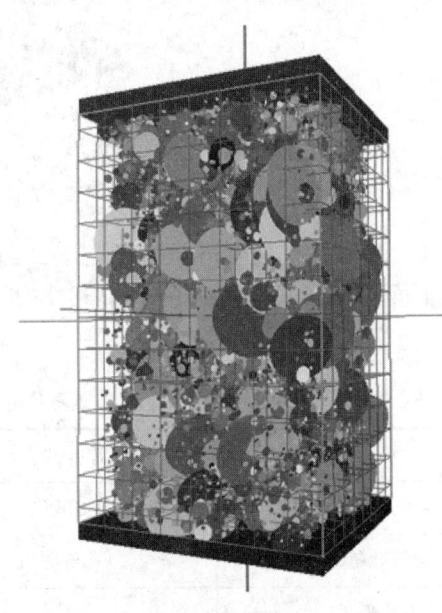
图 8.25 网格化的 B38 三维地质体

8.4 节和 8.5 节研究将分形几何理论、裂缝介质特征分布规律和三维可视化等三方面相互结合起来，建立布达特群裂缝介质的三维网络模拟。因为本书三维网络模拟主要是描述近井区域内小尺度裂缝的分布规律，所以从三维网络模拟图上，可以清楚地看到裂缝相对关系以及和井眼之间位置关系。应用分形几何方法和确定性离散模型建立的裂缝介质系统的三维网络模拟，主要是描述裂缝介质系统的分布关系。每次建模给出三维网络模拟，外观可能不一样，但是裂缝系统分布的规律是一致的。

裂缝介质系统的三维网络模拟为进一步研究储层裂缝介质系统对储层岩石力学性质和水力压力裂缝扩展形态的影响，以及近井储层的井底渗滤能力等研究奠定基础。由于裂缝介质系统分布极其复杂，及本章研究并不十分深入，本章所建裂缝介质系统的三维网络模拟尚有不足之处。首先，建模基础数据来源单一。由于裂缝形成成因具有多样性，造成裂缝大小尺度分布十分混乱，裂缝分布方位规律不一，最终导致储层中的裂缝介质系统分布十分复杂。单一的数据不足以全面分析裂缝介质系统，需要更多不同来源的数据资料，才能准确地描述裂缝介质分布规律。对于本章所建的近井区域内小尺度裂缝模拟，应该使用本井的测井资料、钻井资料、流体和压力测试资料以及产能资料等描述裂缝的数据进行模型约束。

其次，在此次建模过程中，没有分析裂缝网络的渗流特性。裂缝介质系统的渗流特性是裂缝介质建模的主要内容，也是模型应用的重要功能。该部分内容需要在后续的研究中进一步完善。

9 裂缝性储层水力压裂造缝机理的分形特征

水力压裂是油气井增产和水井增注的一项重要技术措施。水力压裂的目的就是在生产层中建立一条油气流通的压裂裂缝,并使裂缝的几何尺寸和方位满足开发要求。压裂裂缝在起裂扩展过程受到多种因素的影响,使裂缝延伸形态变化不定。

本章将对裂缝性储层的造缝机理进行分析,根据水力压裂实验来研究水力压裂的造缝机理并对造缝的影响因素进行验证。

9.1 裂缝性储层裂缝起裂的力学准则

对于裂缝性储层,由于天然裂缝系统的存在,使得井壁围岩的起裂变得异常复杂。

在上一章的裂缝性储层水力压裂模拟实验中发现,对于与井眼相交的天然裂缝,其存在会打破井壁围岩的结构完整性,使压裂裂缝的起裂压力大幅度下降。此时,无论在近井还是远井区域,地应力及其分布都将成为控制裂缝产状的主要因素。下面从分析裂缝面上的正应力、起裂判据、张开程度及裂缝错动等4个方面来分析裂缝的起裂情况。

9.1.1 天然裂缝面上的正应力

裂缝性储层中的天然裂缝系统,一般都是由一组或几组按一定规律分布的天然裂缝组成。在深部地层中,由于垂向主应力为最大主应力,天然裂缝通常以高角度裂缝为主。在人工压裂造缝时,由于天然裂缝的抗张强度小于岩石的抗张强度,因此若条件合适,天然裂缝会优先张开并相互连通形成压裂裂缝,使压裂裂缝不再严格地沿着最大主应力方向延伸,并控制压裂裂缝的空间特征。

若不考虑压裂液渗流所引起的应力改变,在储层压裂时,由于天然裂缝的干扰,形成新生裂缝并沿一定走向的天然裂缝延伸,这主要取决于原地应力状态、岩石和天然裂缝的抗张强度以及天然裂缝面与最大主应力间的夹角等因素。

假设空间有一个任意产状裂缝,其走向为 α_{SP},倾角 α_{ST}。在应力状态 $\sigma_1 > \sigma_2 > \sigma_3$,且 σ_2 与裂缝平行的情况下,如果最大主应力 σ_1 与裂缝面法线夹角为 α_f,则用在裂缝面上的正应力 σ_n 为:

$$\sigma_n = \frac{\sigma_1 + \sigma_3}{2} - \frac{\sigma_1 - \sigma_3}{2}\cos 2\alpha_f \tag{9.1}$$

$$\tau = \frac{\sigma_1 - \sigma_3}{2}\sin 2\alpha_f \tag{9.2}$$

根据前面的分析可知,地层中三个主应力一般是 $\sigma_v > \sigma_H > \sigma_h$。由于裂缝一般为高角度裂缝,所以 σ_v 近似垂直于裂缝。此时 σ_H 与裂缝的夹角为 α_f。同理可将式(9.1)化为:

$$\sigma_n = \frac{\sigma_H + \sigma_h}{2} - \frac{\sigma_H - \sigma_h}{2}\cos 2\alpha_f \tag{9.3}$$

$$\tau = \frac{\sigma_H - \sigma_h}{2}\sin 2\alpha_f \tag{9.4}$$

如果考虑与裂缝近似垂直 σ_v 的影响时,即天然裂缝在三向应力作用下,能够获得的描述天然裂缝产状的只有走向角 α_{SP} 和倾向角 α_{ST}。为了换算方便,通常只是知道裂缝法向与最大水平主应力的夹角 α_f 以及与垂向主应力的夹角 β_f。应用两个角度与三个应力是无法准确确定天然裂缝面上合力——正应力。裂缝面上的正应力可近似表示为:

$$\sigma_n = \left(\frac{\sigma_H + \sigma_h}{2} - \frac{\sigma_H - \sigma_h}{2}\cos 2\alpha_f\right)\sin^2\beta_f + \sigma_v\cos^2\beta_f \tag{9.5}$$

对上式进行分析,如果 $\alpha_f=0°$,则有:

$$\sigma_n = \sigma_h\sin^2\beta_f + \sigma_v\cos^2\beta_f \tag{9.6}$$

若 $\alpha_f=90°$,有:

$$\sigma_n = \sigma_H\sin^2\beta_f + \sigma_v\cos^2\beta_f \tag{9.7}$$

当 $\beta_f=0°$,有:

$$\sigma_n = \sigma_v \tag{9.8}$$

当 $\beta_f=90°$,有:

$$\sigma_n = \frac{\sigma_H + \sigma_h}{2} - \frac{\sigma_H - \sigma_h}{2}\cos 2\alpha_f \tag{9.9}$$

由上面分析过程知,裂缝产状的角度描述与各主应力和裂缝之间夹角描述是不统一的。也就是 α_{SP} 和 α_{ST} 与 α_f 和 β_f 等之间不统一。经过推导可知:

$$\cos\alpha_f = \sin\alpha_{SP}\sin\alpha_{ST}$$

$$\beta_f = \alpha_{SP}$$

9.1.2 压裂裂缝特征分析

9.1.2.1 压裂裂缝的起裂判据

裂缝面上的主应力是影响裂缝起裂和延伸的主要因素。天然裂缝沿裂缝面张开,必须先克服裂缝面上的主应力。对裂缝面上的受力分析,发现裂缝面除了受主应力的影响还受孔隙压力和裂缝面的抗张强度影响。由此,裂缝张开的极限条件是:

$$p_I = \sigma_n - p_p + S_f \tag{9.10}$$

沿最大主应力方向形成新裂缝的极限条件是:

$$p_{II} = \sigma_h - p_p + S_T \tag{9.11}$$

式中:S_f 为裂缝面的抗张强度,MPa;S_T 为岩石的抗张强度,MPa。

当 $p_w > p_I$ 时，天然裂缝张开；$p_w > p_{II}$ 时，天然裂缝起裂，形成压裂裂缝。此时裂缝张开和裂缝起裂面不一定是同一个面。当 $p_I < p_w < p_{II}$ 时，天然裂缝张开程度逐渐增大。当裂缝张开和起裂同时发生，即 $p_I=p_{II}$，这是一种特殊情况。由式（9.5）、式（9.10）和式（9.11）有：

$$\cos 2\alpha_1 = \frac{\dfrac{\sigma_H + \sigma_h}{2} - \dfrac{\sigma_h - \sigma_v \cos^2 \beta_f + (S_T - S_f)}{\sin^2 \beta_f}}{\dfrac{\sigma_H - \sigma_h}{2}} \tag{9.12}$$

由于储层中裂缝一般为高角度裂缝，所以 σ_v 近似平行于裂缝。即 $\beta_f=90°$ 时，有：

$$\cos 2\alpha_1 = 1 - 2\frac{S_T - S_f}{\sigma_H - \sigma_h} \tag{9.13}$$

式中：α_1 为裂缝张开和岩石破裂可能同时出现时的裂缝面与最大主应力方向间的夹角，即裂缝张开的极限角。

当 $\alpha_f < \alpha_1$ 时，裂缝优先张开。显然，当无裂缝，即 $S_T=S_f$ 时，$\beta=0$，岩石沿最大主应力方向张开。

在中生代和新生代储层中，裂缝的抗张强度很小或接近于零，即 $S_f=0$。此时，天然裂缝在人工压裂时是否起裂，取决于最大和最小水平主应力差和岩石的抗张强度。在 S_T 一定时，$(\sigma_H-\sigma_h)$ 越小，α_f 越大，可能活动的天然裂缝越多；在 $(\sigma_H-\sigma_h)$ 一定时，S_T 越小，α_f 越小，可能活动的天然裂缝减少。

储层天然裂缝的空间分布规律很复杂，一般多组裂缝相互切割形成裂缝网络，在实际压裂过程中，断层、裕被和节理等也都可能对裂缝形态产生影响。在某些油藏条件和节理的排列方式下，天然裂缝可能会很强烈地影响压裂裂缝的延伸方向。如果施加压力超过中间主应力值，有出现次生裂缝在与主裂缝平面正交的方向上延伸的可能。

9.1.2.2 天然裂缝的张开程度分析

若天然裂缝为圆盘形，残存未闭合的天然裂缝原长短轴之比为 a_0，压缩后为 a。若裂缝完全闭合，则 $a=0$；若裂缝张成圆形孔洞，则 $a=1$。裂缝的张开程度为：

$$a_0 - a = \frac{4(1-u^2)}{\pi E}\sigma_{ne} \tag{9.14}$$

可见 (a_0-a) 越大，裂缝在 σ_{ne} 作用后闭合量就越大，其缝宽越小；当 σ_{ne} 一定时，E 越大，裂缝越不易闭合。

将 $\alpha_f=0°$ 和 $\alpha_f=90°$ 两种情况下的有效正应力代入式（9.14）中，得：

$$(a_0-a)_{90°} > (a_0-a)_{0°} \tag{9.15}$$

这说明裂缝在垂直于最小水平主应力的时候张开程度大，也就是裂缝走向与最大水平主应力平行的时候容易张开。当深部地层最大主应力为垂向应力时，有利于垂直型裂缝张开，水平裂缝和小倾角裂缝趋于闭合。

将式（9.14）绘制成图 9.1，图中三个应力分别为 σ_H 为 25MPa、σ_v 为 20MPa、σ_h 为

15MPa 的情况下有效应力随 β 的变化关系。当 α 小于 45°时有效应力随着 β 的增大而减小；在 α 等于 45°时，有效应力在 β 增大时保持恒定；在 α 大于 45°时，有效应力随着 β 的增大而增大。由式（9.14）可知局部裂缝的张开程度与有效应力成线性关系。有效应力受主应力与裂缝面角度的影响。

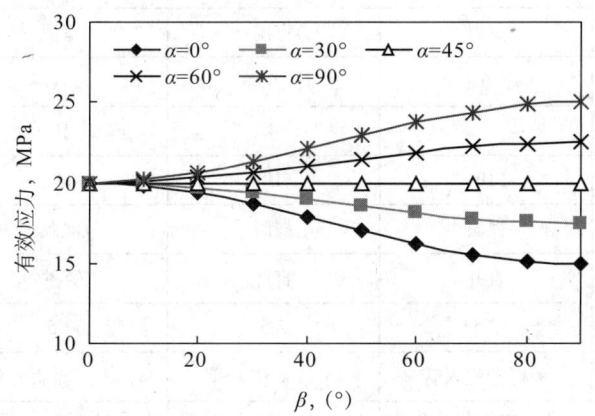

图 9.1　不同 α 时有效应力随 β 的变化关系图

至此，基于裂缝上的应力状态分析，建立了裂缝性储层下压裂裂缝起裂模型。在知道压裂井眼处的裂缝产状及地层岩石应力状态后，即可计算裂缝性储层的压裂起裂压力。

然而上述推理中，其假设储层中的裂缝特征是已知的。事实上天然裂缝分布是不确定的，裂缝产状是不能准确确定的，裂缝尺寸是无法预知的，裂缝内胶结程度是说不清楚的。在压裂前，这些未知的参数使得压裂工作者无法准确给出裂缝的起裂压力。只能根据模型来计算，破裂压裂最大是多少，最小是多少，给出一个参考的压力范围。在施工结束后，根据施工结果，来判断裂缝起裂的类型。

9.2　裂缝性储层压裂裂缝的延伸分析

理论分析和实践表明，压裂延伸状况不但取决于天然裂缝与水平最大应力方向的夹角，而且与水平方向应力的大小及压裂时的最高工作压力有关。

9.2.1　裂缝性储层水力压裂过程模拟实验

裂缝性储层在世界范围内分布较为广泛，是油气存储的重要载体。当前大部分水力压裂施工都是在裂缝储层上开展。由于裂缝性储层的特殊非均质性，造成裂缝储层水力压裂施工失败率多达 40%，极大影响裂缝储层的开发效益和开发进度。通过室内实验研究裂缝性储层水力压裂裂缝的起裂及扩展机理无疑有重要的意义。

9.2.1.1　实验目的

实验主要模拟裂缝性储层中的水力压裂过程。具体检验内容主要包括：裂缝起裂压力大小及起裂方位；天然裂缝对裂缝起裂的影响；天然裂缝对裂缝延伸的影响。

9.2.1.2　实验设计

为了检验分析裂缝性储层岩石压裂起裂及扩展机理，共进行 4 块岩样实验。实验试样使用水泥岩样，试样制备过程参见岩样制备一节。水泥试样的具体参数见表 9.1。

表 9.1　水泥试样的具体参数

试样序号	1	2	3	4
水泥标号	425#	425#	425#	425#
加砂比例，%	30	30	30	30
温度，℃	室温	室温	室温	室温
垂向应力（y），MPa	6	6	6	6
水平应力1（x），MPa	4	4	10	10
水平应力2（z），MPa	10	10	4	4
模拟完井类型	裸眼	裸眼	裸眼	裸眼
井型	直井	直井	直井	直井
泵注排量，cm³/min	3.5	3.5	3.5	3.5
天然裂缝形态	平行于注入管	平行于注入管	与注入管垂直并相交	与注入管垂直并相交
压裂裂缝形态	先产生垂直最小主应力的对称裂缝面，裂缝面的一翼遇到天然裂缝停止，另一侧裂缝继续延伸	先产生垂直最小主应力的对称裂缝面，裂缝面的一翼遇到天然裂缝停止，另一侧裂缝继续延伸	由于预置裂缝较小，压裂裂缝没有沿预置缝张开，但是起裂压力明显变小	压裂裂缝先沿着预制裂缝张性破裂后转向，垂直于最小水平主应力延伸

9.2.1.3　实验结果分析

按照上面的实验设计参数共进行了4组实验。4组岩样均被压开，裂缝形态宏观上依然遵循上述原理，但是受天然裂缝的干扰严重。压裂曲线整体形态依然遵循图 7.12。压裂曲线具体各项数据见表 9.2。

表 9.2　临界压力点数据　　　　　　　　　　　　单位：MPa

极值点	5#试样	6#试样	7#试样	8#试样
破裂压力（C 点）	11.14	11.30	2.82	4.02
压力最低点（D 点）	3.84	3.14	1.74	1.78
延伸压力点（E 点）	4.21	5.41	2.04	2.12
压裂裂缝形态	垂直于最小主应力的单翼窄裂缝	垂直于最小主应力的单翼窄裂缝	垂直于最小主应力的对称裂缝	垂直于最大主应力但有转向趋势

从图 9.2 和图 9.3 上可以看出，压裂裂缝面是首先沿着垂直最小水平主应力方向扩展。当压裂裂缝面扩展过程中遇到与自己垂直的天然裂缝面时停止向该方向延伸。此后，裂缝面没有向无天然裂缝的三个方向扩展，而是在天然裂缝面的对称面形成一个条带状一直延伸到试样边缘。

从这个实验中可以发现，当压裂裂缝遇到天然裂缝面，且天然裂缝面比压裂裂缝扩展边缘大时，压裂裂缝将会和天然裂缝面融合。压裂裂缝的原延伸形态（两翼对称形态）将被打破。压裂裂缝将以一种新的形态沿着最容易断裂的部位继续断裂，最终形成一个条带的窄裂缝。

图 9.2　5#水泥试样裂缝扩展图　　　　图 9.3　6#水泥试样裂缝扩展图

对于窄裂缝的形成，是由于天然裂缝和压裂时的小排量造成的。压裂裂缝的起裂压力明显大于延伸压力。在起裂憋压时，试样内集聚的液压能较多。在试样起裂并按照起裂方位顺性延伸时，如果不受到较大干扰，裂缝延伸区域甚至会达到试样边缘。这在孔隙性储层水力压裂模拟实验中已经发生并解释过。在本实验中，压裂裂缝延伸时，遇到天然裂缝，最初集聚的液压能被消耗殆尽。第一次起裂憋压形成的裂缝面积比较小。

在后续憋压时，裂缝再延伸有几个选择。其中有沿原裂缝面延伸、沿天然裂缝面延伸和在天然裂缝面上再起裂延伸。由于天然裂缝面上的主应力要大于原裂缝面上的最小主应力，天然裂缝面上再起裂延伸也是不可能的，因为起裂压力明显大于延伸压力。所以，裂缝会选择沿原裂缝面继续延伸。此时注入泵开始憋压，裂缝延伸需要的压力较小，泵注憋压也会很小。后续延伸憋压蓄能较小，造成每次裂缝延伸的区域小。经过反复的小范围延伸最终至试样边缘。

在制备 7#试样时，在注入管末端添加了预置裂缝，具体如图 9.4 所示。由于预制裂缝与最小水平主应力之间存在夹角，且预制裂缝的抗张强度为零。这使预制裂缝面成为最容易张开的部位。3#试样是沿垂直最小水平主应力的面起裂并延伸的。并没有在预制裂缝方向起裂。其裂缝的形态与孔隙性储层中的水力压裂模拟实验十分相似，裂缝壁面平整，压裂液在壁面上颜色分布均匀。但 3#试样与其他试样的最大区别莫过于很低的破裂压力。

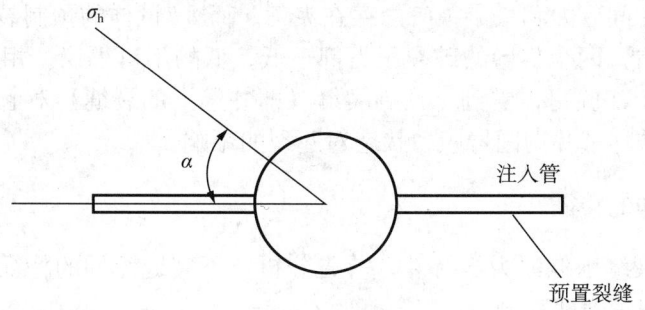

图 9.4　预置裂缝

这可解释为预制裂缝的存在打破了原有裸眼井井壁的应力集中问题。在近井眼范围内井壁围岩应力状态是水力压裂起裂的主要影响因素。经过上述 4 个实验，不难发现井壁围岩应力状态对起裂的影响。也就是说即使在水泥试样中，在模拟的小井筒上，依然存在井壁围岩应力集中。在注入压力曲线上，这点表现的更明显，起裂压力明显高于延伸压力。

这与实际压裂施工情况是吻合的。在裸眼井壁上预制裂缝后，原有的井壁围岩应力状态被打破。压裂裂缝起裂时，只需克服最小主应力和水泥的抗张强度，所以会大大降低压裂裂缝的起裂压力。即使有以上两个影响因素，降低了裂缝的起裂压力，但是降低到只需要不到3MPa的破裂压力裂缝就开始破裂，还是令人难以接受的。下面看看同样存在预制裂缝的4#试样，一同进行分析。

对于8#试样的预制裂缝情况见图9.6。从图中可以看出，预制裂缝是垂直井眼且平行最小主应力的平面裂缝。

对于8#试样裂缝的扩展情况与7#试样存在很大的差异。8#试样的裂缝形态出现转向形态，这是以上其他试样没有的。虽然预制裂缝面与井眼直接接触，压裂液能直接进入到预制裂缝面内。根据孔隙性储层实验的造缝特点，应该直接出现一条平行最大主应力且垂直最小主应力的新裂缝。事实上，在没有达到新裂缝需要的破裂压力时，8#试样就已经开始起裂了。起裂方位是沿着预制裂缝面，可见预制裂缝对裂缝起裂的影响很大。由于最大主应力和最小主应力的比值达到2.5倍，试样所受应力差异过大，起裂后的裂缝出现逐渐偏离垂直最大主应力的方向而转向垂直最小主应力。这从图9.5中是可以观察到的。

图9.5　8#水泥试样裂缝扩展图

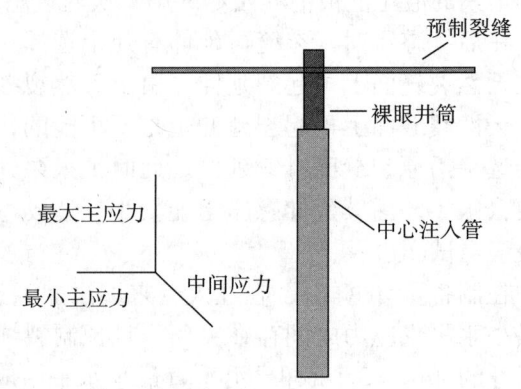

图9.6　8#的预制裂缝示意图

7#试样和8#试样是两个存在预制裂缝的试样。其差别在于7#试样的预制裂缝平行于最大主应力，而与中间应力和最小主应力存在夹角。而8#试样的预制裂缝为垂直最大主应力。从破裂压力上看，两个实验的破裂压力都很低，低的不可思议。相对而言，8#试样要偏高一些。从这两个实验可以看到，预制裂缝（即井壁上的裂缝）对起裂有重要影响。预制裂缝的存在完全破坏了井壁围岩应力状态对起裂的影响。

9.2.2　压裂裂缝延伸的特征

为了深入分析裂缝延伸的力学特性，首先分析一下裂缝延伸的特征。裂缝延伸的特征主要包括方向和几何形态两部分。

9.2.2.1　压裂裂缝延伸的方向

在岩性均匀的孔隙性储层中，裂缝延伸方向是比较单一的。如果储层中的地应力场不发生本质的变化，裂缝总都是垂直于最小主应力。在裂缝性储层中，压裂裂缝延伸方向是一个比较复杂的问题。

在储层中没有天然裂缝的情况下，水力压裂裂缝走向垂直于最小水平主应力的方向。

对于形成具体哪种类型裂缝，取决于储层中垂向应力、最大水平应力和最小水平应力的相对大小。通常裂缝一般都单一裂缝延伸，少数特殊情况下会出现多条裂缝同时延伸。产生多条裂缝的原因主要看裂缝的起裂数量，即在多裂缝起裂且各裂缝没有出现融合时会出现多裂缝延伸情况。在裂缝延伸时，且没有突变的偶然因素情况，延伸裂缝再起裂形成裂缝延伸是不符合力学机理的。裂缝延伸的形态主要是单翼的半椭圆形。裂缝尺寸的大小主要看压裂施工的规模。

当储层天然裂缝发育的情况下，岩石中存在一定量的弱结构面。这时，裂缝端部区域的岩石抗张强度要比没有弱结构面时低。压裂裂缝的延伸方向受天然裂缝的控制，也与现今应力场主应力方向有关。根据前面的研究成果，裂缝性储层的水力压裂过程是一个多次起裂延伸的重复过程。由于天然裂缝的存在，打破了岩石原有的连续结果。地应力的分布也会受到天然裂缝的影响。

当压裂裂缝延伸的时候遇到天然裂缝，压裂裂缝与天然裂缝的接触位置是相当重要的（如图9.7）。当在 a 位置接触，天然裂缝并不会完全消融压裂裂缝的形态，但会影响到压裂裂缝的一翼形态。其次，a 处天然裂缝还会起到卸压的作用，消耗压裂裂缝的延伸能量，至于卸压能力的大小要看天然裂缝的连通情况和渗滤能力。b 处裂缝位于压裂裂缝的端部，它的存在会彻底打乱压裂裂缝的延伸进程。这在上一章的压裂过程模拟实验中得到验证。

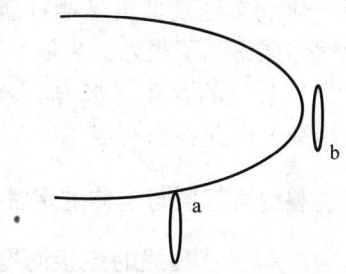

图 9.7　压裂裂缝与天然裂缝的接触位置

不仅是天然裂缝位置对压裂裂缝的影响明显，天然裂缝的产状和大小同样会对压裂裂缝起到重要的影响。当 a 处与 b 处天然裂缝与压裂裂缝垂直时，对压裂裂缝影响越大。如果两种裂缝平行且接触，天然裂缝的存在只会改变裂缝延伸形成，不会改变压裂裂缝延伸的方向。

天然裂缝与地应力场之间的关系，也是影响压裂裂缝的延伸的关键因素。当天然裂缝走向与应力场水平最大主应力方向的夹角小于一定角度时，压裂缝就沿天然裂缝张开。只有在远离天然裂缝的部位，压裂缝才沿水平最大主应力方向延伸；当天然裂缝走向与水平最大主应力方向的夹角大于一定角度时，压裂缝平行于水平最大应力方向。

岩石三轴力学实验结果显示，岩石沿早期弱结构面破坏所需的应力值比没有弱结构面的岩石要低 43% ~ 55%。对储层中存在的天然裂缝，一般以高角度缝为主。人工压裂时，由于天然裂缝的抗张强度小于岩石的抗张强度，因此在一定条件下，天然裂缝会优先张开形成压裂裂缝，使压裂裂缝不再严格沿着现今最大水平主应力方向延伸，并控制着压裂裂缝的空间特征。因此，储层中存在天然裂缝时，压裂裂缝既受现今应力场的控制，也受天然裂缝的影响。

9.2.2.2　裂缝延伸的几何形态

裂缝延伸的几何形态是指在储层中压裂裂缝延伸后形成的裂缝几何形态。裂缝几何形态研究是水力压裂数值模拟基础，在水力压裂机理研究中占有重要的位置。在孔隙性储层中，压裂裂缝的延伸几何形态是简单的几何图形——半翼椭圆形。简单的几何图形，给水力压裂数值模拟提供了前提条件。为了从不同角度简化问题的难度，延伸裂缝的几何形态被进一步简化，也就形成 KGD 和 PKN 模型以及全三维模型等多个数值模型。KGD 模型将裂缝延伸高度固定，纵剖面为矩形。PKN 模型也将裂缝延伸高度固定，纵剖面为椭圆。全三维模型认为裂缝的缝高和缝长都是动态生长的，裂缝在缝长方向上的纵剖面为椭圆。

对于裂缝性储层的裂缝延伸形态是十分复杂的。混乱分布的天然裂缝，给压裂裂缝的直线延伸带来障碍。裂缝的延伸形态不再是固定的，延伸的裂缝数量不再是单一的。此时，人们无法弄清储层中压裂裂缝的实际情况，传统的裂缝扩展模型（如 PKN 和 KGD 的二维模型、拟三维模型和全三维模型）就失去了应用的基础。裂缝性储层中，天然裂缝系统的存在，无论是从宏观还是从微观上都增强了原有储层的非均质性，造成水力压裂裂缝的空间展布形态不再遵循孔隙性储层的规则形态。

以往水力压裂裂缝模拟模型根据岩石断裂机理对裂缝形态进行了人为的划分，这种划分使得水力压裂裂缝数值模拟问题得以简化，实现了对现场水力压裂施工的理论指导。这种人为划分的目的就是将复杂的裂缝扩张问题进行简化，使裂缝形态单一化，这正是问题所在，单一化的裂缝模型正是牺牲裂缝形态多样性为前提的。现有的水力压裂裂缝模拟模型在孔隙性储层得到了很好的发展，但是对于裂缝性储层却一筹莫展。

由于天然裂缝的存在，水力压裂裂缝的扩展表现出裂缝形态多样、裂缝结构复杂及规律性弱的特征，因此在原有成果的基础上发展新的裂缝模型是十分必要的。

9.2.3 压裂裂缝再起裂与延伸的定性分析

压裂裂缝与天然裂缝的连接问题是一个重要问题。如果压裂裂缝在延伸过程中没有与天然裂缝连接，那么天然裂缝的存在是不会对压裂裂缝产生影响的，压裂裂缝按原有趋势继续延伸。

当裂缝延伸与天然裂缝相交，压裂裂缝的延伸将受到影响。压裂裂缝在改变原有形态后会出现继续延伸、转向延伸或停止延伸等情况。天然裂缝的结构强度比较低，在液压作用下会优先张开，压裂裂缝内的压裂液将通过天然裂缝流失。这会造成压裂裂缝再延伸所需的能量消耗。重新憋压后的压裂裂缝可能会重新选择延伸方向。

不同天然裂缝的产状和尺寸对压裂裂缝的影响不同。尺寸远小于压裂裂缝的天然裂缝，不会改变压裂缝的延伸方向，但会影响到裂缝尖端的应力状态。压裂裂缝一旦与尺寸远大于自身的天然裂缝连接，压裂裂缝会被天然裂缝吞噬。压裂裂缝的延伸方向和形态都会受到影响。具体影响情况得看天然裂缝的产状。与压裂裂缝延伸方向接近，当压开天然裂缝保持原方向继续延伸。与压裂裂缝延伸方向夹角较大，或近似垂直，憋压后会在天然裂缝面上寻找薄弱位置再起裂。当天然裂缝的尺寸与压裂裂缝尺寸比较接近，其影响比较复杂。

小裂缝只能影响压裂裂缝的起裂，对裂缝延伸的整体形态影响不大，甚至可以忽略。在小裂缝与大裂缝相交后，自身会张开及充液，也会影响到压裂液的滤失。

大尺寸裂缝的作用：大裂缝起到提高渗透率和增加孔隙度的作用；大裂缝影响裂缝的整体走向，大裂缝彼此相交，起到流动的作用。

压裂裂缝与天然裂缝连接后，其再起裂及延伸过程可用两个临界区来描述，即天然裂缝张开和延伸两个临界。

当压裂裂缝与天然裂缝连接后，在压裂液的压力达到某个值后，天然裂缝开始张开，此时的压裂液压力为第一临界压力 p_I。在第一临界区时（$p_I < p_w < p_{II}$），随着液压的增大，天然裂缝张开程度越来越大。此时，属于压裂液的蓄能过程。在裂缝张开过程中，裂缝的渗透率较大，裂缝内流体将处于较快的流动，即滤失过程。

当裂缝内的压力达到 p_w，裂缝将开始起裂。起裂后的裂缝在地应力场的作用下，保持延伸，一直到 $p_w < p_{II}$，裂缝延伸停止，其后是憋压、再起裂、延伸，一直循环到压裂结束。

在存在天然裂缝的储层中，压裂裂缝在延伸过程会出现一系列的再起裂及延伸。最终达到施工要求的标准。在压裂裂缝延伸过程中，天然裂缝的产状会起到重要的影响。由地应力控制的压裂裂缝走向，此时将转变为由地应力和天然裂缝共同控制。压裂裂缝的延伸也就变得复杂了。

9.3 天然裂缝对压裂裂缝的分形影响

在裂缝性储层中，由于基质和裂缝分布的非均质性十分严重，压裂裂缝的形成除了受地应力场的控制外，还受地层中天然裂缝的影响。天然裂缝对压裂裂缝的影响主要有两个方面，其一是影响压裂裂缝的延伸方位和倾角；其二是影响压裂裂缝的延伸几何尺寸（如缝长、缝宽等）。

9.3.1 天然裂缝对压裂裂缝的影响

储层是水力压裂进行的载体。储层存储介质类型是影响水力压裂裂缝形态的一个主要原因。不同的存储类型储层，对水力压裂造缝的影响不同。常见的存储类型为孔隙性储层和裂缝性储层。一般而言，岩性单一而稳定的孔隙性储层形成单一裂缝；裂缝性储层有天然弱结构面（裂缝）的存在，造成裂缝起裂和延伸十分复杂，压裂缝可能为单一或者多个。压裂过程面临的多裂缝问题主要发生于天然裂缝存在或发育的地层。

对于孔隙性储层，其岩性一般是砂岩。从整体上看，孔隙储层其岩石性质相对单一，变化稳定。裂缝的起裂和延伸过程，受岩性变化的影响十分小，而其他因素诸如地应力差异、井壁围岩应力状态或射孔分布等的影响相对明显。当前，国内外建立的各种描述水压裂缝的几何形态和延伸规律的模型来看，绝大部分都是基于孔隙性储层。其原因就是孔隙性储层水力压裂起裂和延伸形成的裂缝形态是相对稳定和确定的。由于岩性对水力压裂起裂和延伸影响小，因此在起裂过程，裂缝的形成主要受井壁围岩应力状态和射孔影响，裂缝延伸过程则主要受远场地应力的影响。井壁围岩应力状态、远场应力场及射孔类型在压裂时是固定的。裂缝在起裂和延伸时形成的裂缝就不会受到中途变化的因素影响。这就造成孔隙性储层中压裂形成的裂缝形态是固定的。

在裂缝性储层，井壁围岩应力状态、远场应力场及射孔类型是静态的影响因素。储层中的天然裂缝对压裂缝起裂和延伸的影响是随裂缝生长变化而变化。天然裂缝是水力压裂影响因素中一个变化的影响因素。天然裂缝决定了压裂裂缝最终形态。存在天然裂缝的储层，储层岩石被裂缝分割为许多岩块。在围压的作用下，这些破裂块体的裂缝面具有一定的抗滑能力，可以承受压力，但不能承受拉力或仅能承受较小的拉力。水力压裂破坏岩石主要是通过张性破坏为主，因此天然裂缝的存在，使岩石承受抗张能力达到最低。

对于裂缝性储层的压裂，无法再应用传统的裂缝扩展模型（如 PKN 和 KGD 的二维模型、拟三维模型和全三维模型）。对于裂缝性地层，由于天然裂缝系统的存在，无论是从宏观还是从微观上都增强了原有地层的非均质性，造成水力压裂裂缝的空间展布形态不再遵循孔隙性地层的规则形态。

储层中天然裂缝对水力压裂会产生重要的影响。由于天然裂缝的存在，井壁附近储层的性质发生明显的变化。天然裂缝的影响主要体现在破裂压力和压裂裂缝的形态两方面。天然裂缝的产状可以通过分形几何来描述，反之可以用分形参数来分析天然裂缝的分布、孔隙度和渗透率，进而分析天然裂缝分布的孔隙度和渗透率压裂裂缝缝长及缝宽的影响。

9.3.2 天然裂缝分布的二维迹线分析

建立的 VB.Net & OpenGL 三维可视化平台，采用完全面向对象的编程思想实现了裂缝介质系统的三维网络模拟过程。并对布达特储层进行了裂缝模拟，使得我们可以确定近井附近的天然裂缝分布规律。对近井区域取水平截面或垂直截面就可以获得天然裂缝分布的二维迹线分布。

应用 VB.Net & OpenGL 三维可视化平台分析天然裂缝的二维迹线分布。主要分析分形维数、组数及裂缝初值对天然裂缝分布的影响。

9.3.2.1 分形维数对天然裂缝二维迹线分布的影响

在天然裂缝组数和初值一定的情况下，分形维数对天然裂缝二维迹线分布的影响参见图 9.8～图 9.11。

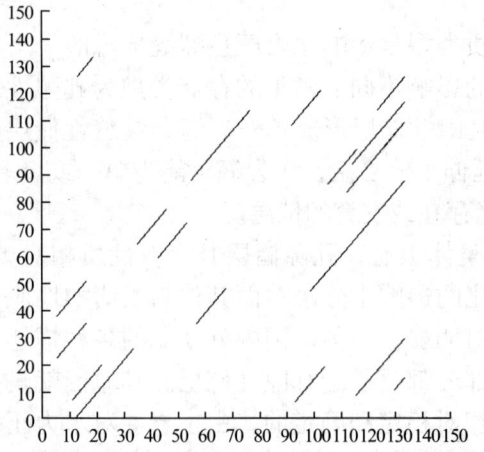
图 9.8 分形维数为 1.2 时裂缝的二维迹线分布

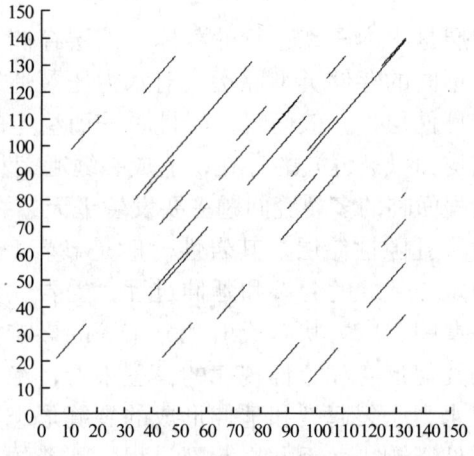
图 9.9 分形维数为 1.4 时裂缝的二维迹线分布

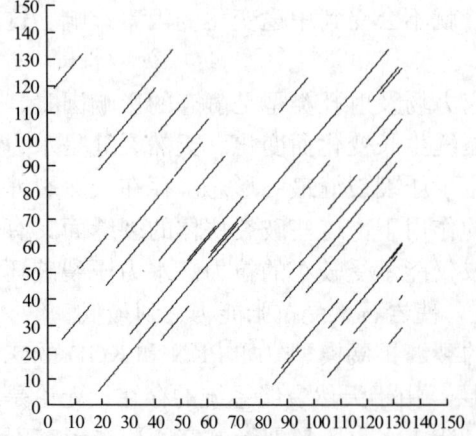
图 9.10 分形维数为 1.6 时裂缝的二维迹线分布

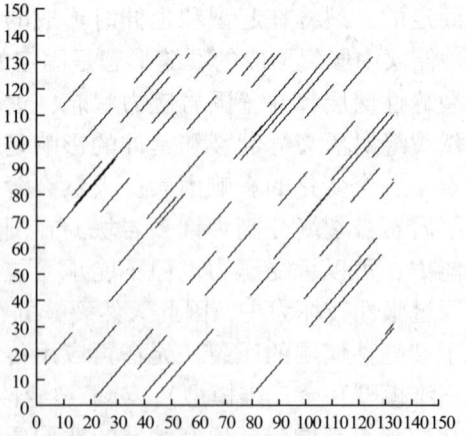
图 9.11 分形维数为 1.8 时裂缝的二维迹线分布

9.3.2.2 裂缝分布初值对天然裂缝分布的影响

在天然裂缝分形维数和组数一定的情况下,裂缝分布初值对天然裂缝分布的影响参见图 9.12 和图 9.13。

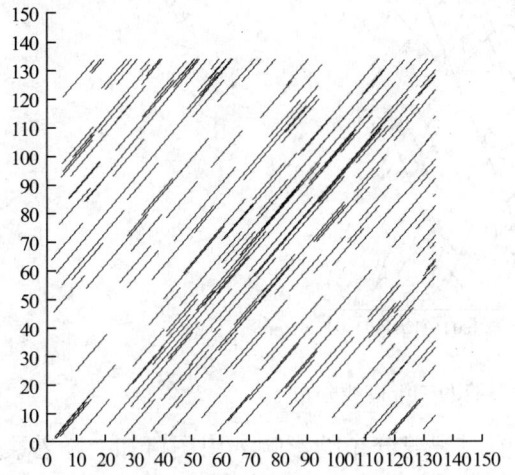 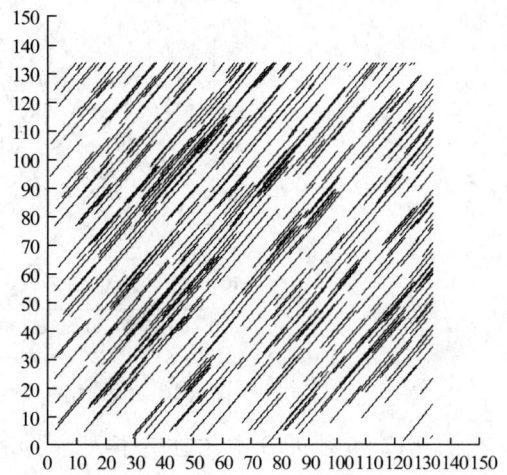

图 9.12　裂缝初值为 5 时裂缝的二维迹线分布　　图 9.13　裂缝初值为 10 时裂缝的二维迹线分布

9.3.2.3 裂缝组数对天然裂缝分布的影响

在天然裂缝分形维数和初值一定的情况下,裂缝组数对天然裂缝分布的影响参见图 9.14~图 9.16。

在图 9.8~图 9.11 中,将天然裂缝分布的组数、裂缝初值和裂缝方位确定,即可得到天然分布的水平截面图。由图可知:

(1) 天然裂缝的长短不一,位置凌乱。虽然裂缝都遵循统一走向,但很难分析其具体规律。

(2) 天然裂缝分布的数量随着裂缝分布的分形维数增大而增多,这从图上即可看到。裂缝数量增多,裂缝的面密度和裂缝面渗透率也将增大。

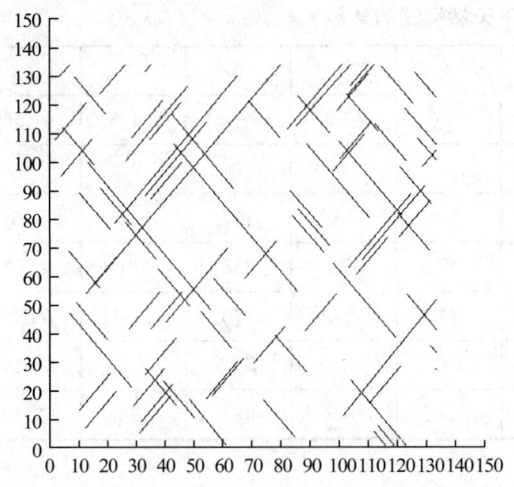 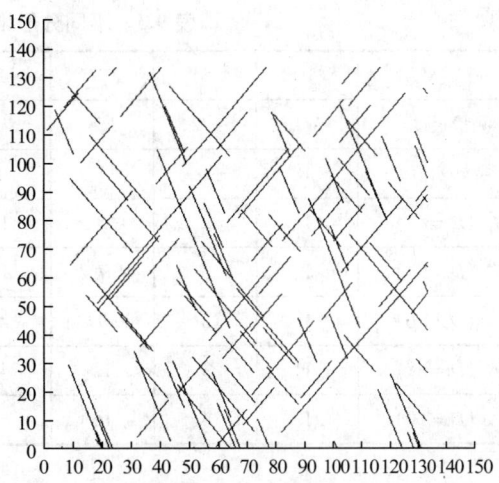

图 9.14　裂缝组数为 2 时裂缝的二维迹线分布　　图 9.15　裂缝组数为 3 时裂缝的二维迹线分布

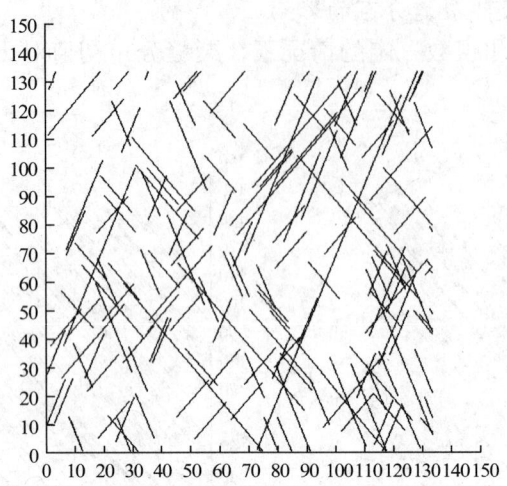

图 9.16 裂缝组数为 4 时裂缝的二维迹线分布

在图 9.12 和图 9.13 中，分析了天然裂缝初值对裂缝分布的影响。由图可知，随着裂缝初值的增大，裂缝的数量随之增多。

在图 9.14～图 9.16 中，分析了天然裂缝组数对裂缝分布的影响。由图可知，随着裂缝组数的增多，裂缝的数量也增多；另外，由于不同裂缝组的走向不同，使裂缝系统变得十分复杂。多裂缝组合在一起形成的裂缝系统与实际的裂缝系统十分相似。

9.3.3 分形参数对天然裂缝特征的影响

断裂与裂缝分布具有分形的自相似性结构，应用分形方法可以研究断裂集群分布与岩心上断裂密度分布，发现他们具有很好的一致性。

无论断层长短，断距大小，还是展布形式，断裂与裂缝分布具有相似性，即裂缝系统和断裂系统一样具有结构的自相似性，用断裂和岩心裂缝的分维数值可以定量地描述储层中裂缝的空间发育程度（表 9.3）。

表 9.3 不同分形维数下天然裂缝的条数

序 号	0	1	2	3	4	5	6	7	8
测量尺度	$l_0/1$	$l_0/2$	$l_0/4$	$l_0/8$	$l_0/16$	$l_0/32$	$l_0/64$	$l_0/128$	$l_0/256$
裂缝初值	1	1	1	1	1	1	1	1	1
N_k ($D_L=1.2$)	1	2	5	12	28	64	147	338	776
N_k ($D_L=1.4$)	1	3	7	18	49	128	338	891	2353
N_k ($D_L=1.6$)	1	3	9	28	84	256	776	2353	7132
N_k ($D_L=1.8$)	1	3	12	42	147	512	1783	6208	21619
N_k ($D_L=2.0$)	1	4	16	64	256	1024	4096	16384	65536

下面分析一下，裂缝分布的分形参数对裂缝分布特征的影响。以 l_0 为边长的一个正方形网格的边长，l_0 的大小主要是根据岩块的实际大小来确定。在下面分析中，假设 $l_0=1$，且

裂缝初值为1的特殊情况下，进行数据的计算。

上述计算中，裂缝面分布分形规律可以用公式描述为 $N=\delta^D$，它表示裂缝面数量分布的分形维数为 D，从公式中可知，裂缝分布的数量随着分形维数的增大而增大。其中在 $D=2$ 时，这种情况是裂缝面数量分布的特殊情况，表明方格内完全被裂缝填充。

下面分析一下分形参数对裂缝面密度的影响，裂缝的密度按照下式计算：

$$D_{f1} = \frac{n}{l} \tag{9.16}$$

式中：n 为垂直于流动方向相交的裂缝条数；l 为直线长度。

在计算过程中，为了分析方便，以 $D=2$ 为准将裂缝面密度分布进行归一化处理。具体计算结果见表9.4。

表9.4 不同分形维数下天然裂缝的归一化面密度

序 号	0	1	2	3	4	5	6	7	8
测量尺度	$l_0/1$	$l_0/2$	$l_0/4$	$l_0/8$	$l_0/16$	$l_0/32$	$l_0/64$	$l_0/128$	$l_0/256$
裂缝初值	1	1	1	1	1	1	1	1	1
D_{fs} ($D=1.2$)，m/m²	1.00	0.57	0.33	0.19	0.11	0.06	0.04	0.02	0.01
D_{fs} ($D=1.4$)，m/m²	1.00	0.66	0.44	0.29	0.19	0.13	0.08	0.05	0.04
D_{fs} ($D=1.6$)，m/m²	1.00	0.76	0.57	0.44	0.33	0.25	0.19	0.14	0.11
D_{fs} ($D=1.8$)，m/m²	1.00	0.87	0.76	0.66	0.57	0.50	0.44	0.38	0.33
D_{fs} ($D=2.0$)，m/m²	1.00	1.00	1.00	1.00	1.00	1.00	1.00	1.00	1.00

对表9.3和表9.4绘图分析，如图9.17和图9.18所示。

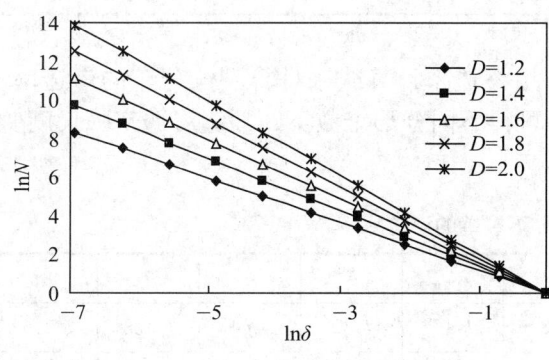

图9.17 不同分形维数下裂缝数量随尺度的变化关系

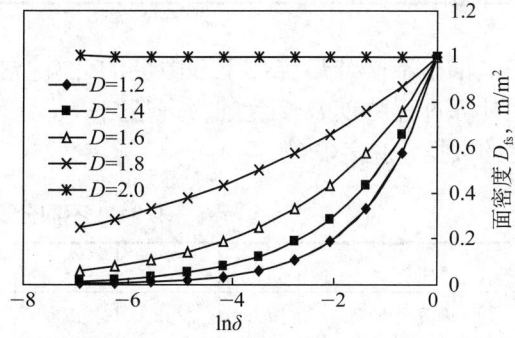

图9.18 不同分形维数下裂缝数量随尺度的变化关系

裂缝数量随尺度的变化关系如图9.17所示。在图中，相同的尺度下，裂缝的数量随着裂缝的分形维数的增大而增多；而在相同的分形维数下，裂缝的数量随着尺度的增大而减小。这与实际情况是相符的。实际断裂或裂缝中，小尺度的裂缝总是多于大尺度的裂缝。

对裂缝初值而言，裂缝数量随着分形模型的初值增大而增多。不同分形维数下，增加的倍数是相同的。当裂缝的分形维数相同时，且不同方位和走向的裂缝不只一组，那么裂缝数量随着裂缝的组数的增多而增大。

在图 9.18 中,在相同的尺度下,裂缝的面密度随着分形维数的增大而增多。在 $D=2$ 时,面密度为 1;而在相同的分形维数下,裂缝的面密度随着尺度的增大而增大。此时,测量尺度越大,在其范围内包含的裂缝数量则越多。当测量尺度越小,裂缝的数量越小。对于裂缝初值和裂缝分布组数,裂缝的面密度随着它们的增多而增多。根据面密度的计算数据,由下式来计算裂缝分布的孔隙度:

$$\phi_f = \frac{V_f}{V_b} \times 100\% = \frac{S\bar{b}}{V_b} \times 100\% = V_{fD}\bar{b} \times 100\% \tag{9.17}$$

式中:ϕ_f 为裂缝性储层的裂缝孔隙度;V_f 为岩石样品中裂缝的体积,cm^3;V_b 为整个岩石样品总体积,cm^3;V_{fD} 为裂缝的体积密度,g/cm^3;$\bar{b}$ 为缝的平均宽度,m。

在计算过程中以 $D=2$ 为准,进行归一化处理。可得不同分形维数下,裂缝面密度随尺度变化的数据,见表 9.5。

表 9.5 不同分形维数下裂缝的孔隙度

序号	0	1	2	3	4	5	6	7	8
测量尺度	$l_0/1$	$l_0/2$	$l_0/4$	$l_0/8$	$l_0/16$	$l_0/32$	$l_0/64$	$l_0/128$	$l_0/256$
裂缝初值	1	1	1	1	1	1	1	1	1
ϕ_f ($D=1.2$),%	100	57.44	32.99	18.95	10.88	6.25	3.59	2.06	1.18
ϕ_f ($D=1.4$),%	100	65.98	43.53	28.72	18.95	12.50	8.25	5.44	3.59
ϕ_f ($D=1.6$),%	100	75.79	57.43	43.53	32.99	25.00	18.95	14.36	10.88
ϕ_f ($D=1.8$),%	100	87.06	75.79	65.98	57.43	50.00	43.53	37.89	32.99
ϕ_f ($D=2.0$),%	100	100	100	100	100	100	100	100	100

根据不同分形维数下孔隙度的计算数据,用渗透率计算式来计算裂缝分布的渗透率。在计算过程中以 $D=2$ 为准,进行归一化处理。可得不同分形维数下,裂缝渗透率随尺度变化的数据,见表 9.6。

表 9.6 不同分形维数下裂缝的渗透率

序号	0	1	2	3	4	5	6	7	8
测量尺度	$l_0/1$	$l_0/2$	$l_0/4$	$l_0/8$	$l_0/16$	$l_0/32$	$l_0/64$	$l_0/128$	$l_0/256$
裂缝初值	1	1	1	1	1	1	1	1	1
K_f ($D=1.2$)	1.00	0.19	0.04	0.01	0.00	0.00	0.00	0.00	0.00
K_f ($D=1.4$)	1.00	0.29	0.08	0.02	0.01	0.00	0.00	0.00	0.00
K_f ($D=1.6$)	1.00	0.44	0.19	0.08	0.04	0.02	0.01	0.00	0.00
K_f ($D=1.8$)	1.00	0.66	0.44	0.29	0.19	0.13	0.08	0.05	0.04
K_f ($D=2.0$)	1.00	1.00	1.00	1.00	1.00	1.00	1.00	1.00	1.00

对数据表 9.5 和表 9.6 进行绘图，如图 9.19 和图 9.20 所示。

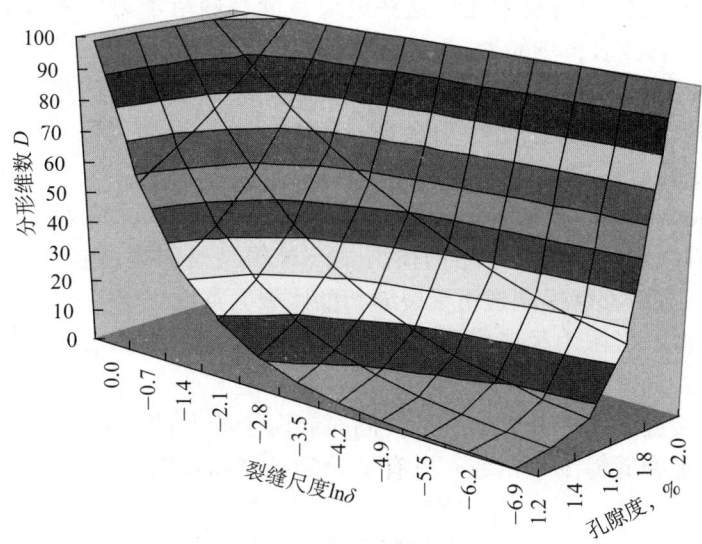

图 9.19　不同分形维数下的孔隙度随裂缝尺度的变化关系

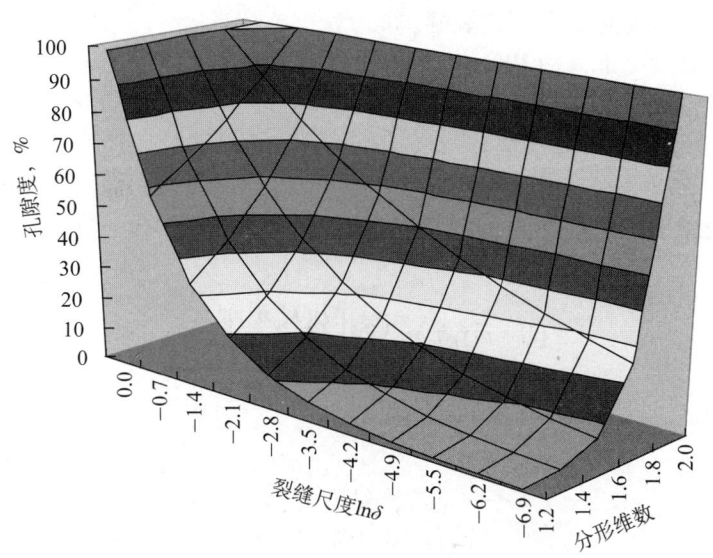

图 9.20　不同分形维数下的渗透率随裂缝尺度的变化关系

对表 9.5、表 9.6、图 9.19 和图 9.20 进行分析：

不同分形维数下，裂缝分布的孔隙度和渗透率都随着分形维数的增大而增大。即裂缝分布的孔隙度和渗透率随着裂缝发育程度的变化呈正增长趋势。在相同的分形维数下，裂缝分布的孔隙度和渗透率随着尺度的增大而增大。

综上所述，裂缝分布特征可以根据分形方法进行描述，反之，分形参数也是裂缝分布特征参数的一个综合表征。

9.3.4　分形参数对压裂缝几何特征的影响

近年来裂缝性储层的开发受到了人们的极大关注。但是由于裂缝性储层的裂缝系统十分复杂，给储层压裂改造带来极大困难。裂缝性储层水力压裂压裂数值分析方法很少，砂堵和多裂缝延伸等复杂情况时有发生，这些造成裂缝性储层水力压裂施工失败几率增多。开展裂缝性储层的水力压裂机理研究，无论是理论意义还是现场指导价值都是巨大的。

  石油工程应用领域现有的计算水力裂缝的宽度及长度的方法可以分为两类：一类是基于垂直平面的平面应变理论的珀金斯（Perkins）与克恩（Kern）以及后来诺格伦（Nordgren）改进的裂缝扩展延伸模型，简称PKN模型；另一类是以水平平面应变条件为基础的Christianonvich和Geertsma以及后来的Daneshy模式，简称CGD模式（又称作KGD）。PKN与KGD是两个相互矛盾的模型。PKN模型是对裂缝长度比裂缝宽度大得多的情况的适当近似；而KGD模型适用于裂缝长度比裂缝宽度小得多的情况。对裂缝长度与裂缝宽度相近的情况，可采用径向模型。这里所说的裂缝高度是动力学值，即裂缝高度与该时的裂缝长度有关。

  假定水力压裂裂缝是关于井轴对称的，同时向两个相反的方向等效生长。在二维水力压裂裂缝模型中假定裂缝缝高为常数，只有裂缝的长度和宽度为变量，即裂缝的生长是二维的。

  PKN模型描述的是一个在水平方向和竖直方向上均为椭圆形状的水力压裂裂缝。在水平方向上，裂缝的宽度远小于裂缝的长度；在竖向上，裂缝的宽度远小于裂缝的高度。该模型适用于长度大于高度的水力压裂裂缝。

  在不考虑渗漏的情况下，由PKN模型得出压裂裂缝的平均宽方程为：

$$\bar{\omega} = 2.24\left(\frac{\upsilon Q x_\mathrm{f}}{E'}\right)^{\frac{1}{4}} \tag{9.18}$$

压裂裂缝的体积为：

$$Q_\mathrm{t} = \bar{\omega} x_\mathrm{f} h_\mathrm{f} = 2.24\left(\frac{\upsilon Q x_\mathrm{f}^5 h_\mathrm{f}^4}{E'}\right)^{\frac{1}{4}} \tag{9.19}$$

裂缝的缝长为：

$$x_\mathrm{f} = 0.524\left(\frac{Q^3 E'}{\upsilon h_\mathrm{f}^4}\right)^{\frac{1}{5}} t^{\frac{4}{5}} \tag{9.20}$$

裂缝内的净压力为：

$$p_\mathrm{net} = 1.52\left(\frac{i^2 \upsilon E'^4}{h_\mathrm{f}^6}\right)^{\frac{1}{5}} t^{\frac{1}{5}} \tag{9.21}$$

式中：$\bar{\omega}$为裂缝的平均宽度；υ为压裂液的黏滞系数；Q为流量；x_f为裂缝半长；E'为平面变形模量；h_f为裂缝的缝高；t为压裂时间。

  KGD模型假定在裂缝高度范围内的水平面上满足平面应变的条件。水平面上平面应变的假定使得可以认为在整个裂缝高度上水平面间可以相互滑动。这一假定导致了裂缝在竖向断面上为一矩形。该模型适用于高度大于长度的裂缝。KGD模型假定在垂向上裂缝的宽度相同，即在整个裂缝高度上裂缝的宽度不随竖向坐标变化。

在不考虑渗漏的情况下，由 KGD 模型得出裂隙的平均宽度方程为：

$$\bar{\omega} = 2.53\left(\frac{\upsilon Q x_\mathrm{f}^2}{h_\mathrm{f} E'}\right)^{\frac{1}{4}} \tag{9.22}$$

裂缝的体积：

$$Q_\mathrm{t} = \bar{\omega} x_\mathrm{f} h_\mathrm{f} = 2.43\left(\frac{\upsilon Q x_\mathrm{f}^6 h_\mathrm{f}^3}{E'}\right)^{\frac{1}{4}} \tag{9.23}$$

裂缝的缝长为：

$$x_\mathrm{f} = 0.539\left(\frac{Q^3 E'}{\upsilon h_\mathrm{f}^3}\right)^{\frac{1}{6}} t^{\frac{2}{3}} \tag{9.24}$$

裂缝内的净压力：

$$p_\mathrm{net} = 1.09\left(\upsilon E'^2\right)^{\frac{1}{3}} t^{-\frac{1}{3}} \tag{9.25}$$

当前压裂裂缝的模拟都是建立在单一裂缝分析的基础上的。考虑多个裂缝同时延伸会使问题解决遇到难以逾越的困难。本节分析以二维单个裂缝的延伸为基础，在原有假设的基础上，假设压裂裂缝在裂缝几何形状上不受天然裂缝的影响。天然裂缝只会影响到裂缝的延伸长度。

在水力压裂过程中，当前压裂的裂缝性地层中存在着尺寸不一的一系列裂缝，而且这些裂缝可能形成一个裂缝网（如图 9.21）。

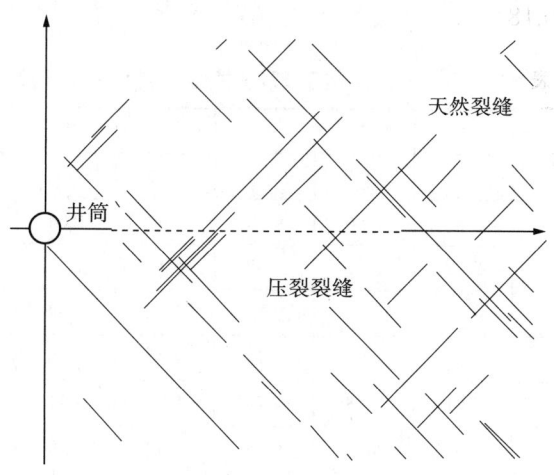

图 9.21　裂缝性储层压裂裂缝的扩展示意图

这个裂缝网络不仅影响着压裂裂缝的延伸方位，同时还影响着压裂裂缝的几何形态。由于裂缝网络相对十分复杂，目前应用数值方法研究起来很困难。在保证压裂裂缝为两翼对称的经典几何结构的前提下，为了使问题简化，把天然裂缝网络中的所有裂缝用一条裂缝来等效。故假定在压裂过程中压裂裂缝延伸时，只遇到一个等效裂缝，且等效裂缝等长度随着压裂裂缝延伸长度的增加而增加。

对地层裂缝的渗滤，常用达西（Darcy）定律。根据达西定律不难得到裂缝流量大小和裂缝缝宽的三次方关系式，即立方定律。公式如下：

$$Q_L = \frac{gw_e^3}{12\upsilon}\Delta p \tag{9.26}$$

式中：g 为重力加速度，m/s；w_e 为等效裂缝宽度，mm。

随压裂裂缝的延伸，天然裂缝渗漏量的大小与缝长的关系式：

$$Q_f = Q_L x_f = \frac{gx_f w_e^3}{12\upsilon}\Delta p \tag{9.27}$$

对式（9.27）进行分析，其中 g=10m/s，υ=1mPa·s，Δp=4MPa，缝宽以 1mm 作为基准进行计算。具体数据见表 9.7。

表 9.7 不同分形维数下裂缝渗漏流量随尺度的变化

序号	1	2	3	4	5	6	7	8
测量尺度	$l_0/2$	$l_0/4$	$l_0/8$	$l_0/16$	$l_0/32$	$l_0/64$	$l_0/128$	$l_0/256$
Q_L（D=1.4），L/s	0.96	0.27	0.08	0.02	0.01	0.00	0.00	0.00
Q_L（D=1.6），L/s	1.45	0.63	0.27	0.12	0.05	0.02	0.01	0.00
Q_L（D=1.8），L/s	2.20	1.45	0.96	0.63	0.42	0.27	0.18	0.12

从表 9.7 中可知，裂缝渗漏流量随着分形维数增大而增大，随尺度的减小而减小。为了便于对比，在计算过程中，假设裂缝性储层的弹性模量、泊松比和压裂液的黏滞系数都是不变的。对缝长的计算，PKN 模型应用式（9.20），KGD 模型用式（9.24）；求平均缝宽，PKN 模型应用式（9.18），KGD 模型用式（9.22）。

表 9.8 不同分形维数下 PKN 模型的裂缝形态计算

	时间，min	1	2	3	4	5	6	7	8
	流量，L/s	100	100	100	100	100	100	100	100
无裂缝干扰	净压力，MPa	3.36	3.86	4.19	4.44	4.64	4.81	4.96	5.10
	缝长，m	2.02	3.52	4.87	6.13	7.32	8.47	9.59	10.67
	平均缝宽，mm	4.94	5.68	6.16	6.52	6.82	7.07	7.29	7.49
D=1.4	净压力，MPa	3.35	3.83	4.14	4.37	4.55	4.70	4.83	4.94
	缝长，m	2.01	3.48	4.78	5.98	7.11	8.18	9.19	10.17
	平均缝宽，mm	4.92	5.63	6.08	6.42	6.69	6.91	7.09	7.25
D=1.6	净压力，MPa	3.34	3.82	4.12	4.33	4.50	4.64	4.76	4.85
	缝长，m	2.00	3.46	4.74	5.91	7.00	8.02	8.99	9.91
	平均缝宽，mm	4.91	5.61	6.05	6.37	6.62	6.82	6.99	7.13
D=1.8	净压力，MPa	3.33	3.79	4.08	4.28	4.43	4.55	4.64	4.72
	缝长，m	1.99	3.42	4.67	5.80	6.83	7.78	8.67	9.50
	平均缝宽，mm	4.90	5.58	5.99	6.28	6.51	6.68	6.82	6.93

表 9.9 不同分形维数下 KGD 模型的裂缝形态计算

	时间，min	1	2	3	4	5	6	7	8
	流量，L/s	100	100	100	100	100	100	100	100
无裂缝干扰	净压力，MPa	3.91	2.46	1.87	1.54	1.33	1.18	1.06	0.97
	缝长，m	2.51	4.00	5.24	6.36	7.38	8.34	9.25	10.11
	平均缝宽，mm	7.42	9.36	10.72	11.80	12.72	13.52	14.24	14.89
$D=1.4$	净压力，MPa	3.91	2.46	1.87	1.54	1.33	1.18	1.06	0.97
	缝长，m	2.50	3.96	5.17	6.23	7.20	8.09	8.93	9.71
	平均缝宽，mm	7.38	9.27	10.56	11.57	12.41	13.12	13.74	14.30
$D=1.6$	净压力，MPa	3.91	2.46	1.87	1.54	1.33	1.18	1.06	0.97
	缝长，m	2.49	3.94	5.13	6.17	7.10	7.96	8.76	9.50
	平均缝宽，mm	7.36	9.22	10.48	11.45	12.24	12.91	13.49	13.99
$D=1.8$	净压力，MPa	3.91	2.46	1.87	1.54	1.33	1.18	1.06	0.97
	缝长，m	2.48	3.90	5.06	6.07	6.96	7.76	8.49	9.16
	平均缝宽，mm	7.34	9.15	10.35	11.27	11.99	12.59	13.08	13.50

对表 9.8 和表 9.9 中的数据进行绘图，如图 9.22～图 9.27 所示。

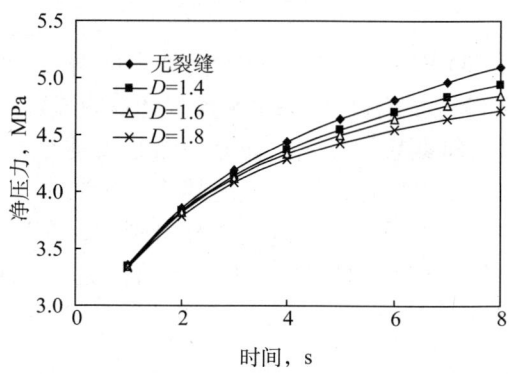

图 9.22 不同分形维数下 PKN 模型计算净压力随时间的变化曲线

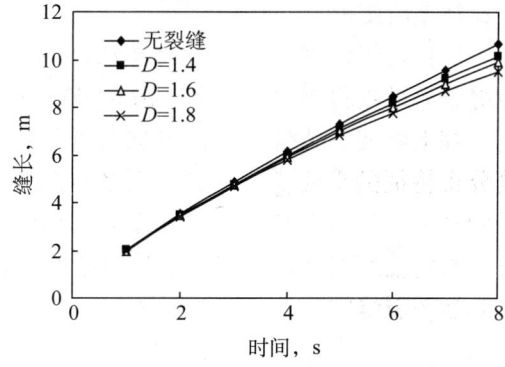

图 9.23 不同分形维数下 PKN 模型计算缝长随时间的变化曲线

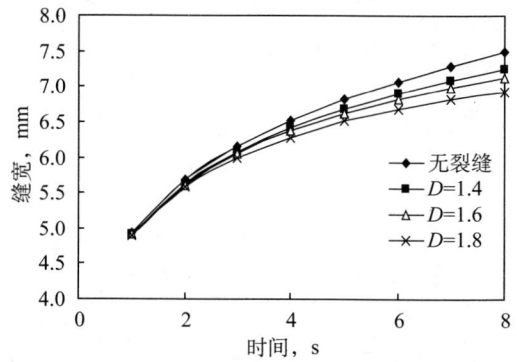

图 9.24 不同分形维数下 PKN 模型计算缝宽随时间的变化曲线

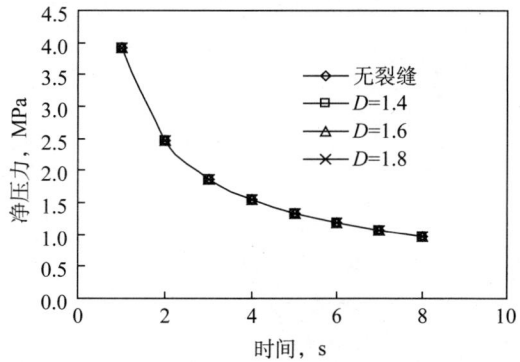

图 9.25 不同分形维数下 KGD 模型计算净压力随时间的变化曲线

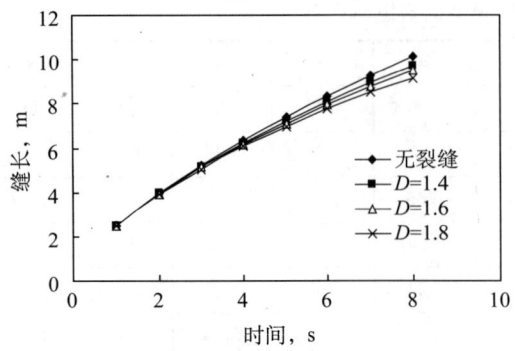

图9.26　不同分形维数下KGD模型计算缝长随时间的变化曲线

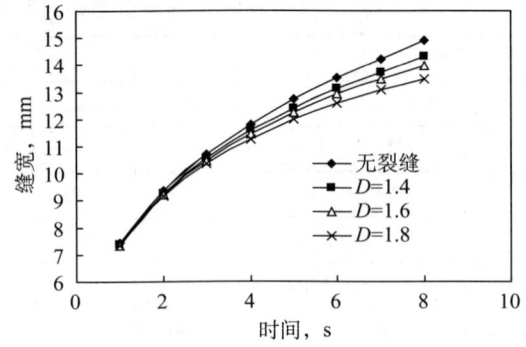

图9.27　不同分形维数下KGD模型计算缝宽随时间的变化曲线

分析图9.22～图9.27可以得出水力压裂过程中裂缝特征参数随分形维数的变化关系：

（1）对净压力，在PKN模型中，净压力随时间增多而增大；在KGD模型中净压力随时间增多而减小。另外，PKN模型中，净压力随着分形维数的增大而减小。KGD模型计算的净压力不受裂缝分形维数的影响。

（2）对缝长而言，无论是PKN模型还是KGD模型，缝长都随时间增多而增大；随裂缝分形维数的增大而减小。由KGD模型计算的初始缝长大于PKN模型计算的初始缝长，但随着时间的增长，PKN模型的计算的最终缝长要大于KGD模型计算结果。这是由模型自身特点决定的。

（3）对于缝宽而言，无论是PKN模型还是KGD模型，缝宽都随时间增多而增大；随裂缝分形维数的增大而减小。由KGD模型计算的缝宽要明显大于PKN模型计算的缝宽。

综上所述，裂缝的特征参数受到天然裂缝的几何参数的影响，而分形参数又是天然裂缝分布特征的重要描述参数。天然裂缝的分形参数发生变化，压裂裂缝的特征参数必将会受到影响。从压裂角度来说，压裂裂缝的特征参数主要受天然裂缝的渗漏量影响。在渗漏量不确定的情况下，随着渗漏量的增加，裂缝的长度和缝宽都减小。对于不同长度的裂缝，渗漏量随裂缝的缝长的增加而增大。

参 考 文 献

[1] 谢和平. 分形岩石力学导论 [M]. 北京：科学出版社，1997.

[2] 孙霞，吴自勤，黄畇. 分形原理及其应用 [M]. 合肥：中国科学技术大学出版社，2006.

[3] Kenneth Falconer，曾文曲译. 分形几何－数学基础及其应用（第二版）[M]. 北京：人民邮电出版社，2006：42-54.

[4] 徐志英. 岩石力学 [M]. 北京：中国水利电力出版社，1993.

[5] 陶振宇. 岩石力学的理论与实践 [M]. 北京：水利出版社，1980.

[6] 刘向君，罗平亚. 岩石力学与石油工程 [M]. 北京：石油工业出版社，2004.

[7] 张清. 岩石力学基础 [M]. 北京：中国铁道出版社，1986.

[8] 楼一珊，金业权. 岩石力学与石油工程 [M]. 北京：石油工业出版社，2006.

[9] 蔡美峰. 岩石力学与工程 [M]. 北京：科学出版社，2002.

[10] 陈勉，金衍，张广清. 石油工程岩石力学 [M]. 北京：科学出版社，2008.

[11] J.C 耶格，N.G.W 库克. 岩石力学基础 [M]. 北京：科学出版社，1981.

[12] 华东水利学院. 岩石力学 [M]. 北京：水利出版社，1986，1-203.

[13] 李灏著. 损伤力学基础 [M]. 山东：山东科学技术出版社，1992.

[14] 尹双增. 断裂、损伤理论及应用 [M]. 北京：清华大学出版社，1992.

[15] Mandelbrot B B.Les Objects Fractal from hasard et dimension [J]. Paris, Flammarion, 1975.

[16] CostinIS.A microcrack model for the deformation and failure of brittle rock [J]. Geophys, Res. 1983, 88：9485-9492.

[17] Botsis J, Kunin B. On self-similarity of crack layer [J]. Int.J.Fracturing, 1987, 35, 51-56.

[18] Mandelbrot B B, et al. Fractal character of fracturing surfaces of Metals [J]. Nature, 1984, 30 (8)：721-723.

[19] Mandelbrot B B. How long is the coast of Britaina-statistical self-similarity and fractional dimension. Science, 1967, 56 (3775)：636-638.

[20] Xie Heping.Fractals in Rock Mechanics [M]. Rotterdam：A. A.Balkema Publishers, 1993.

[21] Rieu M, Sposito G. Fractal fragmentation：soil porosity and soil water properties [J]. SoilSci Sco Am J, 1991, 55：1231-1238.

[22] Wong Po-zen. The statistical physics of sedimentary rock [J]. Physics Today4, 1988, 24-32.

[23] Thompson A H. Fractal in rock physics [J]. Annual Review of Earth and PlanetarySciences.1991, 19：237-262.

[24] Thompson A H, et al.The micro geometry and transport properties of sedimentary rocks, Advance [J]. Physics, 1987, 36 (5), 625-694.

[25] Kay B H. The description of two-dimensional rugged boundaries in fine particle

science by means of fractal dimensions [J]. Powder Tech, 1986, 46: 245-254.

[26] Jone P W.Quasteonformal mappings and extendability of functions in Sobolev spaces [J]. Asia Math, 1981, 147: 71-88.

[27] Mandelbrot B B The Fractal Geometry of Nature [M]. New York: W, H, Freman, 1982.

[28] Katz A J, Thompson A. H.Fractal sandstone pores [J]. Implications for conductivity and formation, Phys, Rev. Lett, 1985, 54 (12): 1325-1328.

[29] Orford J, Whalley W. B. The use of the fractal dimension to quantify the morphology of irregular-shaped particles [J]. Sedimentology, 1988, 30: 655-668.

[30] Hurd, A, J.Surface areas offractally rough particles studied by scattering [J]. Phys, Rev, B, 1989, 39: 9742-9745.

[31] 李克文, 沈平平等. 砂岩分形结构研究 [M]. 合肥: 中国科技大学出版社, 1993.

[32] Mandelbrot B.Fractal-a geometry of nature [J]. New Scientists, 1990, 1127 (1734): 38-43.

[33] Krohn C E. Sandstonefractal and Euclidean pore volume distributions [J]. Geophys. Res, 1988, 93 (B4), 3286-3296.

[34] Pfeifer P, Avnir D.Chemistry in noninteger dimensions between two and three I: fractal theory of heterogeneous surfaces [J]. Chem.phys, 1983, 79, 3558-3565.

[35] Avnir D.Chemistry in noninteger dimensions between two and three II: fractal surfaces of adsorbents [J]. Chem.phys, 1983, 79, 3566-3571.

[36] Wong P Z, Howard J, Lin J S.Surface roughening and the fractal nature of rock [J]. Phys.Rev.Lett, 1986, 57 (5): 637-640.

[37] LI K. Characterization of rock heterogeneity using fractal geometry [J]. SPE 86975, 2004.

[38] 马新仿, 张士诚, 朗兆新. 储层岩石孔隙结构的分形研究 [J]. 中国矿业, 2003, 12 (9): 46-48.

[39] 文慧俭, 闫林, 姜福聪, 等. 低孔低渗储层孔隙结构分形特征 [J]. 大庆石油学院学报, 2007, 31 (1): 15-19.

[40] 徐满才, 史作清, 何炳林. 分形表面及其性能 [J]. 化学通报, 1994 (3): 10-13.

[42] 李云省, 邓鸿斌, 吕国祥. 储层微观非均质性的分形表征研究 [J]. 天然气工业, 2002, 22 (1): 37-40.

[43] 何琰, 吴念胜. 确定孔隙结构分形维数的新方法 [J]. 石油实验地质, 1999 (4).

[44] Broberg H. Swedish solid mechanics, Report, 1974.

[45] Lemaitre J.A Continuous damage mechanics model for ductile fracture [J]. Eng. Material&Tech, 1985, 107: 83-95.

[46] 谢和平. 岩石、混凝土损伤力学 [M]. 北京: 中国矿业大学出版社, 1990.

[47] Nolen-Hoeksema R C, Gordon R B. Optical detection of crack patterns in the opening mode fracture of marble, Int [J]. Rock Mech. Min. Sci., 1987, 24: 135-144.

[48] 许江, 李贺, 鲜学福. 对单轴应力状态下砂岩微观断裂发展全过程的实验研究 [J].

力学与实践, 1986, 4: 16-21.

[49] 任建喜, 葛修润. 单轴压缩岩石损伤演化细观机理及其本构模型研究. 岩石力学与工程学报, 2001, 20 (4): 425-427.

[50] Terzaghi K.Theoretical soil mechanics [M]. Tiho Wiley, New York, 1943.

[51] 董平川, 徐小荷. 储层流固耦合的数学模型及其有限元方程 [J]. 石油学报, 1998, 19 (1): 64-70.

[52] 易顺民, 朱德珍. 裂隙岩体损伤力学导论 [M]. 北京: 科学出版社, 2005, 9.

[53] 杨天鸿, 唐春安, 梁正召, 等. 脆性岩石破裂过程损伤与渗流耦合数值模型研究 [J]. 力学学报, 2003, 35 (5): 533-541.

[54] 杨天鸿, 徐涛, 唐春安, 冯启言. 脆性岩石破裂过程渗透性演化试验研究 [J]. 东北大学学报, 2003, 24 (10): 974-977.

[55] 余天庆, 钱济成. 损伤理论及其应用 [M]. 北京: 国防工业出版社, 1993, 10.

[56] 沈珠江. 岩土破损力学: 理想脆弹塑性模型 [J]. 岩土工程学报, 2003, 25 (3): 253-257.

[57] 李传亮, 孔祥言. 油井压裂过程中岩石破裂压力计算公式的理论研究 [J]. 石油钻采工艺, 2000, 22 (2): 54-56.

[58] 闫铁, 李玮, 毕雪亮. 基于分形方法的多孔介质有效应力模型研究 [J]. 岩土工程学报, 2010, 31 (8): 2626-2630.

[59] 闫铁, 李玮, 毕雪亮. 清水压裂裂缝闭合形态的力学分析 [J]. 岩石力学与工程学报, 2009, 28 (222): 3471-3476.

[60] 闫铁, 李玮, 毕学亮. 旋转钻井中岩石破碎能耗的分形分析 [J]. 岩石力学与工程学报, 2008, 27 (2): 3649-3654.

[61] 闫铁, 李玮. 牙轮钻头的岩屑破碎机理及可钻性的分形法 [J]. 石油钻采工艺, 2007, 29 (2): 27-30.

[62] 闫铁, 李玮, 毕雪亮, 李士斌. 一种基于破碎比功的岩石破碎效率评价新方法 [J]. 石油学报, 2008, 30 (2): 291-293.

[63] 闫铁, 李玮. 分形岩石力学在石油工程中的应用 [J]. 大庆石油学院学报, 2010, 34 (34): 60-64.

[64] 李士斌, 李玮. 基于分形理论的岩石可钻性分级方法 [J]. 天然气工业, 2007, 27 (10): 63-66.

[65] 李士斌, 李玮. 岩石可钻性的分形法的可行性分析. 大庆石油学院学报, 2006, 30 (3): 24-27.

[66] Yan tie, Li wei, Bi xueliang.An experimental study of fracture initiation mechanisms during hydraulic fracturing. Petroleum Science, 2011, 8 (1): 87-92.

[67] 李士斌, 闫铁, 李玮. 地层岩石可钻性的分形表示方法 [J]. 石油学报, 2006, 27 (1): 124-127.

[68] 李茂, 何俊才, 李玮. 地层压力的多井对比综合预测技术 [J]. 特种油气藏, 2008, 15 (1): 88-93.

[69] Yan Tie, Bi Xueliang, Li Wei. An approach for interpreting rock drillability with fractal under the force of roller cone bit, Underground Storage of CO_2 and

Energy.2010 Taylor & Francis Group.London, UK. 361-364.

[70] 李玮,张凤民,闫铁,毕雪亮. 油气钻井中上返岩屑的分形分析 [J]. 钻采工艺, 2008, 31 (5): 142-145.

[71] 李玮,闫铁,毕雪亮. 压差下实钻岩石可钻性模型及破岩机理研究 [J]. 天然气工业, 2008, 28 (10): 70-72.

[72] 李玮,闫铁,毕雪亮. 水力致裂法测定分形裂纹下岩石的断裂韧性 [J]. 岩石力学与工程学报, 2009, 28 (221): 2789-2793.

[73] 李玮,闫铁,毕雪亮. 基于分形方法的水力压裂裂缝起裂扩展机理研究 [J]. 中国石油大学学报(自然科学版), 2008, 32 (5): 87-91.

[74] 李玮,闫铁,毕雪亮. 实钻条件下破碎能耗的分形评价方法 [J]. 中国石油大学学报(自然科学版), 2010.34 (6): 76-79.

[75] 李玮,闫铁. 蒙古图牧吉油砂油的油品分析及评价 [J]. 科学技术与工程, 2010, 10 (22): 5034-5036.

[76] 李玮,闫铁. 基于分形岩石破碎比功方程的钻井优化 [J]. 石油学报, 2011, 32 (4): 693-696.

[77] 罗云,闫铁. 岩石各向异性指数测试技术 [J]. 岩石力学与工程学报, 1995, 3: 31-35.

[78] 李士斌,闫铁,等. 岩石可钻性级值模型及计算 [J]. 大庆石油学报, 2002, 26 (3): 26-28.

[79] 王谦源,张清. 不等概率分形破碎及有限尺度破碎体分形 [J]. 岩石力学与工程学报, 1994, 6.

[80] 尹宏锦. 实用岩石可钻性. 东营:石油大学出版社, 1989.

[81] 余继峰,等. 砂岩粒度分布分形特征研究方法探讨. 中国矿业大学学报, 2004, 33 (4): 25-28.

[82] 李传亮. 射孔完井条件下的岩石破裂压力计算公式 [J]. 石油钻采工艺, 2002, 24 (2): 37-38.

[83] Haimson B, Fairhurst C.Initiation and Extension of Hydraulic Fracturings in Rocks [C]. SPE1710.

[84] Hubbert M K, Willis D G.Mechanics of hydraulic fracturing [J]. Trans, AIME, 1957, 210: 153-166.

[85] 施冬,许晓宏,林克湘,唐清山,柴利文,黄太明. 牛心坨油田裂缝性储层的测井评价 [J]. 江汉石油学院学报, 2000, 22 (3): 24-26.

[86] 陈科贵,穆曙光,魏彩茹,曹鉴华. 一种评价碳酸盐岩储层裂缝参数的测井新模型 [J]. 西南石油学院学报, 2003, 25 (1): 6-8.

[87] 王拥军,夏宏泉,范翔宇. 低孔—裂缝型碳酸盐岩储层常规测井评价研究 [J]. 西南石油学院学报, 2002, 24 (4): 9-12.

[88] 黄文新,历元彬. 用反射斯通利波确定地层裂缝宽度和渗透率 [J]. 江汉石油学院学报, 1994, 16 (增刊): 26-31.

[89] 陈莹,谭茂金. 利用测井技术识别和探测裂缝 [J]. 测井技术, 2003, 27 (增刊): 11-14.

[90] Griffith A A. Theory of rupture [C] // Proceedings of the 1st Int.Congress of Appl. Mech.. [S. l.] : [s. n.], 1924: 55–63.

[91] Irwin G R. Analysis of stresses and strains near the end of a cracktraversing a plate [J]. Appl. Mech, 1957, 48 (12): 361–364.

[92] 谢和平. 分形几何及其在岩石力学中的应用 [J]. 岩土工程学报, 1992, 14 (1): 1424.

[93] 谢和平, 陈至达. 分形几何与岩石断裂 [J]. 力学学报, 1988, 20 (3): 264–275.

[94] 柳贡慧, 等. 考虑地应力影响下的射孔初始方位角的确定 [J]. 石油学报, 2001, 22 (1): 105–108.

[95] Clifton R J, Simonson E R, Jone A H, et al. Determination of the critical stress intensity factor K_{IC} from internally pressured thick-walled vessels [J]. Experimental Mechanics, 1976, 16 (6): 233–238.

[96] 陈治喜, 陈勉, 金衍. 水压致裂法测定岩石的断裂韧性 [J]. 岩石力学与工程学报, 1997, 16 (1): 59–64.

[97] 谢和平, Pariseau W G. 岩石节理粗糙系数 (JRC) 的分形估计 [J]. 中国科学 (B辑), 1994, 38 (5): 524–530.

[98] Seholz C H, Aviles C A.Fractal dimension of the 1906 San Andreas fault and 1915 PleaSant Valley faults (abstraet) [J]. Earth quakes Notes, 1985, 55: 20.

[99] Hirata T, SatohT, ItoK .Fractal strueture of Spatial distribution of mierofraeturing in rock [J] .Geophys.J.Roy. Astron.Soe, 1987, 90: 369–374.

[100] Korvin G.Fraetal Modeling the Earth Seienee [M]. Amsterdam: ElSevier.1992.

[101] La Pointe P R.A method to characterize fracturing density and connectivity through fractal geometry [J]. Int. J.Rock. Mech.Mim.Sci.&.Geomech, Abstri, 1990, Vol.27: No.3.

[102] 张吉昌, 田国清, 刘建中. 储层构造裂缝的分形分析 [J]. 石油勘探与开发, 1996, 23 (4): 65–68.

[103] 高如曾, 何光明, 刘开时, 王域辉, 廖淑华. 断层系的分维及储层裂缝发育带的预测技术 [J]. 四川地质学报, 1996, 16 (2): 180–185.

[104] 徐光黎. 岩石结构面几何特征的分形与分维 [J]. 水文地质工程地质, 1993: 20–22.

[105] 谢和平, Sanderson D J. 断层分形分布之间的相关关系 [J]. 煤炭学报, 1994, 5: 445–448.

[106] 徐志斌, 王继尧, 张大顺, 等. 煤矿断层网络复杂程度的分维描述 [J]. 煤炭学报, 1996, 21 (4): 358–363.

[107] 赵阳升, 康天合. 煤岩体裂隙分形特征的研究 [C] // 全国青年岩土工程学术会议论文集. 北京: 科学出版社, 1994.

[108] 冯增朝, 赵阳升, 文再明. 岩体裂缝面数量三维分形分布规律研究 [J]. 岩石力学与工程学报, 2005, 24 (4): 601–608.

[109] 赵阳升, 文再明, 冯增朝. 岩体裂隙面数量的三维分形分布仿真理论与技术 [J]. 岩石力学与工程学报, 2005, 24 (6): 994–998.

[110] 柳贡慧,等. 考虑地应力影响下的射孔初始方位角的确定 [J]. 石油学报, 2001, 22 (1): 105-108.

[111] 李传亮. 射孔完井条件下的岩石破裂压力计算公式 [J]. 石油钻采工艺, 2002, 24 (2): 37-38.

[112] 胡永全,赵金洲,曾庆坤,等. 计算射孔井水力压裂破裂压力的有限元方法. 天然气工业, 2003, 23 (2): 58-59.

[113] 张广清,陈勉,殷有泉,等. 射孔对地层破裂压力的影响研究 [J]. 岩石力学与工程学报, 2003, 22 (1): 40-44.

[114] 邓金根,蔚宝华,王金凤,等. 定向射孔提高低渗透油藏水力压裂效率的模拟试验研究 [J]. 石油钻探技术, 2003, 31 (5): 14-16.

[115] Reugel sdijk L J L, De Pater C J, Sato K.Experimental hydraulic fracturing propagation in multi-fracturingd medium [R].SPE 59419, 2000: 1-8.

[116] Peacock D C P, Mann A. Controls on fracturing in carbonaterocks [R]. SPE 92980, 2005: 1-6.

[117] Warpinski N R, Teufel L W.Influence of geologic discontinuitieson hydraulic fracturing propagation [J]. JPT, 1987, 28 (3): 209-220.

[118] 金衍,张旭东,陈勉. 天然裂缝地层中垂直井水力裂缝起裂压力模型研究 [J]. 石油学报, 2005, 26 (6): 113-118.

[119] 金衍,陈勉,张旭东. 天然裂缝地层斜井水力裂缝起裂压力模型研究 [J]. 石油学报, 2006, 27 (6): 124-126.

[120] 李玉喜,肖淑梅. 储层天然裂缝与压裂裂缝关系分析 [J]. 特种油气藏, 2000, 7 (3): 26-30.

[121] 姚飞,王晓泉. 水力裂缝起裂延伸和闭合的机理分析 [J]. 钻采工艺, 2000, 23 (2): 21-24.

[122] 李民河,聂振荣,廖健德,等. 水力压裂缝延伸方向分析及其应用 [J]. 新疆地质, 2003, 21 (4): 486-488.

[123] 姚飞,陈勉,吴晓东,张广清. 天然裂缝性地层水力裂缝延伸物理模拟研究 [J]. 石油钻采工艺, 2008, 30 (3): 83-86.

[124] Thiercelin M, Naceur K B, Lemanczyk Z R. Simulation of three-dimensional propagation of a vertical hydraulic fracturing [R]. SPE/DOE 13861, 1985.

[125] Anderson G D.Effects of friction on hydraulic fracturing growth near unbonded interfaces in Rocks [J]. SPEJ 8347, 1981, 21 (1): 21-29.

[126] Teufel L W, Clark J A. Hydraulic fracturing propagation in layered rock: experimental studies of fracturing containment [J]. SPEJ 9878, 1984, 24 (2): 449-456.

[127] Medlin W L, Masse L. Laboratory experiments in fracturing propagation [J]. SPEJ 10377, 1984, 22 (6): 161-188.

[128] Warpinski N R, Clark JA, Schmidt, et al. Laboratory in vestigation on the effect of insitustress on hydraulic fracturing containment [J]. SPEJ 9834v1982, 22 (3): 55-66.

[129] De Pater C J, Cleary M P, et al.Experimental verification of dimensional analysis [J].

1992,SPE 24994.

[130] 柳贡慧,庞飞,陈治喜.水力压裂模拟实验中的相似准则 [J].石油大学学报(自然科学版),2000,24(5):45-50.

[131] 陈勉,庞飞,金衍.大尺寸真三轴水力压裂模拟与分析 [J].岩石力学与工程学报,2000,19(增刊):868-872.

[132] 陈勉,周健,金衍,等.随机裂缝性储层压裂特征实验研究 [J].石油学报,2008,29(3):431-433.

[133] B H McCormick,T A DeFanti,M D Brown.Visualization in Scientific Computing,Computer Graphics Vol. 21,No. 6,November 1987.